面向新工科高等院校大数据专业系列教材

信息技术新工科产学研联盟数据科学与大数据技术工作委员会 推荐教材

Big Data Technology Based on Hadoop

Hadoop 大数据技术

基础与应用

杨俊 蒋寅 杨绿科 / 编著

机械工业出版社
CHINA MACHINE PRESS

本书由浅入深地介绍了Hadoop技术生态的重要组件，让读者能够系统地了解大数据相关技术。第1章主要从整体上介绍了Hadoop大数据技术，并搭建Hadoop运行环境。第2～5章着重介绍了Hadoop核心技术，包括Hadoop分布式文件系统（HDFS）、Hadoop资源管理系统（YARN）、Hadoop分布式计算框架（MapReduce）以及ZooKeeper分布式协调服务。第6章重点介绍了Hadoop分布式集群的搭建以及集群的运维与管理。第7～8章详细介绍了Hive数据仓库和HBase分布式数据库等Hadoop的上层技术组件。第9章介绍了Hadoop生态圈其他常用开发技术。第10～11章是项目实战，分别介绍了互联网金融项目离线分析、互联网直播项目实时分析。

本书采用理论知识和实战项目相结合的方式，突出实战，非常适合Hadoop 初学者及开发者阅读。本书既可以作为高等院校数据科学与大数据技术及相关专业的教材，也可以作为大数据工程师的必备开发手册。

本书配有教学资源（电子课件、习题及答案等），需要的教师可登录www.cmpedu.com 免费注册，审核通过后下载，或联系编辑索取（微信：15910938545，电话：010-88379739）。

图书在版编目（CIP）数据

Hadoop 大数据技术基础与应用 / 杨俊，蒋寅，杨绿科编著. —北京：机械工业出版社，2022.8

面向新工科高等院校大数据专业系列教材

ISBN 978-7-111-71285-5

Ⅰ. ①H… Ⅱ. ①杨… ②蒋… ③杨… Ⅲ. ①数据处理软件-高等学校-教材 Ⅳ. ①TP274

中国版本图书馆 CIP 数据核字（2022）第 133732 号

机械工业出版社（北京市百万庄大街 22 号 邮政编码 100037）

策划编辑：王 斌 解 芳 责任编辑：王 斌 解 芳 胡 静

责任校对：张艳霞 责任印制：张 博

北京汇林印务有限公司印刷

2022 年 9 月第 1 版第 1 次印刷

184mm×240mm・16.75 印张・434 千字

标准书号：ISBN 978-7-111-71285-5

定价：69.00 元

电话服务

客服电话：010-88361066

010-88379833

010-68326294

网络服务

机 工 官 网：www.cmpbook.com

机 工 官 博：weibo.com/cmp1952

金 书 网：www.golden-book.com

机工教育服务网：www.cmpedu.com

面向新工科高等院校大数据专业系列教材
编委会成员名单

（按姓氏拼音排序）

出版说明

当前，我国数字经济建设加速推进，作为数字经济建设的主力军，大数据专业人才需求迫切，高校大数据专业建设的重要性日益凸显，并呈现出以下四个特点：实用性、交叉性较强，专业设立日趋精细化、融合化；专业建设上高度重视产学合作协同育人，产教融合发展迅猛；信息技术新工科产学研联盟制定的《大数据技术专业建设方案》，使得人才培养体系、专业知识体系及课程体系的建设有章可循，人才培养日益规范化、标准化；大数据人才是具备编程能力、数据分析及算法设计等专业技能的专业化、复合型人才。

作为一个高速发展中的新兴专业，大数据专业的内涵和外延不断丰富和延伸，广大高校亟需能够系统体现大数据专业上述四个特点的教材。基于此，机械工业出版社联合信息技术新工科产学研联盟，汇集国内专家名师，共同成立教材编写委员会，组织出版了这套“面向新工科高等院校大数据专业系列教材”，全面助力高校新工科大数据专业建设和人才培养。

这套教材依照《大数据技术专业建设方案》组织编写，体现了国内大数据相关专业教学的先进理念和思想；覆盖大数据技术专业主干课程的同时，延伸上下游，涵盖云计算、人工智能等专业的核心课程，能够更好地满足高校大数据相关专业多样化的教学需求；引入优质合作企业的技术、产品及平台，体现产学合作、协同育人的理念；教学配套资源丰富，便于高校开展教学实践；系列教材主要参编者皆是身处教学一线、教学实践经验丰富的名师，教材内容贴合教学实际。

我们希望这套教材能够充分满足国内众多高校大数据相关专业的教学需求，为培养优质的大数据专业人才提供强有力的支撑。并希望有更多的志士仁人加入到我们的行列中来，集智汇力，共同推进系列教材建设，在建设数字社会的宏大愿景中，贡献自己的一份力量！

面向新工科高等院校大数据专业系列教材编委会

前言

大数据时代已经到来，大数据技术也应用到了各行各业。特别是随着移动互联网的发展，大数据技术已经渗透到了人们生活的方方面面，应用非常广泛，学习和掌握大数据技术已经成为很迫切的现实需求。

Hadoop 是大数据技术中非常重要的一个组成部分，本书系统全面地介绍了 Hadoop 大数据开发技术的基础与应用，介绍了 Hadoop 核心组件以及 Hadoop 生态系统常用组件，然后通过完整的项目实战案例整合相关技术组件。内容安排层层递进，逐步引导读者深入学习并掌握 Hadoop 的精髓。

本书的主要特色在于提供了大量完整的项目案例，结合 Hadoop 大数据相关技术进行讲解，注重理论与实践相结合，避免了纯理论地、孤立地学习技术组件，使读者在学习了大数据相关技术组件之后，能够真正应用到实际项目中，从而掌握实际的项目经验。

本书共 11 章。

第 1 章是 Hadoop 技术概述，首先介绍了 Hadoop 的前世今生、Hadoop 生态系统、Hadoop 的优势及应用领域、Hadoop 技术与其他技术之间的关系，让读者对 Hadoop 大数据技术有个整体的认识。然后详细介绍了如何搭建 Hadoop 运行环境，为后续章节的学习做好铺垫。

第 2 章是 Hadoop 分布式文件系统（HDFS），首先介绍了 HDFS 的架构设计与工作原理、高可用、联邦机制以及 Shell 操作，然后通过一个案例实践详细介绍了如何将文件定时上传至 HDFS。

第 3 章是 Hadoop 资源管理系统（YARN），首先介绍了 YARN 的架构设计与工作原理、MapReduce on YARN 的工作流程以及 YARN 的容错性、高可用与调度器，然后通过一个案例实践详细介绍了 YARN 调度器的配置与使用。

第 4 章是 Hadoop 分布式计算框架（MapReduce），首先介绍了 MapReduce 的设计思想、优缺点等，然后重点介绍了 MapReduce 的编程模型与运行机制，最后以气象大数据离线分析项目为例详细介绍了 MapReduce 项目的完整开发流程。

第 5 章是 ZooKeeper 分布式协调服务，首先介绍了 ZooKeeper 架构设计与工作原理、集群安装部署以及 Shell 操作，然后以爬虫项目为例详细介绍了 ZooKeeper 对分布式应用的监控。

第 6 章是 Hadoop 分布式集群搭建与管理，首先介绍了集群规划、HDFS 和 YARN 的分布式集群搭建，然后介绍了 Hadoop 集群的管理经验及运维技巧，最后通过案例实践介绍了 Hadoop 集群动态扩缩容。

第 7 章是 Hive 数据仓库工具，首先介绍了 Hive 原理及架构、安装部署以及详细使用，然后以 B 站用户行为大数据项目为例详细介绍了如何使用 Hive 进行离线分析。

第 8 章是 HBase 分布式数据库，首先介绍了 HBase 模型及架构、分布式集群安装部署、Shell 操作以及 Java 客户端，最后通过一个案例实践详细介绍了 MapReduce 批量写入 HBase。

第 9 章是 Hadoop 生态圈其他常用开发技术，首先介绍了 Sqoop 和 Flume 数据采集技术，然后介绍了 Kafka 数据存储与交换技术，接着介绍了 Spark 和 Flink 数据处理技术，最后介绍了 Davinci 可视化技术。每种技术都结合了具体案例实践来介绍，让读者掌握技术理论的同时，更注重项目实践能力。

第 10 章是项目实战——互联网金融项目离线分析，首先介绍了项目需求、系统架构设计、数据流程设计、系统集群规划，然后按照大数据离线项目流程详细介绍了互联网金融项目的完整开发过程；实现从数据采集到数据可视化这种端到端的项目开发流程，使读者真正掌握大数据技术组件在离线项目中的应用。

第 11 章是项目实战——互联网直播项目实时分析，首先介绍了项目需求、系统架构设计、数据流程设计、系统集群规划，然后按照大数据实时项目流程详细介绍了互联网直播项目的完整开发过程；实现从数据采集到数据可视化这种端到端的项目开发流程，使读者真正掌握大数据技术组件在实时项目中的应用。

本书内容非常丰富，除了介绍 Hadoop 的核心技术之外，还围绕 Hadoop 生态系统扩展介绍了大量的大数据实用技术，涵盖面相当广泛。除了可以满足课堂教学需求之外，书中众多的项目实践案例对于学有余力的读者和从事大数据技术开发的从业者也非常有价值。

读者可以使用移动设备的相关软件（如微信）中的“扫一扫”功能扫描书中提供的二维码，在线查看相关资源（音频建议使用耳机收听）。读者还可以关注微信公众号“大数据研习社”了解更多大数据前沿技术。

由于大数据开发技术发展迅速，而且相关技术组件繁多，书中难免有不足之处，恳请各位同仁及读者提出宝贵意见和建议。欢迎指正交流，编者邮箱：364150803@qq.com。

杨　俊

目录

第1章 Hadoop 技术概述

学习目标

- 了解 Hadoop 的前世今生。
- 了解 Hadoop 的生态系统。
- 熟悉 Hadoop 优势和应用场景。
- 熟悉 Hadoop 与其他技术的区别与联系。

随着互联网的发展、移动互联网的广泛应用以及人工智能的兴起，Hadoop 技术的应用变得越来越广泛。本章将从 Hadoop 的前世今生、Hadoop 生态系统、Hadoop 优势与应用领域以及 Hadoop 与云计算、Spark、传统关系型数据库的关系等方面对 Hadoop 大数据技术进行介绍。

1.1 Hadoop 的前世今生

1.1.1 Hadoop 概述

Hadoop 是由 Apache 基金会开发的一个分布式系统基础架构。用户可以在不了解分布式底层细节的情况下开发分布式程序，充分利用集群的威力进行高速运算和存储。

Hadoop 实现了一个分布式文件系统 HDFS（Hadoop Distributed File System）。HDFS 具有高容错性的特点，被设计用来部署在价格低廉的硬件上；HDFS 放宽了可移植操作系统接口的要求，可以以流的形式访问文件系统中的数据。

Hadoop 还实现了一个分布式计算框架 MapReduce，让用户不用考虑分布式系统底层的细节，只需要参照 MapReduce 编程模型就可以快速编写出分布式计算程序，实现对海量数据的分布式计算。Hadoop 框架最初最核心的设计就是 HDFS 和 MapReduce。HDFS 为海量的数据提供存储，而 MapReduce 则为海量的数据提供分布式计算。

1.1.2 Hadoop 项目起源

Apache 软件基金会于 2005 年秋将 Hadoop 作为 Lucene 子项目 Nutch 的一部分正式引入。它是受到 Google Lab 开发的 MapReduce 和 GFS（Google File System）的启发而设计的。

2006 年 3 月，MapReduce 和 NDFS（Nutch Distributed File System）分别被纳入 Hadoop 项目中。

Hadoop 是在 Internet 上对搜索关键字进行内容分类最受欢迎的工具之一，它还可以解决许多具有极大伸缩性要求的问题。例如，如果要查找一个 10TB 的巨型文件，会出现什么情况？在传统的系统上这将需要很长时间，但 Hadoop 在设计时就考虑到了这个问题，它采用并行执行机制，因此在查找时能极大提高效率。

1.1.3 Hadoop 发展历程

Hadoop 原本来自谷歌一款名为 MapReduce 的编程模型包。谷歌的 MapReduce 框架可以把一个应用程序分解为许多并行计算指令，横跨大量的计算节点来运行非常巨大的数据集。Hadoop 最初只与网页索引有关，后来迅速发展成为大数据分析的领先平台。

目前，有很多企业提供基于 Hadoop 的商业软件、支持、服务以及培训。Cloudera 是一家美国企业的软件公司，该公司在 2008 年开始提供基于 Hadoop 的软件和服务。GoGrid 是一家云计算基础设施公司，在 2012 年，该公司与 Cloudera 合作，加速了企业采纳基于 Hadoop 应用的步伐。

1.1.4 Hadoop 名字起源

Hadoop 这个名字并不是一个缩写，而是一个虚构的名字。该项目的创建者 Doug Cutting 这样解释 Hadoop 的名字："Hadoop 是我孩子给一个棕黄色的大象玩具起的名字。我的命名标准就是简短、容易发音和拼写、没有太多的意义、不会被用于别处。"

1.2 Hadoop 生态系统简介

1.2 Hadoop 生态系统简介

经过十多年的发展，Hadoop 版本大致可以划分为三代：Hadoop 1.0、Hadoop 2.0 和 Hadoop 3.0。Hadoop 1.0 由 HDFS 和 MapReduce 组成，该版本的 Hadoop 集群存在单点故障问题。Hadoop 2.0 的主要变化是引入了资源管理框架 YARN。Hadoop 2.0 不仅解决了 Hadoop 1.0 中 HDFS 的单点故障问题和横向扩展问题，还解决了 MapReduce 单点故障、系统扩展和多计算框架不支持等问题。与 Hadoop 2.0 相比，Hadoop 3.0 的主要变化是 HDFS 高可用方案支持多个（超过 2 个）NameNode，另外 HDFS 支持使用纠删码技术代替多副本策略实现数据容错。由于 Hadoop 3.0 核心功能没有太大变化，且 Hadoop 2.0 比较成熟稳定，所以本书基于 Hadoop 2.0 来进行讲解。

上面所讲的 Hadoop 属于狭义上的，但开源世界的力量非常强大，围绕 Hadoop 而产生的技术大量出现，共同构成了一个生机勃勃的 Hadoop 生态系统。一般工作中所说的 Hadoop 技术指的就是 Hadoop 生态系统，Hadoop 2.0 生态系统的组成如图 1-1 所示。Hadoop 2.0 生态系统包含以下组件。

1）HDFS：是 Hadoop 的基石，是具有高容错性的文件系统，适合部署在廉价的机器上，同时能提供高吞吐量的数据访问，非常适合于大规模数据集的存储。

2）MapReduce：是一种编程模型，利用函数式编程的思想，将数据集处理的过程分为 Map 和 Reduce 两个阶段，MapReduce 这种编程模型非常适合于分布式计算。

3）YARN：是 Hadoop 2.0 中的资源管理系统，它的基本设计思想是将 MRv1（Hadoop 1.0 中的 MapReduce）中的 JobTracker 拆分成两个独立的服务：一个全局的资源管理器 ResourceManager 和每个应用程序特有的 ApplicationMaster。其中，ResourceManager 负责整个系统的资源管理和分配，而 ApplicationMaster 负责单个应用程序的管理。

4）HBase：是一个分布式的、面向列的、开源的 NoSQL 数据库，擅长大规模数据集的随机读写，它的实现源于谷歌的BigTable论文。

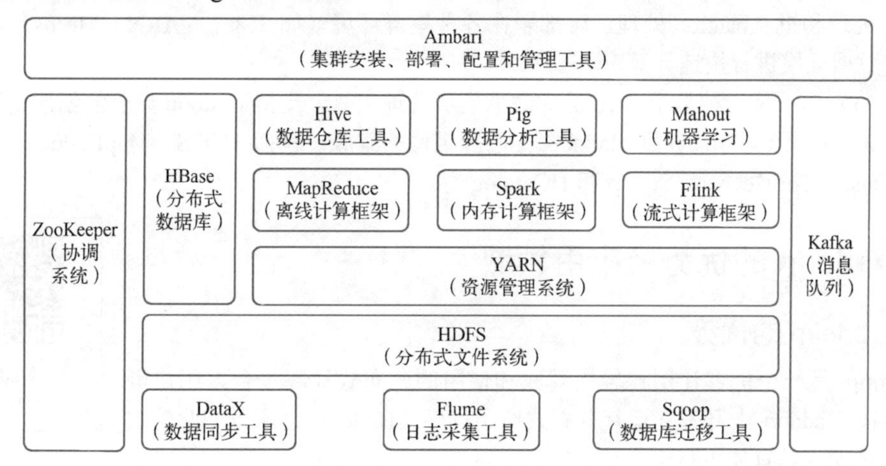

图 1-1　Hadoop 2.0 生态系统的组成

5）Hive：由 Facebook 开发，是基于 Hadoop 的一个数据仓库工具，可以将结构化的数据文件映射为一张表，提供简单的类 SQL 查询功能，并能将 SQL 语句转换为 MapReduce 作业运行。Hive 技术学习成本低，极大降低了 Hadoop 的使用门槛，非常适合于大规模结构化数据的统计分析。

6）Pig：和 Hive 类似，Pig 也是对大型数据集进行分析和评估的工具，但它提供了一种高层的、面向领域的抽象语言（Pig Latin）。Pig 也可以将 Pig Latin 脚本转化为 MapReduce 作业运行。与 SQL 相比，Pig Latin 更加灵活，但学习成本稍高。

7）Mahout：是一个机器学习和数据挖掘库，它利用 MapReduce 编程模型实现了 K-means、Collaborative Filtering 等经典的机器学习算法，并且具有良好的扩展性。

8）DataX：是一个在异构的数据库/文件系统之间高速交换数据的工具，实现了在任意的数据处理系统（RDBMS、HDFS 或 Local FileSystem）之间进行数据交换，由淘宝数据平台部门完成。

9）Flume：是 Cloudera 提供的一个高可用、高可靠、分布式的海量日志采集、聚合和传输系统，它支持在日志系统中定制各类数据发送方采集数据，同时提供对数据进行简单处理，并写到各种数据接收方的能力。

10）Sqoop：是连接传统数据库和 Hadoop 的桥梁，可以把传统关系型数据库中的数据导入 Hadoop 中，也可以将 Hadoop 中的数据导出到传统关系型数据库中。Sqoop 利用 MapReduce 并行计算的能力，可以加速数据的导入和导出。

11）Kafka：是由 LinkedIn 开发的一个分布式的消息系统，使用 Scala 语言编写，它以可水平扩展和高吞吐率的特点而被广泛使用。目前，越来越多的开源分布式处理系统（如 Spark、Flink 等）都支持与 Kafka 的集成。

12）ZooKeeper：是一个针对大型分布式系统的可靠协调系统，它提供的功能包括配置维护、命名服务、分布式同步、组服务等；它的目标是封装好复杂易出错的关键服务，将简单易用的界面和性能高效、功能稳定的系统提供给用户。ZooKeeper 已经成为 Hadoop 生态系统中的重要基础组件。

13）Spark：是基于内存计算的大数据并行计算框架。Spark 基于内存计算的特性，提高了大数据环境下数据处理的实时性，同时保证了高容错性和高可伸缩性，允许用户将 Spark 部署在大量的廉价硬件之上形成集群，提高了并行计算能力。

14）Flink：是一个开源的分布式、高性能、高可用的大数据处理引擎，支持实时流（stream）处理和批（batch）处理。可部署在各种集群环境（如 K8s、YARN、Mesos），并对各种大小的数据规模进行快速计算。

15）Ambari：是一种基于 Web 的大数据集群管理工具，支持 Hadoop 集群的创建、管理和监控。Ambari 目前已支持大多数 Hadoop 生态圈组件的集成，包括 HDFS、MapReduce、YARN、Hive、HBase、ZooKeeper、Sqoop 和 HCatalog 等。

1.3 Hadoop 的优势及应用领域

1.3 Hadoop 的优势及应用领域

1.3.1 Hadoop 的优势

Hadoop 是一个能够让用户轻松驾驭和使用的分布式计算平台，用户可以轻松地在 Hadoop 上开发和运行分布式应用程序。Hadoop 之所以如此受欢迎，主要是因为具有如下几个优势。

1．方便

Hadoop 可以运行在一般商业服务器构成的大型集群上，或者是亚马逊弹性计算云（Amazon EC2）、阿里云等云计算服务上。

2．弹性

Hadoop 可以通过增加节点的方式来线性地扩展集群规模，以便处理更大的数据集。同时，在集群负载下降时，也可以减少节点来提高资源使用效率。

3．健壮

Hadoop 在设计之初，就将故障检测和自动恢复作为一个设计目标，它可以从容处理通用计算平台上出现的硬件失效的情况。

4．简单

Hadoop 允许用户快速编写出高效的分布式计算程序。

由于 Hadoop 优势显著，目前 Hadoop 已经成为许多互联网公司（如百度、阿里、腾讯等）基础计算平台的核心部分。

1.3.2 Hadoop 的应用领域

Hadoop 作为大数据存储及计算领域的明星，目前已经得到越来越广泛的应用。接下来介绍一些 Hadoop 的典型应用领域。

1．移动数据

Cloudera 运营总监称，美国约 70%的智能手机数据服务背后都是由 Hadoop 来支撑的，包括数据的存储以及无线运营商的数据处理等都是在利用 Hadoop 技术。

2．电子商务

Hadoop 在电子商务领域的应用非常广泛，eBay 就是最大的实践者之一。国内的电商平台在 Hadoop 技术储备上也非常雄厚。

3．在线旅游

目前，全球范围内 80%的在线旅游网站都在使用 Cloudera 公司提供的 Hadoop 发行版，

SearchBI 网站报道过的 Expedia 也在其中。

4．诈骗检测

诈骗检测领域普通用户接触得比较少，一般只有金融服务或政府机构会用到。利用 Hadoop 来存储所有的客户交易数据（包括一些非结构化的数据），能够帮助机构发现客户的异常活动，预防欺诈行为。

5．医疗保健

医疗行业也会用到 Hadoop，如 IBM 的 Watson 就会使用 Hadoop 集群作为其服务的基础，包括语义分析等高级分析技术。医疗机构可以利用语义分析为患者提供医护人员，并协助医生更好地为患者进行诊断。

6．能源开采

美国雪佛龙公司是全美第二大石油公司，它的 IT 部门主管介绍了雪佛龙使用 Hadoop 进行数据收集和处理的经验，包括分析海洋的地震数据以便找到油矿的位置等。

1.4　Hadoop 与云计算

1.4　Hadoop 与云计算

1.4.1　云计算的概念及特点

云计算自诞生之日起，短短几年的时间就在各行各业产生了巨大的影响。那什么是云计算？

云计算是一种可以通过网络方便地接入共享资源池，按需获取计算资源（包括网络、服务器、存储、应用、服务等）的服务模型。共享资源池中的资源可以通过较少的管理代价和简单的业务交互过程而快速部署与发布。云计算主要有以下几个特点。

1．按需提供服务

云计算以服务的形式为用户提供应用程序、数据存储、基础设施等资源，并可以根据用户需求自动分配资源，而不需要管理员的干预。例如，亚马逊弹性计算云（Amazon EC2），用户可以通过 Web 表单提交自己需要的配置给亚马逊，从而动态获得计算能力，这些配置包括 CPU 核数、内存大小、磁盘大小等。

2．宽带网络访问

用户可以借助各种终端设备（比如智能手机、笔记本计算机等）随时随地地通过互联网访问云计算服务。

3．资源池化

资源以共享池的方式统一管理。云计算通过虚拟化技术，将资源分享给不同的用户，而资源的存放、管理以及分配策略对用户是透明的。

4．高可伸缩性

为自动适应业务负载的变化，服务的规模可以快速伸缩。这样就保证了用户使用的资源与业务所需要的资源的一致性，从而避免了因为服务器超载或冗余造成的服务质量下降或资源浪费。

5．可量化服务

云计算服务中心可以通过监控软件来监控用户的使用情况，从而根据资源的使用情况对提供的服务进行计费。

6．大规模

承载云计算的集群规模非常巨大，一般达数万台服务器以上。从集群规模来看，云计算赋予了用户前所未有的计算能力。

7．服务非常廉价

云服务可以采用非常廉价的 PC Server 来构建，而不是需要非常昂贵的小型机。另外，云服务的公用性和通用性极大地提升了资源利用率，从而大幅降低了使用成本。

1.4.2 Hadoop 与云计算的关系

通过前面的介绍，了解了什么是 Hadoop 和云计算，那么 Hadoop 和云计算之间有什么关系？其实，如果从云计算具体运营模式上分析，就很容易理解它们之间的关系，云计算包含以下 3 种模式。

1）IaaS（Infrastructure as a Service）：它的含义是基础设施即服务。例如，阿里云主机提供的就是基础设施服务，用户可以直接购买阿里云主机服务。

2）PaaS（Platform as a Service）：它的含义是平台即服务。例如，阿里云主机上已经部署好 Hadoop 集群，可以提供大数据平台服务，用户直接购买平台的计算能力并运行自己的应用即可。

3）SaaS（Software as a Service）：它的含义是软件即服务，例如，阿里云平台已经部署好具体的项目应用，用户直接购买账号使用它们提供的软件服务即可。

总的来说，云计算是一种运营模式，而 Hadoop 是一种技术手段，为云计算提供技术支撑。

1.5 Hadoop 与 Spark

1.5 Hadoop 与 Spark

1.5.1 Spark 的概念及特点

Spark 是基于内存计算的大数据并行计算框架。Spark 于 2009 年诞生于加州大学伯克利分校 AMP Lab，在开发以 Spark 为核心的 BDAS 时，AMP Lab 提出的目标是 One Stack to Rule Them All，也就是说在一套软件栈内完成各种大数据分析任务。目前，Spark 已经成为 Apache 软件基金会旗下的顶级开源项目。Spark 主要有以下几个特点。

1．运行速度快

Spark 源码是由 Scala 语言编写的，Scala 语言非常简洁并具有丰富的表达力。Spark 充分利用和集成了 Hadoop 等其他第三方组件，同时着眼于大数据处理，通过将中间结果缓存在内存从而减少磁盘 I/O 来实现性能的提升。

2．易用性

Spark 支持 Java、Python 和 Scala 的 API，还支持超过 80 种高级算法，使用户可以快速构建不同的应用。而且 Spark 支持交互式的 Python 和 Scala 的 Shell，可以非常方便地在这些 Shell 中使用 Spark 集群来验证解决问题的方法。

3．支持复杂查询

除了简单的 Map 及 Reduce 操作之外，Spark 还支持复杂查询。Spark 支持 SQL 查询、流式计算、机器学习和图算法，同时用户可以在同一个工作流中无缝地搭配这些计算范式。

4．实时的流处理

与 Hadoop 相比，Spark 不仅支持离线计算，还支持实时流计算。Spark Streaming 主要用来对数据进行实时处理，而 Hadoop 在拥有了 YARN 之后，也可以借助其他框架进行流式计算。

5．容错性

Spark 引入了弹性分布式数据集（Resilient Distributed Dataset，RDD），它是分布在一组节点中的只读对象集合，这些集合是弹性的，如果数据集的一部分丢失，则可以根据“血统”对它们进行重建。另外，在对 RDD 进行计算时，可以通过 CheckPoint 机制来实现容错。

1.5.2　Hadoop 与 Spark 的关系

在实际工作中， 如何选择 Hadoop 和 Spark 技术，还需要结合具体的应用场景来确定。首先得弄清楚 Hadoop 与 Spark 的区别与联系，才能在具体的项目中进行技术选型。

从 Hadoop 和 Spark 的定义来看，它们都是开源、分布式、高容错的并行计算框架，但是它们却适用于不同的应用场景，两者的区别与联系见表 1-1。

表 1-1　Hadoop 与 Spark 的区别与联系

支持的场景	Spark	Hadoop
流式计算	Streaming	无
离线计算	Core	MapReduce
图计算	GraphX	无
机器学习	MLlib	Mahout
SQL	DataFrame	Hive

Hadoop 和 Spark 的对比分析如下。

1）流式计算：Spark Streaming 支持流式计算，而 Hadoop 不支持流式计算。

2）离线计算：Spark Core 和 Hadoop 中的 MapReduce 都支持离线计算。

3）图计算：Spark 中的 GraphX 支持图计算，而 Hadoop 中却没有相应的组件支持图计算。

4）机器学习：Spark 中的 MLlib 支持机器学习，Hadoop 中的 Mahout 也支持机器学习。

5）SQL：对于 SQL 的支持，Spark 由 DataFrame 组件来实现，而 Hadoop 由 Hive 组件来实现。

总的来说，Hadoop 适合离线计算，Spark 更适合实时计算。但在生产环境中，无论是 Hadoop 还是 Spark，数据存储常常依赖于 HDFS，资源管理调度则往往依赖于 YARN。

1.6　Hadoop 与传统关系型数据库

1.6　Hadoop 与传统关系型数据库

1.6.1　RDBMS 的概念及特点

传统关系型数据库（Relational Database Management System，RDBMS）是指对应于一个关系模型的所有关系的集合。关系型数据库系统实现了关系模型，并用它来处理数据。关系模型在表中将信息与字段关联起来，从而存储数据。

这种数据库管理系统需要在存储数据之前定义结构（如表）。有了表，每一列（字段）都存储一个不同类型（数据类型）的信息。数据库中的每条记录都有自己唯一的 Key（主键）作为属于某个表的一行，行中的每一个信息都对应了表中的一列——所有的关系一起构成了关系模型。

RDBMS 的特点如下。

1）容易理解。二维表结构是非常贴近逻辑世界的一个概念，关系模型相对网状、层次等其他模型来说更容易理解。

2）使用方便。通用的 SQL 语言使得操作关系型数据库非常方便。

3）易于维护。丰富的完整性（实体完整性、参照完整性和用户定义的完整性）大大降低了数据冗余和数据不一致的概率。

4）支持 SQL。支持 SQL 语言完成复杂的查询功能。

1.6.2 Hadoop 与 RDBMS 的关系

企业迅速增长的结构化数据和非结构化数据的管理需求，是推动企业使用 Hadoop 技术的重要因素。但是 Hadoop 还不能取代现有的所有技术，现在越来越多的情况是 Hadoop 与 RDBMS 一起工作。为了更好地理解 Hadoop 与 RDBMS 的应用场景，在多个方面对它们进行了比较，详细对比见表 1-2。

表 1-2 RDBMS 与 Hadoop 的对比

比较的内容	RDBMS	Hadoop
数据规模	GB 级	PB 级
访问方式	交互处理和批处理	批处理
数据读写	多次读写	一次写、多次读
集群收缩性	非线性	线性

RDBMS 与 Hadoop 的对比分析如下。

1. 数据规模

RDBMS 适合处理 GB 级的数据，数据量超过这个范围性能就会急剧下降，而 Hadoop 可以处理 PB 级的数据，没有数据规模的限制。

2. 访问方式

RDBMS 支持交互处理和批处理，而 Hadoop 仅支持批处理。

3. 数据读写

RDBMS 支持数据多次读写，而 Hadoop 支持一次写、多次读。

4. 集群收缩性

RDBMS 是非线性扩展的，而 Hadoop 支持线性扩展，可以通过增加节点来扩展 Hadoop 集群规模。

总的来说，Hadoop 适合用于海量数据的批处理，而 RDBMS 适合用于少量数据的实时查询。在实际工作中，Hadoop 一般需要与 RDBMS 结合来使用，例如，可以利用 Hadoop 集群对海量数据进行统计分析，然后将分析结果存入 RDBMS 对外提供实时查询服务。

1.7 案例实践：搭建 Hadoop 运行环境

“工欲善其事，必先利其器”。为了让读者尽早体会到 Hadoop 数据存储和计算的魅力，首先要搭建好 IDEA 开发环境、Linux 虚拟机和 Hadoop 伪分布集群环境。

1.7.1.1　JDK、Maven、IDEA 安装与配置

1.7.1　搭建 IDEA 开发环境

作为一名 Java 开发人员，每天都离不开代码开发工具，所以首先需要搭建好一款日常开发工具，这里选择目前比较流行的 IntelliJ IDEA。

1．JDK 的安装与配置

JDK 是 Java 软件开发包的简称，开发 Java 程序就必须先安装 JDK。如果没有 JDK 环境，就无法编译运行 Java 程序。

2．Maven 的安装与配置

Maven 是专门用于构建和管理 Java 相关项目的工具。使用 Maven 管理项目主要有两点好处。第一，使用 Maven 管理的 Java 项目都有着相同的项目结构；第二，使用 Maven 便于统一维护 jar 包，项目需要用到哪个 jar 包，只需要配置 jar 包的名称和版本号即可实现 jar 包的共享，避免每个项目都维护自己的 jar 包所带来的麻烦。

3．IDEA 的安装与配置

IDEA（IntelliJ IDEA）是 Java 语言开发的集成环境，在业界被公认为最好的 Java 开发工具之一。IDEA 官网提供了 Windows、macOS、Linux 不同系统的安装文件。另外，普通的 JVM 和 Android 开发可以选择 Community 版本，Web 和企业级开发则选择 Ultimate 版本。由于人们习惯在 Windows 上编写代码，所以选择在 Windows 上安装对应版本的 IDEA 即可。

4．使用 IDEA 构建 Maven 项目

1.7.1.2　使用 IDEA 构建 Maven 项目

接下来就可以使用 IDEA 开发工具构建 Maven 项目。

打开 IDEA 欢迎界面，选择“Create New Project”选项创建新项目，如图 1-2 所示。

在弹出的对话框左侧选择“Maven”，右侧选择“Project SDK”，下面勾选“Create from archetype”并选择“maven-archetype-quickstart”骨架创建 Maven 项目，具体操作如图 1-3 所示。

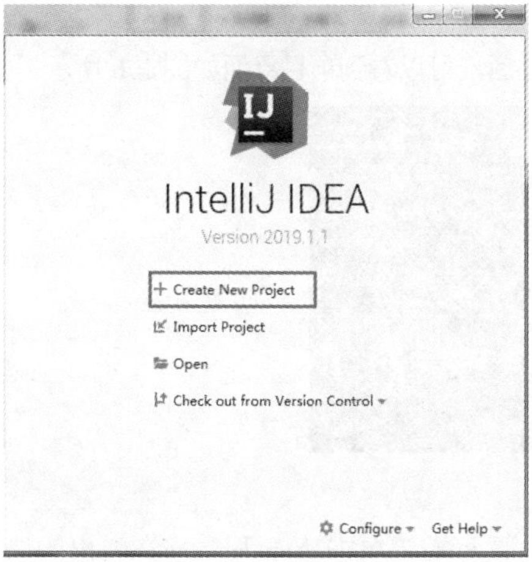

图 1-2　创建新项目

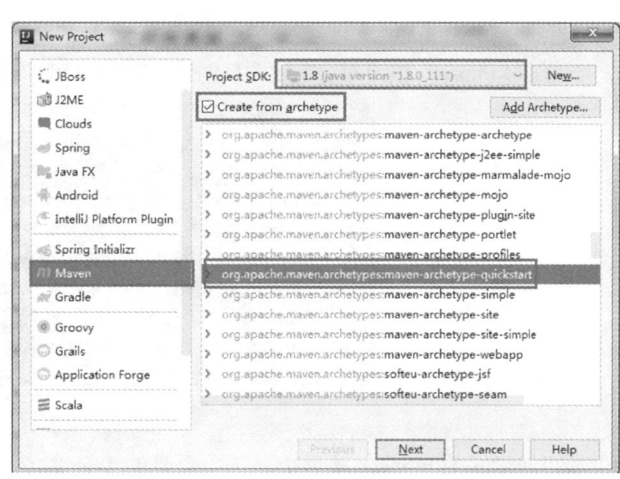

图 1-3　选择 Maven 骨架

单击“Next”按钮进入下一步，在弹出的对话框中填写项目的 Name、Location、GroupId 和 ArtifactId，具体操作如图 1-4 所示。其中，GroupId 是项目组织唯一的标识符，实际对应 Java 包的结构。ArtifactId 是项目的唯一标识符，实际对应项目的名称。

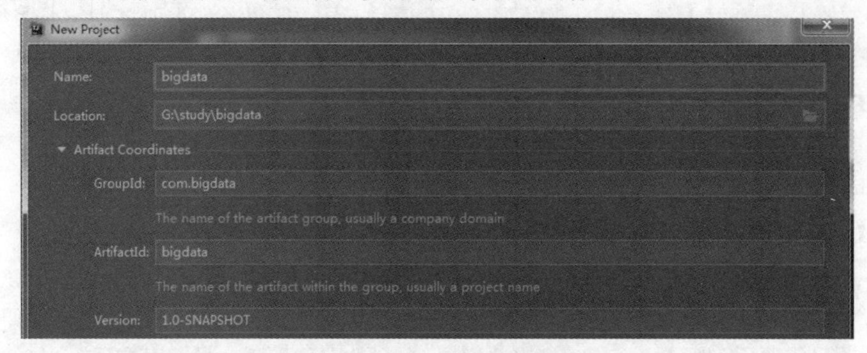

图 1-4　配置 GroupId 和 ArtifactId

单击“Next”按钮进入下一步，配置 Maven 安装目录，选择独立安装好的 Maven 路径即可，具体操作如图 1-5 所示。

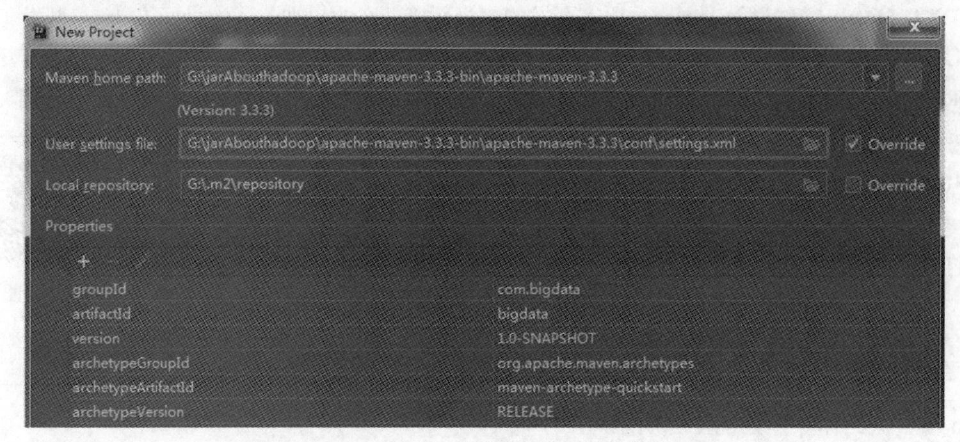

图 1-5　配置 Maven 路径

单击“Finish”按钮即可完成项目创建，IDEA 打开项目之后，可以看到项目界面如图 1-6 所示。

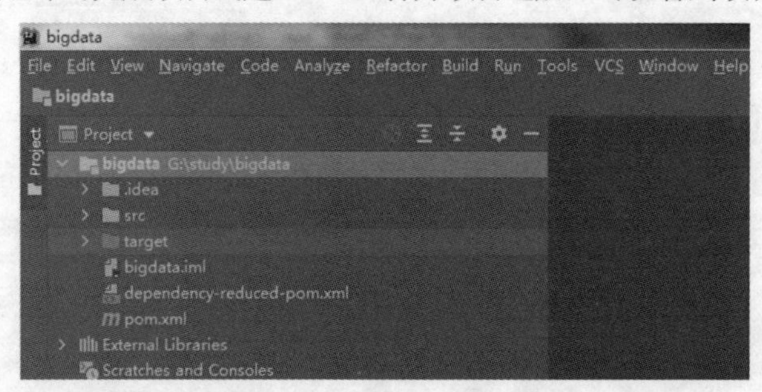

图 1-6　Maven 项目界面

在创建好的 bigdata 项目中，选中自带的 Java 类 App，鼠标右键单击 App 程序，在弹出的选项中选择“run”运行该程序并输出“Hello World!”，此时说明 Maven 项目创建成功，运行结果如图 1-7 所示。

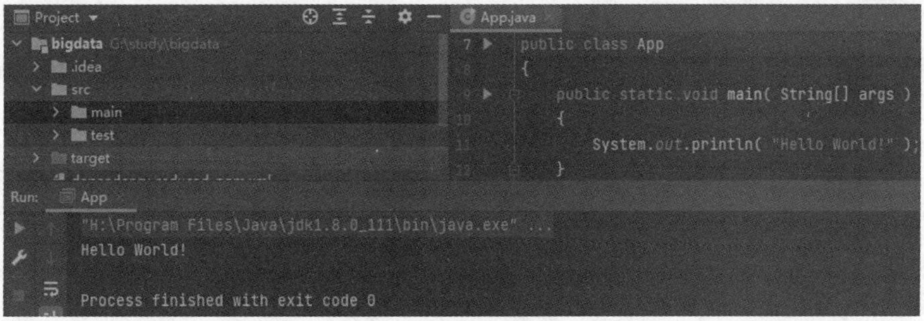
Project
bigdata G:\study\bigdata
.idea
src
main
test
target
App.java
public class App
{
public static void main(String[] args)
{
System.out.println("Hello World!");
}
Run: App
"H:\Program Files\Java\jdk1.8.0_111\bin\java.exe" ...
Hello World!
Process finished with exit code 0

图 1-7　App 运行结果

1.7.2　搭建 Linux 虚拟机

在生产环境中，Hadoop 集群环境需要搭建在 Linux 系统之上。为了方便学习，选择安装 Linux 虚拟机即可。

1．安装 Linux 系统

Hadoop 平台通常构建在 Linux 系统之上，而人们平时使用的计算机大部分是 Windows 系统。此时可以通过 VirtualBox 或 VMware 虚拟化软件在 Windows 系统中安装虚拟机，然后在虚拟机上安装 Linux 操作系统，这样 Hadoop 平台就可以构建在 Linux 虚拟机之上。当然在生产环境中，公司可以购买物理服务器来搭建 Hadoop 平台。

2．配置 Linux 静态 IP

在实际应用中，由于人们使用的是动态主机配置协议（Dynamic Host Configuration Protocol，DHCP）服务器分配的 IP 地址，那么每次重启 DHCP 服务器，IP 地址有可能是会变动的。而使用 Linux 系统来搭建 Hadoop 平台则希望 IP 地址是固定不变的，因为集群配置的很多地方都会涉及 IP 地址，所以需要将 Linux 系统配置为静态 IP。

这里以 hadoop1 节点为例，首先在控制台打开 ifcfg-enp0s3 配置文件，然后修改 hadoop1 节点的网卡信息，具体配置如图 1-8 所示。

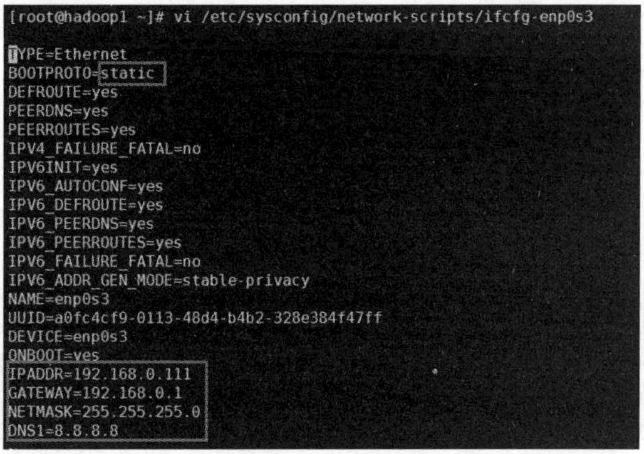
[root@hadoop1 ~]# vi /etc/sysconfig/network-scripts/ifcfg-enp0s3
TYPE=Ethernet
BOOTPROTO=static
DEFROUTE=yes
PEERDNS=yes
PEERROUTES=yes
IPV4_FAILURE_FATAL=no
IPV6INIT=yes
IPV6_AUTOCONF=yes
IPV6_DEFROUTE=yes
IPV6_PEERDNS=yes
IPV6_PEERROUTES=yes
IPV6_FAILURE_FATAL=no
IPV6_ADDR_GEN_MODE=stable-privacy
NAME=enp0s3
UUID=a0fc4cf9-0113-48d4-b4b2-328e384f47ff
DEVICE=enp0s3
ONBOOT=yes
IPADDR=192.168.0.111
GATEWAY=192.168.0.1
NETMASK=255.255.255.0
DNS1=8.8.8.8

图 1-8　网卡配置

如图 1-8 所示，将 BOOTPROTO 参数由 dhcp 改为 static，表示将动态 IP 改为静态 IP；添加固定 IP 地址 IPADDR 为 192.168.0.111；网关 GATEWAY 设置为 192.168.0.1；添加子网掩码 NETMASK 为 255.255.255.0；DNS 设置为 8.8.8.8，该地址为 Google 提供的免费 DNS 服务器的 IP 地址。

注意：因为 hadoop1 节点的网络连接方式为桥接，所以 hadoop1 节点的 IP 地址需要跟宿主 Windows 系统的 IP 地址保持在同一个网段，并且 hadoop1 节点的网关需要与宿主 Windows 系统的网关保持一致。单击“开始”，输入 cmd 并按下〈Enter〉键，然后在 cmd 命令窗口输入 ipconfig 即可查看宿主 Windows 系统的 IP 地址和网关。

修改网卡配置之后，需要重启网络服务才能生效，具体操作如图 1-9 所示。

```
[root@hadoop1 ~]#
[root@hadoop1 ~]#
[root@hadoop1 ~]# systemctl restart network
[root@hadoop1 ~]#
```

图 1-9　重启网络服务

在控制台输入 ip addr 命令，可以查看到当前固定 IP 地址为 192.168.0.111，具体操作如图 1-10 所示。

```
[root@hadoop1 ~]# ip addr
1: lo: <LOOPBACK,UP,LOWER_UP> mtu 65536 qdisc noqueue state UNKNOWN qlen 1
    link/loopback 00:00:00:00:00:00 brd 00:00:00:00:00:00
    inet 127.0.0.1/8 scope host lo
       valid_lft forever preferred_lft forever
    inet6 ::1/128 scope host
       valid_lft forever preferred_lft forever
2: enp0s3: <BROADCAST,MULTICAST,UP,LOWER_UP> mtu 1500 qdisc pfifo_fast state UP qlen 1000
    link/ether 08:00:27:95:61:53 brd ff:ff:ff:ff:ff:ff
    inet 192.168.0.111/24 brd 192.168.0.255 scope global enp0s3
       valid_lft forever preferred_lft forever
    inet6 fe80::305b:e33:4b92:367c/64 scope link
       valid_lft forever preferred_lft forever
```

图 1-10　查看网络接口配置信息

Linux 系统配置静态 IP 地址之后，即使重启 Linux 系统也不会改变。

3. Linux 主机名和 IP 映射

实际上，无论是 IP 地址还是主机名都是为了标识一台主机或服务器。IP 地址就是一台主机上网时 IP 分配给它的一个逻辑地址，主机名（hostname）就相当于又给这台机器取了一个名字，可以为主机取各种各样的名字。如果要用这个名字去访问这台主机，那么就需要配置 hostname 与 IP 地址之间的对应关系。

在控制台输入命令 vi /etc/hosts 打开配置文件，在 hosts 文件的末尾按照对应格式添加 IP 地址和主机名的对应关系。此时 IP 地址为 192.168.0.111，对应的 hostname 为 hadoop1，注意它们之间要有空格。具体配置结果如图 1-11 所示。

```
[root@hadoop1 ~]# vi /etc/hosts

127.0.0.1   localhost localhost.localdomain localhost4 localhost4.localdomain4
::1         localhost localhost.localdomain localhost6 localhost6.localdomain6
192.168.0.111 hadoop1
~
```

图 1-11　修改 hosts 文件结果

4．关闭 Linux 防火墙

防火墙是对服务器进行保护的一种服务，但是有时候这种服务会带来很大的麻烦。例如，防火墙会妨碍集群间的相互通信，所以需要关闭防火墙。

在控制台中输入 systemctl stop firewalld.service 命令可以关闭防火墙，输入 firewall-cmd --state 命令可以查看防火墙状态，具体操作如图 1-12 所示。

```
[root@hadoop1 ~]# systemctl stop firewalld.service
[root@hadoop1 ~]# firewall-cmd --state
not running
```

图 1-12　关闭 Linux 防火墙

为了防止防火墙在 Linux 开机时启动，在控制台输入 systemctl disable firewalld.service 命令可以禁止防火墙开机启动，具体操作如图 1-13 所示。

```
[root@hadoop1 ~]# systemctl disable firewalld.service
[root@hadoop1 ~]#
```

图 1-13　禁止防火墙开机启动

5．创建 Linux 用户和用户组

在 Hadoop 平台搭建过程中，为了系统安全考虑，一般不直接使用超级用户 root，而是需要创建一个新的用户和用户组。

在 Linux 系统中，创建名字为 hadoop 的用户组，具体操作命令如下。

```
[root@hadoop1 ~]# groupadd hadoop
```

在 Linux 系统中，创建名字为 hadoop 的用户并指定 hadoop 用户组，具体操作命令如下。

```
[root@hadoop1 ~]# useradd  -g  hadoop  hadoop
```

另外，需要在 root 用户下为 hadoop 用户设置密码，密码内容可以自行设置，具体操作命令如下。

```
[root@hadoop1 ~]# passwd hadoop
```

6．Linux SSH 免密登录

SSH（Secure Shell）是可以在应用程序中提供安全通信的一个协议，通过 SSH 可以安全地进行网络数据传输，它的主要原理是利用非对称加密体系，对所有待传输的数据进行加密，保证数据在传输时不被恶意破坏、泄露或篡改。

但是 Hadoop 集群使用 SSH 不是用来进行数据传输的，而是在 Hadoop 集群启动和停止时，主节点通过 SSH 协议启动或停止从节点上面的进程。如果不配置 SSH 免密登录，对 Hadoop 集群的正常使用没有任何影响，但是在启动和停止 Hadoop 集群时，需要输入每个从节点的密码。当集群规模比较大时，如果达到成百上千个节点的规模，每次都要分别输入集群节点的密码，这种方法肯定是不可取的，所以要对 Hadoop 集群进行 SSH 免密登录的配置。

SSH 免密登录的功能跟用户密切相关，为哪个用户配置了 SSH，哪个用户就具有 SSH 免密登录的功能，没有配置的用户则不具备该功能，这里选择为 hadoop 用户配置 SSH 免密登录。

首先，在控制台使用 su 命令切换到 hadoop 用户的根目录，然后使用 ssh-keygen -t rsa 命令（ssh-keygen 是密钥生成器，-t 是一个参数，rsa 是一种加密算法）生成密钥对（即公钥文件 id_rsa.pub 和私钥文件 id_rsa），具体操作如图 1-14 所示。

```
[hadoop@hadoop1 ~]$ ssh-keygen -t rsa
Generating public/private rsa key pair.
Enter file in which to save the key (/home/hadoop/.ssh/id_rsa):
Created directory '/home/hadoop/.ssh'.
Enter passphrase (empty for no passphrase):
Enter same passphrase again:
Your identification has been saved in /home/hadoop/.ssh/id_rsa.
Your public key has been saved in /home/hadoop/.ssh/id_rsa.pub.
The key fingerprint is:
1f:79:02:37:3f:88:c4:1c:f9:96:24:e8:32:c9:67:26 hadoop@hadoop1
The key's randomart image is:
+--[ RSA 2048]----+
|       ...       |
|      .oo..      |
|    . o  =+o.    |
|     E =. ++=    |
|      B  S.= +   |
|          . + .  |
|           .     |
|                 |
|                 |
+-----------------+
[hadoop@hadoop1 ~]$
```

图 1-14　SSH 生成公钥和私钥

将公钥文件 id_rsa.pub 中的内容复制到相同目录下的 authorized_keys 文件中，具体操作如图 1-15 所示。

```
[hadoop@hadoop1 ~]$ cd .ssh/
[hadoop@hadoop1 .ssh]$ ls
id_rsa  id_rsa.pub
[hadoop@hadoop1 .ssh]$ cp id_rsa.pub authorized_keys
[hadoop@hadoop1 .ssh]$ ls
authorized_keys  id_rsa  id_rsa.pub
[hadoop@hadoop1 .ssh]$ cat authorized_keys
ssh-rsa AAAAB3NzaC1yc2EAAAADAQABAAABAQDG09EyCDfyhTxeecQGVZ8eQJSkfwIbUU0vQHcwY2sVeR
24QwUK8Me9BqR2RRZbdXdhYjYzkDuOvt11Mg3JtHk8a0ZAgSeAu7ioVCthnw4g34WXbtsHJZUnB9J/aFZ2
kwe//Gs2VYmo5Xad+X5v4b2fm1V7+1SMHaVRDRUq6pOHQEqFPMN9oB1y+hSL2p2qLp hadoop@hadoop1
[hadoop@hadoop1 .ssh]$
```

图 1-15　生成授权文件

切换到 hadoop 用户的根目录，然后为.ssh 目录及文件赋予相应的权限，具体操作如图 1-16 所示。

```
[hadoop@hadoop1 .ssh]$ cd ..
[hadoop@hadoop1 ~]$ chmod 700 .ssh
[hadoop@hadoop1 ~]$ chmod 600 .ssh/*
[hadoop@hadoop1 ~]$
```

图 1-16　修改.ssh 目录及文件权限

使用 ssh 命令登录 hadoop1，第一次登录需要输入 yes 进行确认，第二次之后登录则不需要，此时表明设置成功，具体操作如图 1-17 所示。

```
[hadoop@hadoop1 ~]$ ssh hadoop1
The authenticity of host 'hadoop1 (192.168.0.100)' can't be established.
ECDSA key fingerprint is ef:f2:cf:19:d4:23:49:7d:98:3c:d8:8f:26:e0:13:6e.
Are you sure you want to continue connecting (yes/no)? yes
Warning: Permanently added 'hadoop1,192.168.0.100' (ECDSA) to the list of known hosts.
Last login: Wed Oct 20 10:09:49 2021
[hadoop@hadoop1 ~]$ exit
logout
Connection to hadoop1 closed.
[hadoop@hadoop1 ~]$ ssh hadoop1
Last login: Wed Oct 20 10:13:23 2021 from hadoop1
[hadoop@hadoop1 ~]$
```

图 1-17　测试 SSH 免密登录

1.7.3　搭建 Hadoop 伪分布式集群环境

1.7.3　搭建 Hadoop 伪分布式集群

前面已经准备好 Linux 虚拟机环境，接下来基于 Linux 虚拟机搭建 Hadoop 集群环境。

1．Hadoop 的运行模式

在部署 Hadoop 环境之前，首先要选择 Hadoop 的运行模式。Hadoop 有 3 种常见的运行模式，分别是单机模式、伪分布式模式和完全分布式模式。

（1）单机模式

单机模式是 Hadoop 的默认模式，在这种模式下，只需要下载解压 Hadoop 安装包并配置环境变量即可。一般情况下不会使用单机模式，只需要知道默认运行模式是单机模式即可。

（2）伪分布式模式

在这种模式下，所有的守护进程都运行在一个节点上。该模式是在一个节点上模拟一个具有 Hadoop 完整功能的微型集群，所以被称为伪分布式集群，由于是在一个节点上部署所以也叫作单节点集群。

（3）完全分布式模式

在这种模式下，Hadoop 守护进程会运行在多个节点上，形成一个真正意义上的分布式集群。

遵循从易到难的原则，我们先搭建 Hadoop 伪分布式集群环境，让读者快速上手 Hadoop 的学习。Hadoop 完全分布式集群环境涉及的技术比较多，对初学者有一定难度，在后续章节会逐步实现。

2．JDK 安装与配置

由于 Hadoop 框架由 Java 语言开发并运行在 JVM 之上，所以需要在 Linux 中提前安装 JDK 环境。另外，安装 Hadoop 对 JDK 版本也有要求，由于安装的 Linux 系统是 64 位的 CentOS 7 系统，所以需要安装与之相对应的 64 位 JDK 安装包。针对 Linux 系统下的 JDK 具体版本，可以选择目前比较稳定且常用的 JDK1.8 版本。

（1）下载 JDK

可以到官网（地址为 https://www.oracle.com/java/technologies/javase/javase8u211-later-archive-downloads.html）下载对应版本的安装包 jdk-8u141-linux-x64.tar.gz，并上传至 hadoop1 节点的 /home/hadoop/app 目录下，JDK 安装包所在目录如下。

```
[hadoop@hadoop1 app]$ ls
jdk-8u141-linux-x64.tar.gz
```

（2）解压 JDK

在当前目录下，使用 tar 命令对 JDK 进行解压，具体操作命令如下。

```
[hadoop@hadoop1 app]$ tar -zxvf  jdk-8u141-linux-x64.tar.gz
```

为了方便管理多版本 JDK，使用 ln 命令创建 JDK 软连接，具体操作命令如下。

```
[hadoop@hadoop1 app]$ ln  -s  jdk1.8.0_141  jdk
```

（3）配置 JDK 环境变量

在 hadoop 用户下，使用 vi 命令打开.bashrc 配置文件，添加 JDK 环境变量，具体添加内容如下。

```
[hadoop@hadoop1 app]$ vi ~/.bashrc
JAVA_HOME=/home/hadoop/app/jdk
```

```
CLASSPATH=.:$JAVA_HOME/lib/dt.jar:$JAVA_HOME/lib/tools.jar
PATH=$JAVA_HOME/bin:$PATH
export JAVA_HOME CLASSPATH PATH
```

使用 source 命令执行.bashrc 文件，JDK 环境变量才能生效，具体操作命令如下。

```
[hadoop@hadoop1 app]$ source ~/.bashrc
[hadoop@hadoop1 app]$ echo $JAVA_HOME
/home/hadoop/app/jdk
```

（4）检查 JDK 是否安装成功

在 hadoop 用户下，使用 Java 命令查看 JDK 版本号，具体操作命令如下。

```
[hadoop@hadoop1 app]$ java -version
java version "1.8.0_141"
Java(TM) SE Runtime Environment (build 1.8.0_141-b15)
Java HotSpot(TM) 64-Bit Server VM (build 25.141-b15, mixed mode)
```

如果打印的信息能查看到 JDK 版本号，说明 JDK 已安装成功。

3. Hadoop 的安装与配置

前面的基础环境已经准备完毕，接下来就开始安装 Hadoop 伪分布式环境，这里选择安装 Hadoop 2.9.2 版本。

（1）下载 Hadoop

可以到官方（地址为:https://archive.apache.org/dist/hadoop/common/）下载对应版本的 Hadoop 安装包，并上传至 hadoop1 节点的/home/hadoop/app 目录下，安装包所在目录如下。

```
[hadoop@hadoop1 app]$ ls
hadoop-2.9.2.tar.gz
```

（2）解压 Hadoop

在当前目录下，使用 tar 命令解压 Hadoop 安装包，具体操作命令如下。

```
[hadoop@hadoop1 app]$ tar  -zxvf  hadoop-2.9.2.tar.gz
```

为了方便管理多版本 Hadoop，使用 ln 命令创建软连接，具体操作命令如下。

```
[hadoop@hadoop1 app]$ ln -s hadoop-2.9.2 hadoop
```

（3）配置 Hadoop

在 Hadoop 安装目录下进入到 etc/hadoop 目录，修改 Hadoop 相关配置文件。

1）修改 core-site.xml 配置文件。core-site.xml 文件主要配置 Hadoop 的公有属性，具体配置内容如下。

```
[hadoop@hadoop1 hadoop]$ vi core-site.xml
<configuration>
<property>
   <name>fs.defaultFS</name>
   <value>hdfs://hadoop1:9000</value>
   <!--配置 HDFS NameNode 的地址，9000 是 RPC 通信的端口-->
</property>
<property>
   <name>hadoop.tmp.dir</name>
   <value>/home/hadoop/data/tmp</value>
```

```
    <!--Hadoop 的临时目录-->
</property>
</configuration>
```

2）修改 hdfs-site.xml 配置文件。hdfs-site.xml 文件主要配置与 HDFS 相关的属性，具体配置内容如下。

```
[hadoop@hadoop1 hadoop]$ vi hdfs-site.xml
<configuration>
<property>
    <name>dfs.namenode.name.dir</name>
    <value>/home/hadoop/data/dfs/name</value>
    <!--配置 namenode 节点存储 fsimage 的目录位置-->
</property>
<property>
    <name>dfs.datanode.data.dir</name>
    <value>/home/hadoop/data/dfs/data</value>
    <!--配置 datanode 节点存储 block 的目录位置-->
</property>
<property>
    <name>dfs.replication</name>
    <value>1</value>
    <!--配置 HDFS 副本数量-->
</property>
<property>
    <name>dfs.permissions</name>
    <value>false</value>
    <!--关闭 HDFS 的权限检查-->
</property>
</configuration>
```

3）修改 hadoop-env.sh 配置文件。hadoop-env.sh 文件主要配置与 Hadoop 环境相关的变量，这里主要修改 JAVA_HOME 的安装目录，具体配置内容如下。

```
[hadoop@hadoop1 hadoop]$ vi hadoop-env.sh
export JAVA_HOME=/home/hadoop/app/jdk
```

4）修改 mapred-site.xml 配置文件。mapred-site.xml 文件主要配置与 MapReduce 相关的属性，这里主要将 MapReduce 的运行框架名称配置为 YARN，具体配置内容如下。

```
[hadoop@hadoop1 hadoop]$ vi mapred-site.xml
<configuration>
<property>
    <name>mapreduce.framework.name</name>
    <value>yarn</value>
    <!--指定运行 MapReduce 的环境为 YARN-->
</property>
</configuration>
```

5）修改 yarn-site.xml 配置文件。yarn-site.xml 文件主要配置与 YARN 相关的属性，具体配置内容如下。

```
[hadoop@hadoop1 hadoop]$ vi yarn-site.xml
```

```
<configuration>
<property>
   <name>yarn.nodemanager.aux-services</name>
   <value>mapreduce_shuffle</value>
   <!--配置 NodeManager 执行 MR 任务的方式为 Shuffle 混洗-->
</property>
</configuration>
```

6）修改 slaves 配置文件。slaves 文件主要配置哪些节点为 datanode 角色，由于目前搭建的是 Hadoop 伪分布式集群，所以只需要填写当前主机的 hostname 即可，具体配置内容如下。

```
[hadoop@hadoop1 hadoop]$ vi slaves
hadoop1
```

7）配置 Hadoop 环境变量。在 hadoop 用户下，添加 Hadoop 环境变量，具体操作命令如下。

```
[hadoop@hadoop1 hadoop]$ vi  ~/.bashrc
export HADOOP_HOME=/home/hadoop/app/hadoop
PATH=$JAVA_HOME/bin:$HADOOP_HOME/bin:$PATH
```

使用 source 命令执行.bashrc 文件，才能使 Hadoop 环境变量生效，具体操作命令如下。

```
[hadoop@hadoop1 hadoop]$ source ~/.bashrc
[hadoop@hadoop1 hadoop]$ hadoop version
Hadoop 2.9.2
```

8）创建 Hadoop 相关数据目录。在 hadoop 用户下，创建 Hadoop 相关数据目录，具体操作命令如下。

```
[hadoop@hadoop1 hadoop]$ mkdir -p /home/hadoop/data/tmp
[hadoop@hadoop1 hadoop]$ mkdir -p /home/hadoop/data/dfs/name
[hadoop@hadoop1 hadoop]$ mkdir -p /home/hadoop/data/dfs/data
```

4．启动 Hadoop 伪分布式集群

（1）格式化主节点 NameNode

在 Hadoop 安装目录下，使用如下命令对 NameNode 进行格式化。

```
[hadoop@hadoop1 hadoop]$ bin/hdfs namenode -format
```

注意：第一次安装 Hadoop 集群需要对 NameNode 进行格式化，Hadoop 集群安装成功之后，下次只需要使用脚本 start-all.sh 一键启动 Hadoop 集群即可。

（2）启动 Hadoop 伪分布式集群

在 Hadoop 安装目录下，使用脚本一键启动 Hadoop 集群，具体操作命令如下。

```
[hadoop@hadoop1 hadoop]$ sbin/start-all.sh
```

（3）查看 Hadoop 服务进程

通过 jps 命令查看 Hadoop 伪分布式集群的服务进程，具体操作命令如下。

```
[hadoop@hadoop1 hadoop]$ jps
2466 DataNode
2948 NodeManager
3271 Jps
2843 ResourceManager
```

```
2636 SecondaryNameNode
2366 NameNode
```

如果服务进程中包含 Resourcemanager、Nodemanager、NameNode、DataNode 和 SecondaryNameNode 这 5 个进程，就说明 Hadoop 伪分布式集群启动成功。

（4）查看 HDFS

在浏览器中输入 http://hadoop1:50070/地址，通过 Web 界面查看 HDFS，具体操作如图 1-18 所示。

Hadoop　Overview　Datanodes　Datanode Volume Failures　Snapshot　Startup Progress　Utilities

Overview 'hadoop1:9000' (active)

Started:	Wed Oct 20 16:01:35 +0800 2021
Version:	2.9.2, r826afbeae31ca687bc2f8471dc841b66ed2c6704
Compiled:	Tue Nov 13 20:42:00 +0800 2018 by ajisaka from branch-2.9.2
Cluster ID:	CID-7cefe854-f85c-41b3-be2e-6003aec97905
Block Pool ID:	BP-1693868812-192.168.0.100-1634716129955

图 1-18　Web 界面查看 HDFS

（5）查看 YARN 资源管理系统

在浏览器中输入 http://hadoop1:8088/地址，通过 Web 界面查看 YARN 资源管理系统，具体操作如图 1-19 所示。

5．测试运行 Hadoop 伪分布式集群

Hadoop 伪分布式集群启动之后，以 Hadoop 自带的 WordCount（单词统计）案例来检测 Hadoop 集群环境的可用性。

（1）查看 HDFS 目录

在 HDFS Shell 中，使用 ls 命令查看 HDFS 目录，具体操作命令如下。

```
[hadoop@hadoop1 hadoop]$ bin/hdfs dfs -ls /
```

由于是第一次使用 HDFS，所以 HDFS 中没有任何目录和文件。

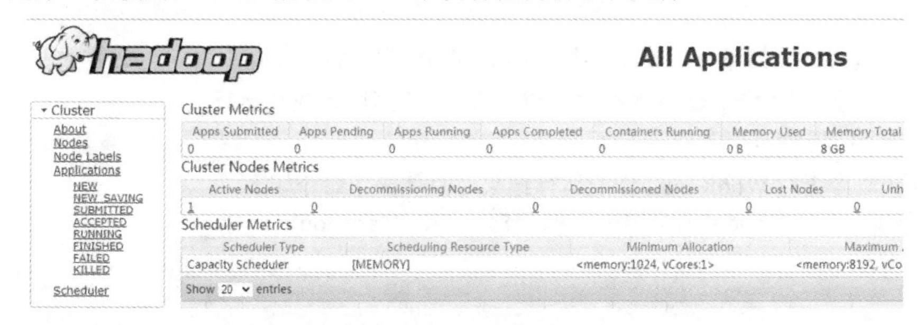

图 1-19　Web 界面查看 YARN

（2）创建 HDFS 目录

在 HDFS Shell 中，使用 mkdir 命令创建 HDFS 文件目录/test，具体操作命令如下。

```
[hadoop@hadoop1 hadoop]$ bin/hdfs dfs -mkdir /test
```

（3）准备测试数据集

在 Hadoop 根目录下，新建 words.log 文件并输入测试数据，具体操作命令如下。

```
[hadoop@hadoop1 hadoop]$ vi words.log
hadoop hadoop hadoop
spark spark spark
flink flink flink
```

（4）测试数据上传至 HDFS

使用 put 命令将 words.log 文件上传至 HDFS 的/test 目录下，具体操作命令如下。

```
[hadoop@hadoop1 hadoop]$ bin/hdfs dfs -put words.log /test
```

（5）运行 WordCount 案例

使用 yarn 脚本将 Hadoop 自带的 WordCount 程序提交到 YARN 集群运行，具体操作命令如下。

```
[hadoop@hadoop1 hadoop]$ bin/yarn jar share/hadoop/mapreduce/hadoop-mapreduce-examples-2.9.2.jar wordcount /test/words.log /test/out
```

（6）查看作业运行状态

在浏览器中输入 http://hadoop1:8088/地址，通过 Web 界面查看 YARN 中作业运行状态，具体操作如图 1-20 所示。

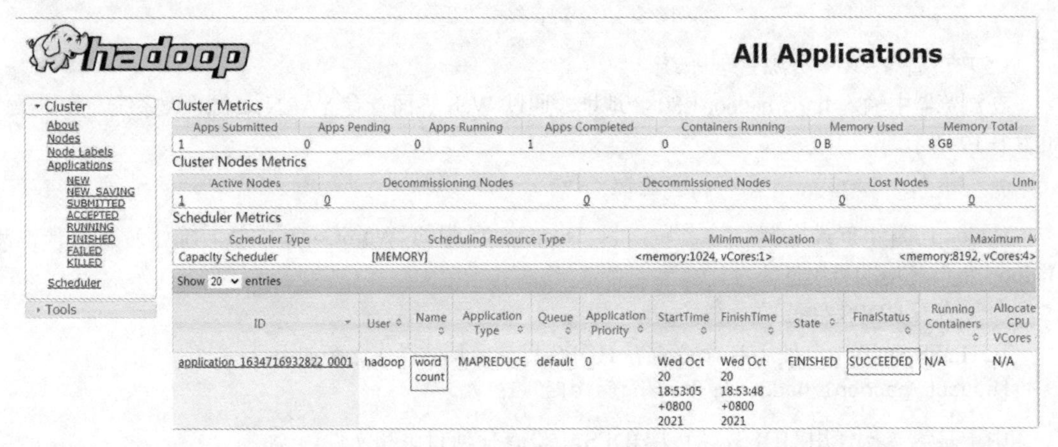

图 1-20　查看作业运行状态

如果在 YARN 集群的 Web 界面中，查看到 WordCount 作业最终的运行状态为 SUCLEEDED，就说明 MapReduce 程序可以在 YARN 集群上成功运行。

（7）查询作业运行结果

使用 cat 命令查看 WordCount 作业运行结果，具体操作命令如下。

```
[hadoop@hadoop1 hadoop]$ bin/hdfs dfs -cat /test/out/*
flink   3
hadoop   3
spark   3
```

如果 WordCount 运行结果符合预期值，说明 Hadoop 伪分布式集群已经搭建成功。

1.8　本章小结

本章首先从整体上介绍了 Hadoop 技术的前世今生，然后介绍了 Hadoop 生态系统、优势以及应用领域，接着对比了 Hadoop 与云计算、Spark、传统关系型数据库之间的区别与联系，最后详细介绍了 Hadoop 运行环境的搭建，为后续章节的学习做好了铺垫。

1.9　习题

1．Hadoop 2.0 包含哪些核心组件？
2．Hadoop 有哪些优势？
3．Hadoop 有哪些应用领域？
4．Hadoop 有几种运行模式？
5．Hadoop 伪分布式集群包含哪些守护进程？

第2章 Hadoop分布式文件系统（HDFS）

学习目标

- 理解HDFS架构设计与工作原理。
- 理解HDFS 高可用原理。
- 熟悉HDFS联邦机制。
- 熟练掌握HDFS Shell操作。

当存储的数据集大小超过单台物理机的存储能力时，就有必要对它进行分区并存储到多台计算机上。管理网络中横跨多台计算机存储的文件系统称为分布式文件系统，该系统构建在网络之上，它会带来网络编程的复杂性，因此分布式文件系统比普通磁盘文件系统更复杂。

然而，Hadoop分布式文件系统（Hadoop Distributed File System，HDFS）可以让用户在不了解分布式底层细节的情况下，充分利用集群的威力进行大规模数据的高速存储，并以文件的形式为上层应用提供海量数据存储服务，同时实现了高可靠性、高容错性、高可扩展性、高吞吐率等特点。本章将具体介绍HDFS，让读者对HDFS有一个全面深入的认识。

2.1 HDFS架构设计与工作原理

2.1 HDFS架构设计与工作原理

2.1.1 HDFS概述

HDFS 是 Hadoop 项目的核心子项目，是分布式计算中数据存储管理的基础，是基于流式数据访问和处理超大文件的需求而开发的分布式文件系统。整个系统可以运行在由廉价的商用服务器组成的集群之上，它所具有的高容错性、高可靠性、高可扩展性、高吞吐率等特征，为海量数据提供了不怕故障的存储，给超大数据集的应用处理带来了很多便利。

2.1.2 HDFS产生背景

随着数据量的不断增大，最终会导致数据在一个操作系统的磁盘中存储不下。为了存储这些大规模数据，就需要将数据分配到更多操作系统管理的磁盘中进行存储，但是这样会导致数据的管理和维护非常不方便，所以就迫切需要一种系统来管理和维护多台机器上的数据文件，实际上这种系统就是分布式文件系统，而 HDFS 只是分布式文件系统中的一种。那么 HDFS 是如何解决大规模数据存储中的各种问题的？首先来看一下 HDFS 的设计理念。

2.1.3　HDFS 设计理念

HDFS 的设计理念来源于非常朴素的思想，即当数据文件的大小超过单台计算机的存储能力时，就有必要将数据文件切分并存储到由若干台计算机组成的集群中，这些计算机通过网络进行连接，而 HDFS 作为一个抽象层架构在集群网络之上，对外提供统一的文件管理功能，对于用户来说就像在操作一台计算机一样，根本感受不到 HDFS 底层的多台计算机，而且 HDFS 还能够很好地容忍节点故障且不丢失任何数据。HDFS 的核心设计目标如下。

1．支持超大文件存储

支持超大文件存储是 HDFS 最基本的职责。这里的“超大文件”是指：根据目前的技术水平，数据文件的大小可以达到 TB（1TB=1024GB）、PB（1PB=1024TB）级别。随着未来技术水平的发展，数据文件的规模还可以更大。

2．流式数据访问

流式数据访问是 HDFS 选择的最高效的数据访问方式。流式数据访问可以理解为读取数据文件就像打开水龙头一样，可以不停地读取。因为 HDFS 上存储的数据集通常是由数据源生成或从数据源收集而来的，会长时间在此数据集上进行各种分析，而且每次分析都会涉及该数据集的大部分甚至全部数据，所以每次读取的数据量都很大，因此对整个系统来说读取整个数据集所需时间要比读取一条记录所需时间更重要，即 HDFS 更重视数据的吞吐量，而不是数据的访问时间。所以 HDFS 选择采用一次写入、多次读取的流式数据访问模式，而不是随机访问模式。

3．简单的一致性模型

在 HDFS 中，一个文件一旦经过创建、写入、关闭之后，一般就不需要再进行修改，这样就可以简单地保证数据的一致性。

4．硬件故障的检测和快速应对

在由大量普通服务器构成的集群中，硬件出现故障是常见的问题。HDFS 一般由数十台甚至成百上千台服务器组成，这么多服务器就意味着高故障率，但是 HDFS 在设计之初已经充分考虑到这些问题，认为硬件故障是常态而不是异常，所以如何进行故障的检测和快速自动恢复也是 HDFS 的重要设计目标之一。

总之，HDFS 能够很好地运行在廉价的硬件集群之上，以流式数据访问模式来存储管理超大数据集，这也是 HDFS 成为大数据领域使用最多的分布式存储系统的主要原因。

2.1.4　HDFS 架构

一个完整的 HDFS 通常运行在由网络连接在一起的一组计算机（或者叫节点）组成的集群之上，在这些节点上运行着不同类型的守护进程，比如 NameNode、DataNode、SecondaryNameNode，多个节点上不同类型的守护进程相互配合、相互协作，共同为用户提供高效的分布式存储服务。HDFS 架构如图 2-1 所示。

整个 HDFS 是一个主从架构。一个典型的 HDFS 集群中，通常会有 1 个 NameNode、1 个 SecondaryNameNode 和至少 1 个 DataNode，而且 HDFS 客户端的数量也没有限制。

HDFS 主要是为了解决大规模数据的分布式存储问题，那么这些数据到底存储在哪里？实际上是把数据文件切分成数据块（Block），然后均匀地存放在运行 DataNode 守护进程的节点中。那么如何管理这些 DataNode 节点来统一对外提供服务？实际上是由 NameNode 来集中管理的。SecondaryNameNode 又起到什么作用？它们又是如何协同服务的？接下来详细介绍 HDFS 架构的核心组成部分。

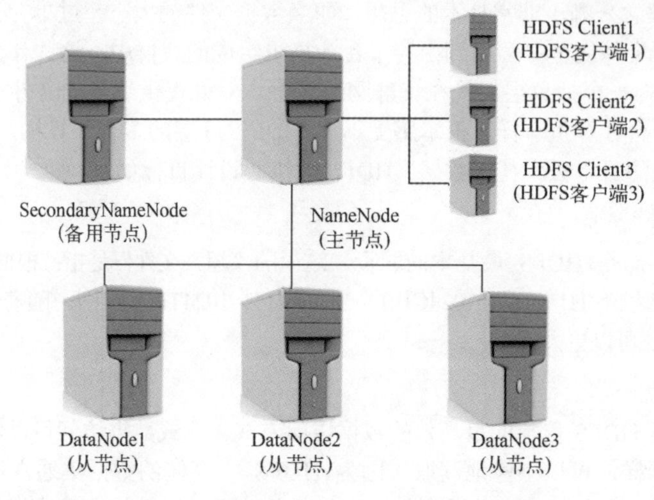

图 2-1　HDFS 架构

1．NameNode

NameNode 也称为名字节点、管理节点或元数据节点，是 HDFS 主从架构中的主节点，相当于 HDFS 的大脑，它管理文件系统的命名空间，维护着整个文件系统的目录树以及目录树中的所有子目录和文件。

这些信息以两个文件的形式持久化保存在本地磁盘上，一个是命名空间镜像 FSImage（File System Image），也称为文件系统镜像，主要用来存储 HDFS 的元数据信息，是 HDFS 元数据的完整快照。NameNode 每次启动时，都会默认加载最新的 FSImage 文件到内存中。还有一个文件是命名空间镜像的编辑日志（EditLog），该文件用于保存用户对命名空间镜像的修改信息。

2．SecondaryNameNode

SecondaryNameNode 也称为从元数据节点，是 HDFS 主从架构中的备用节点，主要用于定期合并 FSImage 和 EditLog，是一个辅助 NameNode 的守护进程。在生产环境下，SecondaryNameNode 一般会单独部署到一台服务器上，因为其所在节点对这两个文件合并时需要消耗大量资源。

SecondaryNameNode 为什么要辅助 NameNode 定期合并 FSImage 和 EditLog 文件？

FSImage 文件实际上是 HDFS 元数据的一个永久性检查点（CheckPoint），但并不是每一个写操作都会更新到这个文件中，因为 FSImage 是一个大型文件，如果频繁地执行写操作，会导致系统运行极其缓慢。那么该如何解决？解决方案就是 NameNode 将命名空间的改动信息写入 EditLog，但是随着时间的推移，EditLog 文件会越来越大，一旦发生故障，那么将需要花费很长时间进行回滚操作，所以可以像传统的关系型数据库一样，定期合并 FSImage 和 EditLog。但不能由 NameNode 来做合并操作，因为 NameNode 在为集群提供服务的同时可能无法提供足够的资源。为了彻底解决这一问题，SecondaryNameNode 就应运而生了。FSImage 和 EditLog 的合并过程如图 2-2 所示。

FSImage 和 EditLog 合并的详细步骤如下。

1）SecondaryNameNode（从元数据节点）引导 NameNode（元数据节点）滚动更新 EditLog，并开始将新的 EditLog 写进 edits.new。

2）SecondaryNameNode 将 NameNode 的 FSImage（fsimage）和 EditLog（edits）复制到本地的检查点目录。

3）SecondaryNameNode 将 FSImage（fsimage）导入内存，并回放 EditLog（edits），将其合并到 FSImage（fsimage.ckpt），并将新的 FSImage（fsimage.ckpt）压缩后写入磁盘。

4）SecondaryNameNode 将新的 FSImage（fsimage.ckpt）传回 NameNode。

5）NameNode 在接收到新的 FSImage（fsimage.ckpt）后，将 fsimage.ckpt 替换为 fsimage，然后直接加载和启用该文件。

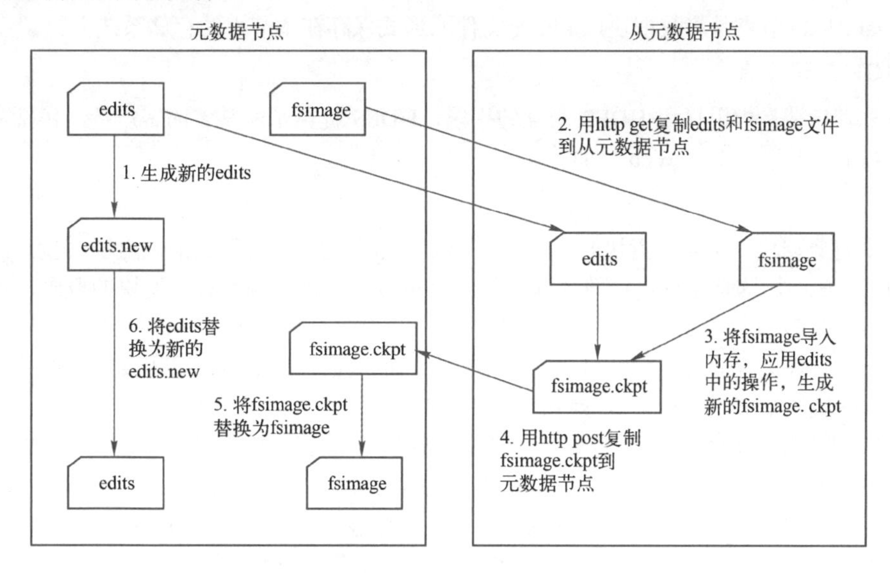

图 2-2 FSImage 和 EditLog 的合并过程

6）NameNode 将新的 EditLog（即 edits.new）更名为 EditLog（即 edits）。默认情况下，该过程 1h 发生一次，或者当 EditLog 达到默认值（如 64MB）也会触发，具体控制参数可以通过配置文件进行修改。

3. DataNode

DataNode 也称为数据节点，它是 HDFS 主从架构中的从节点，它在 NameNode 的指导下完成数据的 I/O 操作。前面介绍过，存放在 HDFS 上的文件是由数据块组成的，所有数据块都存储在 DataNode 节点上，实际上数据块就是一个普通文件，可以在 DataNode 存储块的对应目录下看到（默认在 $(dfs.data.dir)/current 的子目录下），块的名称是 blk_blkID。数据块的位置及名称如图 2-3 所示。

```
[hadoop@hadoop1 ~]$ cd data/tmp/dfs/data/current/BP-582710820-192.168.0.111-1631109503565/current/finalized/subdir0/subdir0/
[hadoop@hadoop1 subdir0]$ ls
blk_1073741825            blk_1073750033            blk_1073750091            blk_1073750109            blk_1073750144
blk_1073741825_1001.meta  blk_1073750033_9209.meta  blk_1073750091_9267.meta  blk_1073750109_9285.meta  blk_1073750144_9320.meta
blk_1073741827            blk_1073750034            blk_1073750092            blk_1073750110            blk_1073750146
blk_1073741827_1003.meta  blk_1073750034_9210.meta  blk_1073750092_9268.meta  blk_1073750110_9286.meta  blk_1073750146_9322.meta
blk_1073741833            blk_1073750035            blk_1073750093            blk_1073750111            blk_1073750147
blk_1073741833_1009.meta  blk_1073750035_9211.meta  blk_1073750093_9269.meta  blk_1073750111_9287.meta  blk_1073750147_9323.meta
blk_1073741834            blk_1073750036            blk_1073750094            blk_1073750112            blk_1073750148
blk_1073741834_1010.meta  blk_1073750036_9212.meta  blk_1073750094_9270.meta  blk_1073750112_9288.meta  blk_1073750148_9324.meta
blk_1073741835            blk_1073750051            blk_1073750095            blk_1073750113            blk_1073750149
blk_1073741835_1011.meta  blk_1073750051_9227.meta  blk_1073750095_9271.meta  blk_1073750113_9289.meta  blk_1073750149_9325.meta
blk_1073741836            blk_1073750052            blk_1073750096            blk_1073750114            blk_1073750150
```

图 2-3 数据块的位置及名称

DataNode 会不断地向 NameNode 发送块报告（即各个 DataNode 节点会把本节点上存储的数据块情况以块报告的形式发送给 NameNode）并执行来自 NameNode 的指令。初始化时，集群中的每个 DataNode 会将本节点当前存储的块信息以块报告的形式告诉 NameNode。在集群正常工作时，DataNode 仍然会定期把最新的块信息发送给 NameNode，同时接收 NameNode 的指令，例如，创建、移动或删除本地磁盘上的数据块等操作。

实际上，可以通过以下三点来理解 DataNode 是如何存储和管理数据块的。

1）DataNode 节点以数据块的形式在本地 Linux 文件系统上保存 HDFS 文件的内容，并对外提供文件数据访问功能。

2）DataNode 节点的一个基本功能是管理这些保存在 Linux 文件系统中的数据。

3）DataNode 节点是将数据块以 Linux 文件的形式保存在本节点的存储系统上。

4．HDFS 客户端

HDFS 客户端是指用户和 HDFS 交互的手段，HDFS 提供了非常多的客户端，包括命令行接口、Java API、Thrift 接口、Web 界面等。

5．数据块

磁盘中有数据块（也叫磁盘块）的概念，例如，每个磁盘都有默认的磁盘块容量，磁盘块容量一般为 512Byte，这是磁盘进行数据读写的最小单位。文件系统也有数据块的概念，但是文件系统中的数据块容量只能是磁盘块容量的整数倍，一般为几千字节。然而用户在使用文件系统时，例如，对文件进行读写操作，可以完全不需要知道数据块的细节，只需要知道相关的操作即可，因为这些底层细节对用户都是透明的。

HDFS 也有数据块（Block）的概念，但是 HDFS 的数据块比一般文件系统的数据块要大得多。它是 HDFS 数据处理的最小单元，默认大小为 128MB（在 Hadoop 2.0 以上的版本中，数据块默认大小为 128MB，可以通过 dfs.block.size 属性来配置）。这里需要特别指出的是，和其他文件系统不同，HDFS 中小于一个块大小的文件并不会占据整个块的空间。

那为什么 HDFS 中的数据块需要设置得这么大？

主要是为了最小化寻址开销。因为如果将数据块设置得足够大，从磁盘传输数据的时间会明显大于定位到这个块的开始位置所需要的时间。但数据块也不能设置太大，因为这些数据块最终是要供上层的计算框架来处理的，如果数据块太大，那么处理整个数据块所花的时间就比较长，会影响整体数据处理的时间。

那么数据块的大小到底应该设置多少合适？下面举例说明。

假设寻址时间为 10ms，磁盘传输速度为 100MB/s，假如寻址时间占传输时间的 1%，那么块的大小可以设置为 100MB，随着磁盘驱动器传输速度的不断提升，实际上数据块的大小还可以设置得更大。

2.1.5 HDFS 优缺点

1．HDFS 的优点（HDFS 适合的场景）

（1）高容错性

数据自动保存多个副本，HDFS 通过增加多个副本的形式来提高 HDFS 的容错性，某一个副本丢失以后可以自动恢复。

（2）适合大数据处理

能够处理 GB、TB，甚至 PB 级别的数据规模；能够处理百万规模以上的文件数量；能够达到 10000 个节点以上的集群规模。

（3）流式文件访问

数据文件只能一次写入，多次读取，只能追加，不能修改；HDFS 能够保证数据的简单一致性。

（4）可构建在廉价的机器上

HDFS 提供了容错和恢复机制，例如，某一个副本丢失了可以通过其他副本来恢复，从而保证了数据的安全性和系统的可靠性。

2．HDFS 的缺点（HDFS 不适合的场景）

（1）不适合低延时数据访问

例如，毫秒级别的数据响应时间，HDFS 是很难做到的。HDFS 更适合高吞吐率的场景，即在某一时间内写入大量的数据。

（2）不适合大量小文件的存储

如果有大量小文件需要存储，这些小文件的元数据信息会占用 NameNode 大量的内存空间。这样是不可取的，因为 NameNode 的内存是有限的。如果读取小文件的寻道时间超过文件数据的读取时间，就违反了 HDFS 大数据块的设计目标。

（3）不适合并发写入、文件随机修改

一个文件只能有一个写操作，不允许多个线程同时进行写操作；仅支持数据的 append（追加）操作，不支持文件的随机修改。

2.1.6　HDFS 读数据流程

为了了解客户端及与之交互的 NameNode 和 DataNode 之间的数据流是什么样的，可参考图 2-4，该图显示了在读取文件时事件的发生顺序。

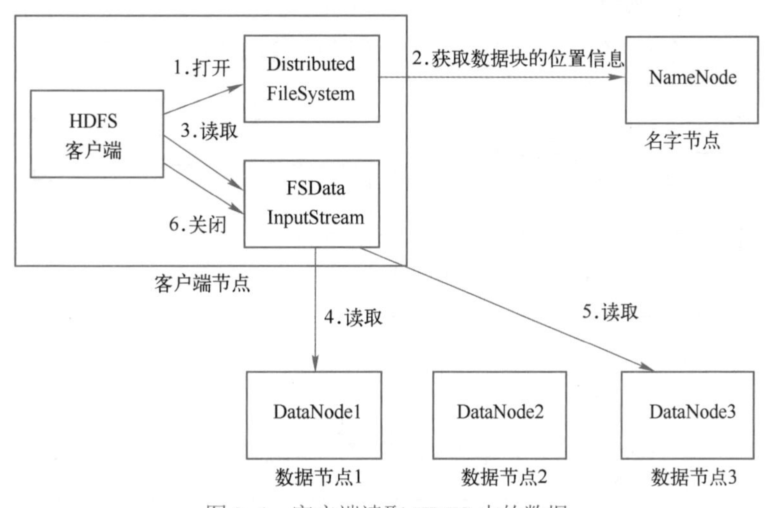

图 2-4　客户端读取 HDFS 中的数据

HDFS 读取数据的主要步骤如下。

1）客户端通过调用 FileSystem 对象的 open()方法来打开希望读取的文件，对于 HDFS 来说，这个对象是 DistributedFileSystem 的一个实例。

2）DistributedFileSystem 通过 RPC 获得文件的第一批数据块的位置信息（Locations），同一个数据块按照重复数会返回多个位置信息，这些位置信息按照 Hadoop 拓扑结构排序，距离客户端近的排在前面。

3）前两步会返回一个文件系统数据输入流（FSDataInputStream）对象，该对象会被封装为分布式文件系统输入流（DFSInputStream）对象，DFSInputStream 可以方便地管理 DataNode 和 NameNode 数据流。客户端调用 read()方法，DFSInputStream 会找出离客户端最近的 DataNode 并连接。

4）数据从 DataNode 源源不断地流向客户端。

5）如果第一个数据块的数据读完了，就会关闭指向第一个数据块的 DataNode 的连接，接着读取下一个数据块。这些操作对客户端来说是透明的，从客户端的角度来看只是在读一个持续不断的数据流。

6）如果第一批数据块全部读完了，DFSInputStream 就会去 NameNode 拿下一批数据块的位置信息，然后继续读。如果所有的数据块都读完了，就会关闭所有的流。

如果在读数据时 DFSInputStream 与 DataNode 的通信发生异常，它就会尝试连接距离客户端最近的下一个 DataNode，然后继续读取数据块。同时 DFSInputStream 会记录连接异常的 DataNode，当读取剩余的数据块时，直接跳过该 DataNode。DFSInputStream 也会检查数据块校验和，如果发现一个数据块有损坏，它先汇报给 NameNode，然后 DFSInputStream 会在其他 DataNode 节点上读取该数据块。

HDFS 读取数据流程的设计就是客户端直接连接 DataNode 来检索数据，NameNode 负责为每一个数据块提供最优的 DataNode 位置，NameNode 仅仅处理获取数据块位置的请求，而这些位置信息都存储在 NameNode 的内存中。HDFS 通过 DataNode 集群可以承受大量客户端的并发访问。

2.1.7 HDFS 写数据流程

接下来介绍文件是如何写入 HDFS 的，其具体写入流程如图 2-5 所示。

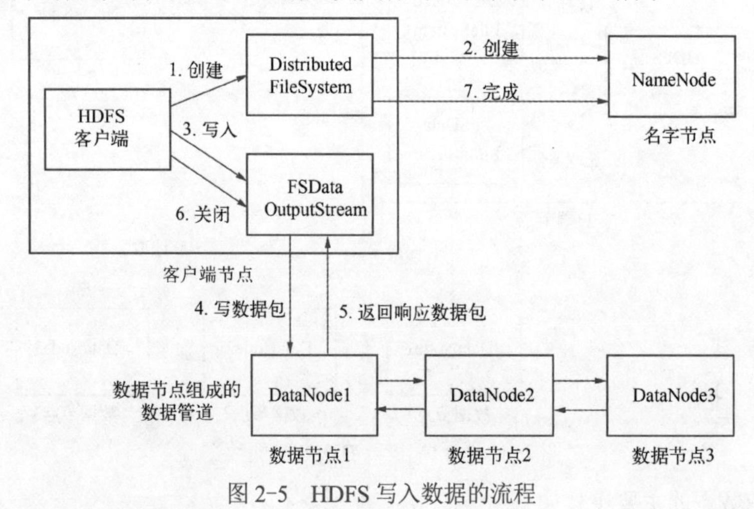

图 2-5 HDFS 写入数据的流程

HDFS 写入数据的主要步骤如下。

1）客户端通过调用 DistributedFileSystem 的 create()方法创建新文件。

2）DistributedFileSystem 通过 RPC 调用 NameNode 去创建一个没有数据块关联的新文件。在文件创建之前，NameNode 会做各种校验，如文件是否存在、客户端有无权限去创建等。如果校验通过，NameNode 就会创建新文件，否则就会抛出 I/O 异常。

3）前两步结束后，会返回文件系统数据输出流（FSDataOutputStream）的对象，与读文件时相似，FSDataOutputStream 被封装成分布式文件系统数据输出流（DFSOutputStream），DFSOutputStream 可以协调 NameNode 和 DataNode。客户端开始写数据到 DFSOutputStream，DFSOutputStream 会把数据切成一个个小的数据包（Packet），然后排成数据队列（Data Queue）。

4）数据队列中的数据包首先传输到数据管道（多个数据节点组成数据管道）中的第一个 DataNode 中（写数据包），第一个 DataNode 又把数据包发送到第二个 DataNode 中，依次类推。

5）DFSOutputStream 还维护着一个响应队列（Ack Queue），这个队列也是由数据包组成的，用于等待 DataNode 收到数据后返回响应数据包，当数据管道中的所有 DataNode 都表示已经收到响应信息时，Ack Queue 才会把对应的数据包移除掉。

6）客户端写入数据完成后，会调用 close()方法关闭写入流。

7）客户端通知 NameNode 把文件标记为已完成，然后 NameNode 把文件写成功的结果反馈给客户端。此时就表示客户端已完成了整个 HDFS 的写入数据流程。

如果在 HDFS 写入数据的过程中，某个 DataNode 节点发生故障，处理步骤如下。

1）发生故障的 DataNode 节点上的数据管道会关闭。

2）正常的 DataNode 节点上，正在写入的数据块会生成一个新的 ID（需要和 NameNode 通信），而在发生故障的 DataNode 节点上，那个未写完的数据块在发送心跳包的时候会被删掉。

3）发生故障的 DataNode 节点会被移出数据管道，数据块中的剩余数据包会继续写入管道中的其他 DataNode 节点。

4）NameNode 会标记这个数据块的副本数少于指定的值，缺失的副本稍后会在另一个 DataNode 节点上创建。

5）在 HDFS 写入数据的过程中，有时会出现多个 DataNode 节点发生故障，但只要当数据写入的 DataNode 节点数达到 dfs.replication.min（默认是 1 个）属性指定的值，就表示数据写入成功，而缺少的副本会进行异步恢复。

2.1.8　HDFS 副本存放策略

HDFS 被设计成适合运行在廉价通用硬件（Commodity Hardware）上的分布式文件系统，它和现有的分布式文件系统有很多共同点。但同时也有很明显的区别，那就是 HDFS 是一个具有高度容错性的系统。由于 HDFS 可以部署在廉价的商用服务器上，而廉价的服务器很容易出现故障，所以 HDFS 的容错性机制能够很好地保证即使节点出现故障数据也不会丢失，这就是副本技术。

1．副本技术概述

副本技术即分布式数据复制技术，是分布式计算的一个重要组成部分。该技术允许数据在多个服务器端共享，而且一个本地服务器可以存取不同物理地点的远程服务器上的数据，也可以使所有的服务器均持有数据的副本。通过副本技术，文件系统具有以下优点。

（1）提高系统可靠性

系统不可避免地会产生故障和错误，拥有多个副本的文件系统不会导致无法访问的情况，从而提高了系统的可用性。另外，系统可以通过其他完好的副本对发生错误的副本进行修复，从而提高了系统的容错性。

（2）负载均衡

副本可以对系统的负载量进行扩展。多个副本存放在不同的服务器上，可以分担工作量，从而将较大的工作量有效地分布在不同的节点上。

（3）提高访问效率

将副本创建在访问频度较大的区域（即副本在访问节点的附近），相应减小了其通信开销，从而提高了整体的访问效率。

2. HDFS 副本存放策略

HDFS 副本存放策略实际上就是 NameNode 如何选择在哪些 DataNode 节点上存储副本（Replication）的问题，这里需要对可靠性、写入带宽和读取带宽进行权衡。HDFS 对 DataNode 存储副本有自己的副本策略，块副本存放位置的选择严重影响 HDFS 的可靠性和性能。HDFS 采用机架感知（Rack Awareness）的副本存放策略来提高数据的可靠性、可用性和网络带宽的利用率。

在 Hadoop 发展过程中，HDFS 一共有两个版本的副本策略，详情如图 2-6 所示，具体分析如下。

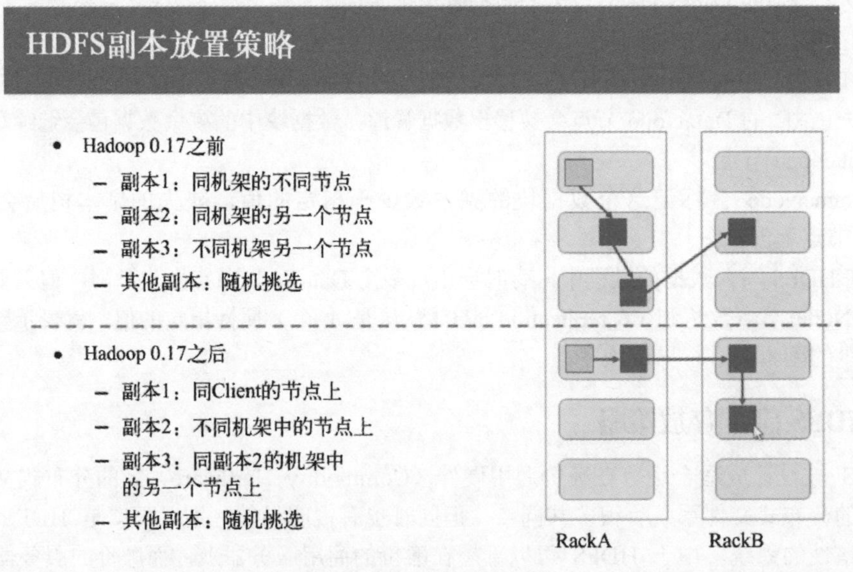

图 2-6 HDFS 的副本策略

HDFS 运行在跨越大量机架的集群之上。两个不同机架上的节点是通过交换机实现通信的，在大多数情况下，相同机架上机器间的网络带宽优于在不同机架上的机器。

在 HDFS 集群启动时，每一个 DataNode 会自动检测它所属的机架 ID，然后在向 NameNode 注册时告知它的机架 ID。HDFS 提供接口以便很容易地挂载检测机架标识的模块。

一个简单但不是最优的方式是将副本放置在不同的机架上，这就防止了机架故障时出现数据丢失，并且在读取数据时可以充分利用不同机架的带宽。这种方式均匀地将副本数据分散在集群中，简单地实现了节点故障时的负载均衡。然而这种方式增加了写的成本，因为写的时候需要跨越多个机架传输数据块。

新版本的副本存放策略的基本思想如下。

1）副本 1 存放在 Client 所在的节点上（假设 Client 不在集群的范围内，则第一个副本存储节点是随机选取的，当然系统会尝试不选择那些太满或太忙的节点）。

2）副本 2 存放在与第一个节点不同机架中的一个节点中（随机选择）。

3）副本 3 和副本 2 在同一个机架，随机存放在不同的节点中。

4）假设还有很多其他的副本，那么剩余的副本就随机存放在集群的各个节点中。

HDFS 集群中的副本数据复制流程如下。

1）当 Client 向 HDFS 写入数据时，一开始是将数据写到本地临时文件。

2）假设数据块的副本个数为 3，那么当 Client 本地的临时文件累积到一个数据块的大小时，Client 会从 NameNode 获取一个 DataNode 列表用于存放副本。

3）Client 开始向第一个 DataNode 中传输副本数据，第一个 DataNode 一小部分一小部分（4KB）地接收数据，然后将每一部分数据写入本地磁盘，同时将该部分数据传输到列表中的第二个 DataNode 节点。第二个 DataNode 也是一小部分一小部分地接收数据，然后写入本地磁盘，同时发送给第三个 DataNode 节点。

4）第三个 DataNode 接收数据并存储在本地磁盘。因此，DataNode 能以流水线的方式，从上一个节点接收数据并发送给下一个节点，数据以流水线的方式从上一个 DataNode 复制到下一个 DataNode。

2.2　HDFS 的高可用

2.2　HDFS 的高可用

2.2.1　HA 机制产生背景

为了整个系统的可靠性，人们通常会在系统中部署两台或多台主节点，多台主节点形成主备的关系，但是某一时刻只有一个主节点能够对外提供服务，当某一时刻检测到对外提供服务的主节点“挂”掉之后，备用主节点能够立刻接替已挂掉的主节点对外提供服务，而用户感觉不到明显的系统中断。这样对用户来说整个系统就更加可靠和高效。

影响 HDFS 集群可用性的两种情况：一种是 NameNode 机器宕机，将导致集群不可用，重启 NameNode 之后才可使用；另一种是计划内的 NameNode 节点软件或硬件升级，导致集群在短时间内不可用。

在 Hadoop 1.0 时代，HDFS 集群中 NameNode 存在单点故障（SPOF）时，由于 NameNode 保存了整个 HDFS 的元数据信息。对于只有一个 NameNode 的集群，如果 NameNode 所在的机器出现意外情况，将导致整个 HDFS 系统无法使用，同时 Hadoop 生态系统中依赖于 HDFS 的各个组件（包括 MapReduce、Hive 以及 HBase 等）也都无法正常工作直到 NameNode 重新启动，而且重启 NameNode 进行数据恢复的过程也比较耗时。

这些问题给 Hadoop 的使用者带来困扰的同时，也极大地限制了 Hadoop 的使用场景，使得

Hadoop 在很长时间内仅能用作离线存储和计算，无法应用到对可用性和数据一致性要求很高的实时应用场景中。为了解决上述问题，在 Hadoop 2.0 中给出了 HDFS 的高可用（High Availability，HA）解决方案。

2.2.2 HDFS 的 HA 架构

HDFS 的 HA 架构如图 2-7 所示。

从图 2-7 可以看出，HDFS 的 HA 架构主要分为下面几个部分。

1）活跃的名字节点（Active NameNode）和备用的名字节点（Standby NameNode）：两个 NameNode 形成互备，处于 Active 状态的是主 NameNode，处于 Standby 状态的是备用 NameNode，只有主 NameNode 才能对外提供读写服务。

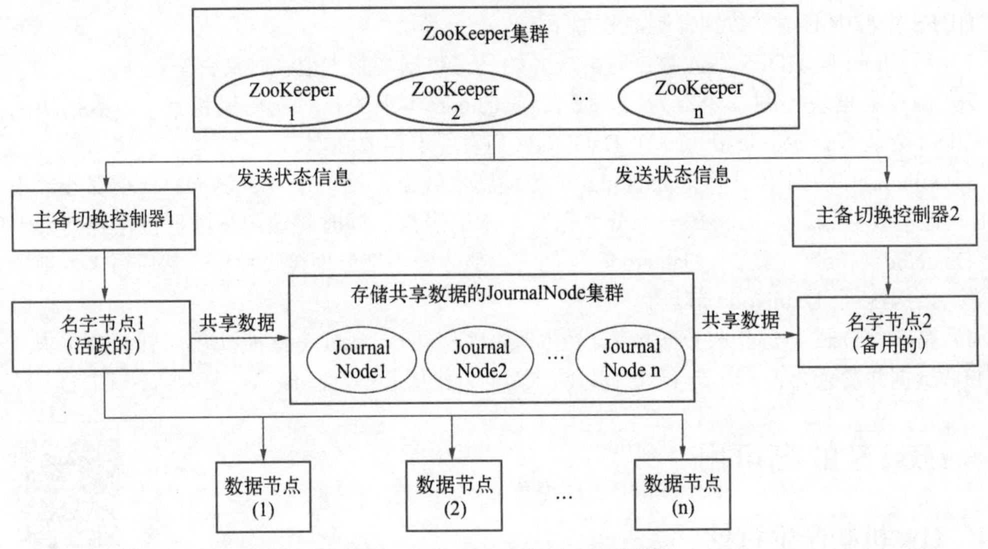

图 2-7　NameNode 的高可用架构

2）主备切换控制器（ZKFailoverController，ZKFC）：ZKFC 作为独立的进程运行，对 NameNode 的主备切换进行总体控制。ZKFC 能及时检测到 NameNode 的健康状况，在主 NameNode 故障时借助 ZooKeeper 实现自动的主备选举和切换，当然 NameNode 目前也支持不依赖于 ZooKeeper 的手动主备切换。

3）ZooKeeper 集群：为 ZKFC 提供主备选举支持。

4）共享存储系统：即图中存储共享数据的 JournalNode 集群（JournalNode 即存储管理 EditLog 的守护进程）。JournalNode 是实现 NameNode 的 HA 最为关键的部分，JournalNode 集群保存了 NameNode 在运行过程中所产生的 HDFS 元数据。主备 NameNode 通过 JournalNode 集群实现元数据同步。在进行主备切换时，新的主 NameNode 确认元数据完全同步之后才能继续对外提供服务。

5）数据节点（DataNode）：除了通过 JournalNode 集群共享 HDFS 的元数据信息之外，主备 NameNode 还需要共享 HDFS 的数据块与 DataNode 之间的映射关系。DataNode 会同时向主 NameNode 和备 NameNode 上报数据块的位置信息。

2.2.3　HDFS 的 HA 机制

HDFS 集群中通常由两台相互独立的机器来配置 NameNode 角色，无论在任何时候，集群中只能有一个 NameNode 是 Active 状态，而另一个 NameNode 则是 Standby 状态。Active 状态的 NameNode 作为主节点负责集群中所有客户端操作，Standby 状态的 NameNode 仅仅扮演一个备用节点的角色，以便在 Active NameNode 故障时能够第一时间接替它的工作成为主节点，从而使 NameNode 达到一个热备份的效果。

为了让主备 NameNode 的元数据保持一致，它们之间的数据同步通过 JournalNode 集群来完成。当任何修改操作在主 NameNode 上执行时，它会将 EditLog 写到半数以上的 JournalNode 节点中。当备用 NameNode 监测到 JournalNode 集群中的 EditLog 发生变化时，它会读取 JournalNode 集群中的 EditLog，然后同步到 FSImage 中。当发生故障造成主 NameNode 宕机后，备用 NameNode 在选举成为主 NameNode 之前会同步 JournalNode 集群中所有的 EditLog，这样就能保证主备 NameNode 的 FSImage 一致。新的 Active NameNode 会无缝接替主节点的职责，维护来自客户端的请求并接收来自 DataNode 汇报的数据块信息，从而使 NameNode 达到高可用的目的。

为了实现主备 NameNode 故障自动切换，可以通过 ZKFC 对 NameNode 的主备切换进行总体控制。每台运行 NameNode 的机器上都会运行一个 ZKFC 进程，ZKFC 会定期检测 NameNode 的健康状况。当 ZKFC 检测到当前主 NameNode 发生故障时，会借助 ZooKeeper 集群实现主备选举，并自动将备用 NameNode 切换为 Active 状态，从而接替主节点的工作对外提供服务。

2.3　HDFS 联邦机制

2.3　HDFS 联邦机制

虽然 HDFS 的 HA 解决了单点故障问题，但是在系统扩展性、整体性能和隔离性方面仍然存在问题。

1）系统扩展性。元数据存储在 NameNode 内存中，受内存上限的制约。

2）整体性能。吞吐量受单个 NameNode 的影响。

3）隔离性。一个程序可能会影响其他程序的运行，一个程序消耗过多资源会导致其他程序无法顺利运行，HDFS 的 HA 本质上还是单名称节点。

HDFS 引入联邦机制可以解决以上 3 个问题。在 HDFS 联邦机制中，设计了多个相互独立的 NameNode（名字节点），这使得 HDFS 的命名服务能够水平扩展，这些 NameNode 分别进行各自命名空间和数据块的管理，不需要彼此协调，同时每个 NameNode 还可以实现 HA 避免单点故障。每个 DataNode（数据节点）要向集群中所有的 NameNode 注册，并周期性地发送心跳信息和数据块信息，报告自己的状态。

HDFS 联邦机制的架构如图 2-8 所示。HDFS 联邦机制拥有多个独立的命名空间，其中，每一个命名空间管理属于自己的一个组块，这些属于同一个命名空间的数据块组成一个“块池”。每个 DataNode 会为多个“块池”提供数据块的存储，块池中的各个数据块实际上存储在不同 DataNode 中。

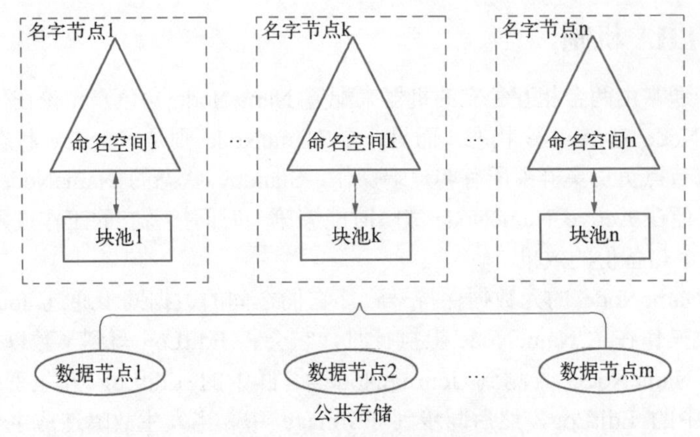

图 2-8 HDFS 联邦机制的架构

2.4 HDFS Shell 操作

在 HDFS 的几种常见访问方式中，命令行操作方式是最常用的，所以一定要熟练掌握这种访问方式。本节将介绍 HDFS 基于 Shell 的命令行操作。

2.4.1 HDFS Shell 基本操作命令

2.4.1 HDFS Shell 基本操作命令

HDFS 的操作命令与 Linux 命令基本相同，需要区分大小写，下面将基于 HDFS Shell 详细介绍 HDFS 的操作命令。

1. HDFS 操作脚本

在$HADOOP_HOME/bin 目录下，可以看到操作 HDFS 集群的两个脚本 hadoop 和 hdfs。hdfs 脚本的一部分功能可以使用 hadoop 脚本来代替，但 hdfs 脚本也有自己的一些独有的功能，而 hadoop 脚本主要面向更广泛、更复杂的功能。

2. HDFS Shell 调用

文件系统（FS）包括各种类似 Shell 的命令，这些命令直接与 HDFS 以及 Hadoop 支持的其他文件系统（如本地 FS、HFTP FS、S3 FS 等）进行交互，可以使用脚本程序 bin/hadoop fs <args>来调用 FS Shell。

虽然 HDFS 是分布式文件系统，但同样属于 FS，所以 HDFS Shell 可以由 bin/hadoop fs <args>脚本程序来调用。针对 HDFS，也可以使用专门的脚本程序 bin/hdfs dfs <args> 来调用 HDFS Shell。

3. HDFS 资源 URI 格式

HDFS 的通用资源标识符（Uniform Resource Identifier，URI）主要用来指定 HDFS 的命名空间。在 Hadoop 伪分布集群中，HDFS 命名空间的配置就是指定部署 HDFS 的主机名和端口号。

（1）HDFS 资源 URI 的格式

HDFS 资源 URI 的格式如下。

```
scheme: //authority/path
```

（2）URI 参数解释

1）scheme：指定协议名称，如 file 或 hdfs，类似于 http。

2）authority：指定 NameNode 主机名和端口号。

3）path：指定具体文件路径。

（3）URI 示例

```
hdfs://hadoop1:9000/test/words.log
```

注意：假设已经在 core-site.xml 里配置了 fs.default.name=hdfs://hadoop1:9000，则直接输入/test/words.log 即可。

4．HDFS Shell 基本操作命令

（1）显示目录下的文件列表命令：ls

使用 ls 命令查看 HDFS 根目录下的文件列表，具体操作命令如下。

```
[hadoop@hadoop1 hadoop]$ bin/hdfs dfs -ls /
```

（2）创建文件夹命令：mkdir

使用 mkdir 命令在 HDFS 根目录下创建 test 目录，具体操作命令如下。

```
[hadoop@hadoop1 hadoop]$ bin/hdfs dfs -mkdir  /test
```

（3）上传文件命令：put 或 copyFromLocal

使用 put 命令将本地文件 words.log 上传至/test 目录下，具体操作命令如下。

```
[hadoop@hadoop1 hadoop]$ bin/hdfs dfs -put words.log  /test
```

（4）查看文件内容命令：cat、tail 或 text

使用 cat 命令查看 HDFS 中的 words.log 文件内容，具体操作命令如下。

```
[hadoop@hadoop1 hadoop]$ bin/hdfs dfs -cat /test/words.log
```

注意：对于压缩文件只能用 text 命令来查看文件内容，否则文件内容会显示乱码。

（5）文件复制命令：get 或 copyToLocal

使用 get 命令将 HDFS 中的文件下载到本地文件系统，具体操作命令如下。

```
[hadoop@hadoop1 hadoop]$ bin/hdfs dfs -get /test/words.log     /home/hadoop/app/
hadoop/data
```

注意：本地目录/home/hadoop/app/hadoop/data 需要提前创建。

（6）删除文件命令：rm

使用 rm 命令删除 HDFS 中的 words.log 文件，具体操作命令如下。

```
[hadoop@hadoop1 hadoop]$ bin/hdfs dfs -rm /test/words.log
```

（7）删除文件夹命令：rmr

使用 rmr 命令删除 HDFS 中的/test 目录，具体操作命令如下。

```
[hadoop@hadoop1 hadoop]$ bin/hdfs dfs -rm -r  /test
```

HDFS Shell 基本操作命令还有很多，这里就不再一一演示，读者可以在控制台通过输入命令 bin/hdfs dfs 并按〈Enter〉键查看具体功能用法。

2.4.2　HDFS Shell 管理员操作命令

2.4.2　HDFS Shell 管理员操作命令

作为 HDFS 管理员，除了掌握 HDFS Shell 基本操作命令之外，还需要掌握一些 HDFS 高级管理命令。

（1）返回 HDFS 集群的状态信息

使用 report 命令查看集群状态信息，具体操作命令如下。

```
[hadoop@hadoop1 hadoop]$ bin/hdfs dfsadmin -report
```

（2）保存 HDFS 集群相关节点信息

使用 metasave 命令保存 HDFS 集群相关节点信息，具体操作命令如下。

```
[hadoop@hadoop1 hadoop]$ bin/hdfs dfsadmin -metasave metasave.tt
```

注意：metasave.tt 文件保存在{hadoop.log.dir}目录下，该目录默认是 hadoop 安装目录的 logs 目录。

（3）从 NameNode 获取最新的 FSImage 文件

在 DataNode 上，使用 fetchImage 命令从 NameNode 获取最新的 FSImage 文件并保存到当前用户的家目录下，具体操作命令如下。

```
[hadoop@hadoop1 hadoop]$ bin/hdfs dfsadmin -fetchImage ~
```

（4）打印集群网络拓扑

使用 printTopology 命令可以打印集群网络拓扑，具体操作命令如下。

```
[hadoop@hadoop1 hadoop]$ bin/hdfs dfsadmin -printTopology
```

因为当前 Hadoop 是伪分布式集群，所以默认只有一个机架 default-rack，机架下面只有一个节点 hadoop1。

（5）刷新集群节点信息

当集群新增或删除节点时，使用 refreshNodes 命令重新刷新集群节点信息，具体操作命令如下。

```
[hadoop@hadoop1 hadoop]$ bin/hdfs dfsadmin -refreshNodes
```

（6）集群安全模式管理

安全模式（Safe Mode）是 Hadoop 的一种保护机制，用于保证集群中数据块的安全性。当启动 NameNode 服务时就会启动安全模式，在该模式下，NameNode 会等待 DataNode 向它发送块报告。只有当 NameNode 接收到的块数量（Datanodes Blocks）和实际的块数量（Total Blocks）接近一致时，即满足 Datanodes Blocks/Total Blocks≥99.9% 这个阈值，NameNode 才会退出安全模式。

1）查看安全模式状态。使用 get 命令查看当前 NameNode 安全模式状态，具体操作命令如下。

```
[hadoop@hadoop1 hadoop]$ bin/hdfs dfsadmin -safemode get
```

2）进入安全模式。使用 enter 命令进入 NameNode 安全模式，具体操作命令如下。

```
[hadoop@hadoop1 hadoop]$ bin/hdfs dfsadmin -safemode enter
```

注意：在 NameNode 安全模式下，不允许用户对 HDFS 中的文件或文件夹进行增删改操作。

3）退出安全模式。使用 leave 命令退出 NameNode 安全模式，具体操作命令如下。

```
[hadoop@hadoop1 hadoop]$ bin/hdfs dfsadmin -safemode leave
```

2.5　案例实践：Shell 定时上传文件至 HDFS

2.5　案例实践：Shell 定时上传文件到 HDFS

2.5.1　项目需求

公司在线服务器每天都会产生网站运行日志，为了避免单个日志文件过大，日志文件需每小时进行回滚，现在要求每小时定时上传日志文件到 HDFS 集群，后期再使用 MapReduce 计算框架定时处理日志文件。

2.5.2　实现思路

在线服务器每小时滚动生成的访问日志文件名称为 access.log，历史访问日志文件以时间为后缀精确到小时，名称为 access.log.2021-10-27-10。当前 access.log 会继续写入访问日志等待日志回滚，历史访问日志 access.log.2021-10-27-10 满足上传条件，可以先移动到待上传区间，再将待上传区间的文件上传至 HDFS 集群。

2.5.3　具体实现流程

1．规划文件目录

使用 mkdir 命令创建访问日志源目录和待上传目录，具体操作如图 2-9 所示。

```
[hadoop@hadoop1 data]$ mkdir -p /home/hadoop/data/tomcat/logs
[hadoop@hadoop1 data]$ mkdir -p /home/hadoop/data/unupload/logs
[hadoop@hadoop1 data]$ ls
dfs  tmp  tomcat  unupload
[hadoop@hadoop1 data]$ 
```

图 2-9　创建访问日志源目录和待上传目录

将 /home/hadoop/data/tomcat/logs 目录规划为访问日志源目录，而 /home/hadoop/data/unupload/logs 目录规划为访问日志待上传目录。

源目录下包含当前访问日志和历史访问日志，目录内容如图 2-10 所示。

```
[hadoop@hadoop1 ~]$ cd data/tomcat/logs/
[hadoop@hadoop1 logs]$ ls
access.log  access.log.2021-10-27-10
[hadoop@hadoop1 logs]$ 
```

图 2-10　访问日志源目录的内容

2．开发 Shell 脚本

基于 HDFS Shell 开发脚本 uploadAccessLog2HDFS.sh，将访问日志文件上传至 HDFS，核心脚本内容如图 2-11 所示。

3．给 Shell 脚本授权

通过 chmod 命令给 uploadAccessLog2HDFS.sh 脚本授予当前用户可执行权限，具体操作如图 2-12 所示。

4．定时执行 Shell 脚本

在 Linux 系统中，通过 crontab 命令定时执行 Shell 脚本，具体操作如图 2-13 所示。

```
#第一步：将原始目录访问日志移动到待上传目录
ls $log_src_dir | while read logName
do
    if [[ "$logName" == access.log.* ]]; then
            suffix=`date +%Y_%m_%d_%H_%M_%S`
        #将原始目录文件移动到待上传目录
        mv $log_src_dir$logName $log_unupload_dir
        #将待上传文件路径写入文件logUploadPath中
        echo $log_unupload_dir"$logName" >> $log_unupload_dir"logUploadPath."$suffix
    fi
done
#第二步：将待上传目录中的访问日志上传至HDFS
ls $log_unupload_dir | grep logUploadPath |grep -v "_Ready_" | grep -v "_Done_" | while read logName
do
    #将待上传logUploadPath文件更名为logUploadPath_Ready_
    mv $log_unupload_dir$logName $log_unupload_dir$logName"_Ready_"
    #循环将logUploadPath_Ready_文件内容，上传至hdfs
    cat $log_unupload_dir$logName"_Ready_" |while read logName
    do
        $hadoop_home/hdfs dfs -put $logName $hdfs_root_dir
    done
        #将准备上传logUploadPath_Ready_文件名，改为logUploadPath_Done_
    mv $log_unupload_dir$logName"_Ready_"  $log_unupload_dir$logName"_Done_"
done
```

图 2-11　Shell 脚本内容

```
[hadoop@hadoop1 bin]$ ls
uploadAccessLog2HDFS.sh
[hadoop@hadoop1 bin]$ chmod u+x uploadAccessLog2HDFS.sh
[hadoop@hadoop1 bin]$ ls
uploadAccessLog2HDFS.sh
[hadoop@hadoop1 bin]$ 
```

图 2-12　授予 Shell 脚本可执行权限

```
[hadoop@hadoop1 ~]$ crontab -e
no crontab for hadoop - using an empty one

5 * * * * /home/hadoop/shell/bin/uploadAccessLog2HDFS.sh
~
```

图 2-13　Linux crontab 定时执行 Shell

图 2-13 中，Linux crontab 内容表示每小时的第 5 分钟定时执行 uploadAccessLog2HDFS.sh 脚本，将历史访问日志上传至 HDFS 集群规划的目录下。

5．查看 HDFS 历史访问日志

使用 HDFS Shell 查看上传至 HDFS 集群的历史访问日志，具体操作如图 2-14 所示。

```
[hadoop@hadoop1 hadoop]$ bin/hdfs dfs -ls /warehouse/web/ods/o_web_access_log_d/20211027/10
Found 1 items
-rw-r--r--   1 hadoop supergroup       8175 2021-10-27 11:48 /warehouse/web/ods/o_web_access_log_d/20211027/10/access.log.2021-10-27-10
[hadoop@hadoop1 hadoop]$ 
```

图 2-14　查看 HDFS 历史访问日志

从图 2-14 可以看出，历史访问日志 access.log.2021-10-27-10 已经通过 HDFS Shell 脚本定时上传至 HDFS 集群规划的目录下。

2.6　本章小结

本章首先从整体上介绍了 HDFS 架构设计及运行原理，然后重点介绍了 HDFS 高可用原理及联邦机制，最后详细介绍了 HDFS Shell 的基本操作。HDFS 是 Hadoop 的一个核心组件，几乎任何基于 Hadoop 的技术组件都会依赖 HDFS，所以学好 HDFS 对整个 Hadoop 系统的开发和维护很重要。

2.7　习题

1．简述 HDFS 的设计理念。
2．简述 FSImage 和 EditLog 的合并过程。
3．简述 HDFS 的数据读写流程。
4．简述 HDFS 的副本存储策略。
5．简述 HDFS 的高可用原理。

第3章 Hadoop 资源管理系统（YARN）

学习目标

- 理解 YARN 的架构设计与工作原理。
- 熟悉 MapReduce on YARN 工作流程。
- 理解 YARN 的高可用原理。
- 熟练使用 YARN 的调度器。

YARN 是一个通用的资源管理系统，是在 Hadoop 1.0 的基础上演化而来的。YARN 充分吸取了 Hadoop 1.0 的优点，同时又增加了很多新的特性，具有比 Hadoop 1.0 更先进的设计理念和思想。本章主要从 YARN 的基本架构、工作原理、容错性、高可用以及调度器等方面进行介绍，让读者对 Hadoop 中的资源管理系统有一个全面的认识。

3.1 YARN 的架构设计与工作原理

3.1 YARN 的架构设计与工作原理

3.1.1 YARN 概述

Apache Hadoop 另一种资源协调者（Yet Another Resource Negotiator，YARN）是一种新的 Hadoop 资源管理器，是一个通用的资源管理系统，可为上层应用提供统一的资源管理和作业调度服务，它的引入为集群在资源利用、资源的统一管理调度和数据共享等方面带来了巨大的好处。

YARN 产生的原因主要是为了解决原 MapReduce 框架（Hadoop 1.0 中的计算框架，简称为 MRv1）的不足。最初 MapReduce 的开发者还可以周期性地在已有的代码上进行修改，可是随着代码的增加以及 MRv1 框架设计的局限性，在 MRv1 框架上进行修改变得越来越困难，所以 MapReduce 的开发者决定从架构上重新设计 MapReduce，使下一代的 MapReduce 框架具有更好的扩展性、可用性、可靠性、向后兼容性和更高的资源利用率以及能支持除了 MapReduce 外的更多的计算框架。

从严格意义上说，YARN 并不完全是下一代 MapReduce（简称为 MRv2），因为 MRv2 与 MRv1 在编程接口、数据处理引擎方面是完全一样的，可以认为 MRv2 重用了 MRv1 的这些模块，不同的是资源管理和作业调度系统。MRv1 中的资源管理和作业调度均是由 JobTracker 实现的，集两个功能于一身。而在 MRv2 中将这两部分功能分开了，其中，作业调度由 ApplicationMaster 实现，而资源管理由新增系统 YARN 完成。由于 YARN 具有通用性，因此 YARN 不仅仅限于 MapReduce 框架，也可以作为其他计算框架（如 Spark、Flink 等）的资源管理系统。一般将运行在 YARN 上的计算框架称为“X on YARN”，如“MapReduce on YARN”“Spark on YARN”“Flink on YARN”等。

3.1.2　YARN 的作用

从图 3-1 可以看出 YARN 在 Hadoop 生态系统中的位置，YARN 作为一种通用的资源管理系统，可以让上层的多种计算框架（如 MapReduce、Spark、Flink 等）共享整个集群资源，提高集群的资源利用率，而且还可以实现多种计算模型之间的数据共享。

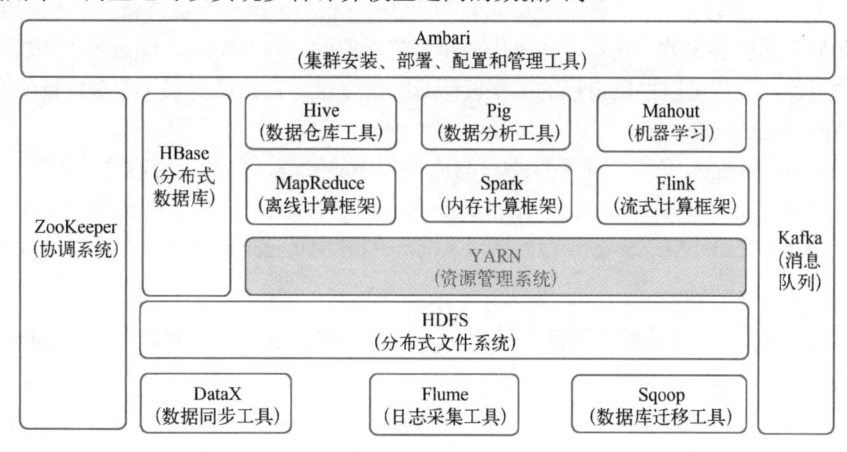

图 3-1　YARN 在 Hadoop 生态系统中的位置

3.1.3　YARN 的基本架构

YARN 的基本架构如图 3-2 所示。

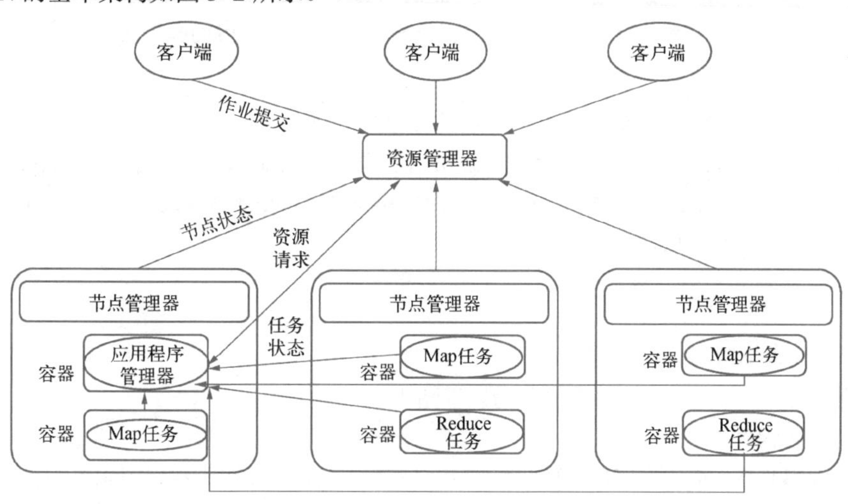

图 3-2　YARN 的基本架构

从 YARN 的架构图来看，YARN 主要由资源管理器（ResourceManager）、节点管理器（NodeManager）、应用程序管理器（ApplicationMaster）和相应的容器（Container）构成。接下

来详细介绍 YARN 架构的核心组成部分。

1．ResourceManager

ResourceManager 是一个全局的资源管理器，它负责整个系统的资源管理和调度，主要由两个组件构成，一个是资源调度器（ResourceScheduler），另一个是全局应用程序管理器（ApplicationsManager）。

（1）ResourceScheduler

ResourceScheduler 是一个纯调度器，不从事任何与应用程序相关的工作。它将系统中的资源分配给各个正在运行的程序，不负责监控或跟踪应用的执行状态，也不负责重新启动因应用程序失败或硬件故障而导致的任务失败。这些工作都由应用程序对应的 ApplicationsManager 完成。调度器是一个可插拔的组件，用户可以根据自己的需要设计新的调度器，YARN 提供了很多内置的调度器。

（2）ApplicationsManager

ApplicationsManager 负责整个系统中所有应用程序的管理，包括应用程序的提交、与调度器协商资源来启动 ApplicationMaster、监控 ApplicationMaster 运行状态，并在失败的时候通知它等。具体的任务则交给 ApplicationMaster 去管理，所以 ApplicationsManager 相当于一个项目经理的角色。

2．ApplicationMaster

用户提交的每一个应用程序都包含一个 ApplicationMaster，它主要是与 ResourceManager 协商获取资源，并将得到的资源分配给内部具体的任务。ApplicationMaster 负责与 NodeManager 通信以启动或停止具体的任务，并监控该应用程序所有任务的运行状态，当任务运行失败时，重新为任务申请资源并重启任务。

3．NodeManager

NodeManager 作为 YARN 架构中的从节点，是整个作业运行的一个执行者，是每个节点上的资源和任务管理器。NodeManager 会定时向 ResourceManager 汇报本节点的资源使用情况和各个容器（Container）的运行状态，接收并处理来自 ApplicationMaster 容器的启动和停止等请求。

4．Container

Container 是对资源的抽象，封装了节点的多维度资源，如封装了内存、CPU、磁盘、网络等。当 ApplicationMaster 向 ResourceManager 申请资源时，ResourceManager 为 ApplicationMaster 返回的资源就是 Container，得到资源的任务只能使用该 Container 所封装的资源，Container 是根据应用程序的需求动态生成的。

3.1.4 YARN 的工作原理

1．YARN 上运行的应用程序

运行在 YARN 上的应用程序主要分为以下两类。

（1）短应用程序

短应用程序是指一定时间内（可能是秒级、分钟级、小时级或天级等）可运行完成并正常退出的应用程序，如 MapReduce 作业、Tez DAG 作业等。

（2）长应用程序

长应用程序是指不出意外永不终止运行的应用程序，通常是一些服务，如 Storm Service（包括 Nimbus 和 Supervisor 两类服务）、HBase Service（包括 HMaster 和 HRegionServer 两类服务）等，而它们本身作为一个框架提供了供用户使用的编程接口。

2. YARN 的工作原理

尽管长、短两类应用程序的作用不同，短应用程序直接运行数据处理程序，长应用程序用于部署服务（服务之上再运行数据处理程序），但两者运行在 YARN 上的原理是相同的。YARN 的工作原理如图 3-3 所示。

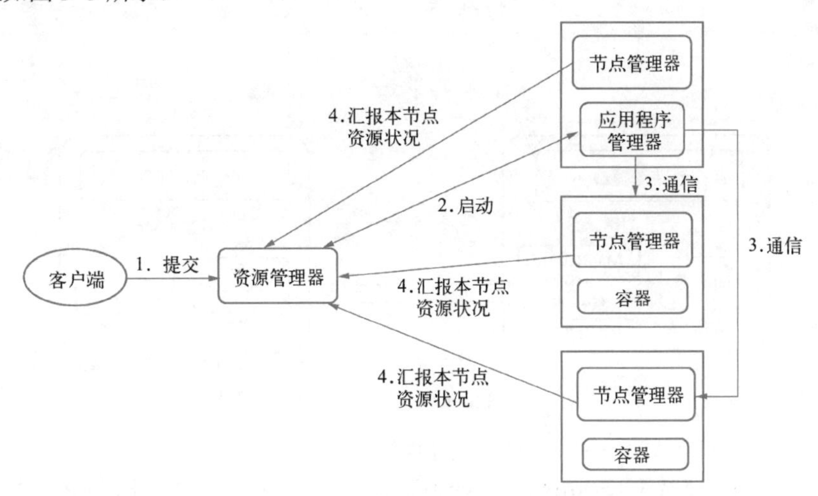

图 3-3　YARN 的工作原理

YARN 的详细工作原理如下。

1）客户端（Client）向 ResourceManager 提交一个作业，作业包括 ApplicationMaster 程序、启动 ApplicationMaster 的程序和用户程序（如 MapReduce）。

2）ResourceManager 会为该应用程序分配一个 Container，它首先会跟 NodeManager 进行通信，要求它在这个 Container 中启动应用程序的 ApplicationMaster。

3）ApplicationMaster 一旦启动，它首先会向 ResourceManager 注册，这样用户可以直接通过 ResourceManager 查看应用程序的运行状态，然后将为各个任务申请资源并监控它们的运行状态，直到任务运行结束。它会以轮询的方式通过 RPC 协议向 ResourceManager 申请和领取资源，一旦 ApplicationMaster 申请到资源，它会与 NodeManager 进行通信，要求它启动并运行任务。

4）各个任务通过 RPC 协议向 ApplicationMaster 汇报自己的状态和进度，这样会让 ApplicationMaster 随时掌握各个任务的运行状态。一旦任务运行失败，ApplicationMaster 就会重启该任务，重新申请资源。应用程序运行完成后，ApplicationMaster 就会向 ResourceManager 注销并关闭进程。在应用程序整个运行过程中，可以通过 RPC 协议向 ApplicationMaster 查询应用程序当前的运行状态，当然在 YARN 的 Web 界面也可以看到整个作业的运行状态。

3.2　MapReduce on YARN 工作流程

3.2　MapReduce on YARN 工作流程

YARN 是一个统一的资源调度框架，它可以运行很多种应用程序，如 MapReduce、Spark、Flink 等，接下来以 MapReduce 为例详细介绍作业在

YARN 中的工作流程。

MapReduce on YARN 的工作流程如图 3-4 所示。

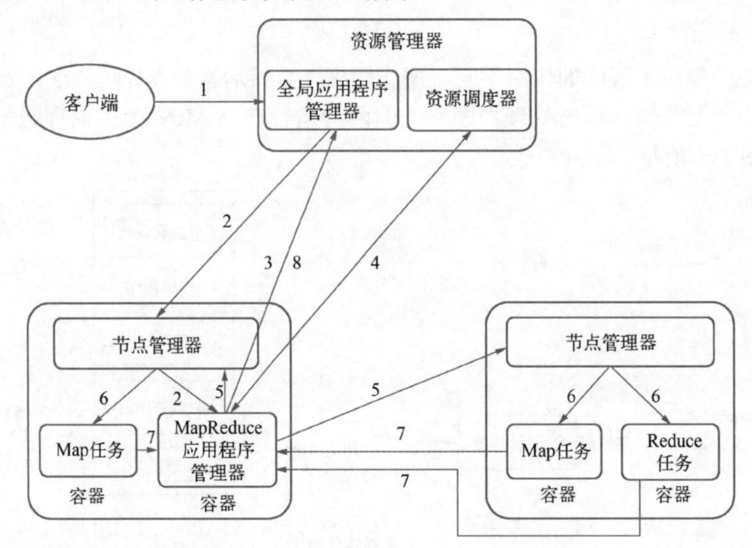

图 3-4　MapReduce on YARN 的工作流程

MapReduce 作业在 YARN 中运行的详细过程如下。

1）用户向资源管理器（ResourceManager）提交作业，作业包括 MapReduce 应用程序管理器（ApplicationMaster）、启动 ApplicationMaster 的程序和用户自己编写的 MapReduce 程序。用户提交的所有作业都由全局应用程序管理器（ApplicationManager）管理。

2）ResourceManager 为该应用程序分配第一个容器（Container），并与对应的节点管理器（NodeManager）通信，要求它在这个 Container 中启动 ApplicationMaster。

3）ApplicationMaster 首先向 ResourceManager 注册，这样用户可以直接通过 ResourceManager 查看应用程序的运行状态，然后它将为各个任务申请资源，并监控它们的运行状态，直到任务运行结束，即要重复步骤 4）～7）。

4）ApplicationMaster 采用轮询的方式通过 RPC 协议向 ResourceManager 申请和领取资源。

5）一旦 ApplicationMaster 申请到资源，便与对应的 NodeManager 通信，要求启动任务。

6）NodeManager 为任务设置好运行环境，包括环境变量、jar 包、二进制程序等，然后将任务启动命令写到另一个脚本中，并通过运行该脚本启动任务。

7）各个任务通过 RPC 协议向 ApplicationMaster 汇报自己的状态和进度， ApplicationMaster 随时掌握各个任务的运行状态，从而可以在任务失败时重新启动任务。在应用程序运行过程中，用户可以随时通过 RPC 协议向 ApplicationMaster 查询应用程序的当前运行状态。

8）应用程序运行完成后，ApplicationMaster 向 ResourceManager 注销并关闭进程。

在整个应用程序运行过程中，也可以通过 RPC 协议向 ResourceManager 查询应用程序当前的运行状态，在 YARN 的 Web 界面上也可以看到整个作业的运行状态。

3.3　YARN 的容错性

3.3　YARN 的容错性

由于 Hadoop 致力于通过廉价的商用服务器提供服务，这样就很容易导致在 YARN 中运行的各种应用程序出现任务失败或节点宕机，最终导致应用程序不能正常执行的情况。为了更好地满足应用程序的正常运行，YARN 通过以下几个方面来保障容错性。

1．ResourceManager 的容错性保障

ResourceManager 存在单点故障，但是可以通过配置实现 ResourceManager 的 HA（高可用），当主节点出现故障时，可以切换到备用节点继续对外提供服务。

2．NodeManager 的容错性保障

NodeManager 失败之后，ResourceManager 会将失败的任务通知给对应的 ApplicationMaster，由 ApplicationMaster 来决定如何处理失败的任务。

3．ApplicationMaster 的容错性保障

ApplicationMaster 失败后，由 ResourceManager 负责重启即可。其中，ApplicationMaster 需要处理内部任务的容错问题。ResourceManager 会保存已经运行的任务，重启后无须重新运行。

3.4　YARN 的高可用

3.4　YARN 的高可用

HA（High Availability）表示高可用，YARN 的 HA 主要指 ResourceManager 的 HA，因为 ResourceManager 作为主节点存在单点故障，所以要通过 HA 的方式解决 ResourceManager 单点故障的问题。

那么怎样实现 HA？需要考虑哪些问题？关键的技术难点是什么？

实际上最主要的有两点，要求 ResourceManager 是高可用的，那么就要求如果一个主节点失效了，另一个备用节点能够立刻接替工作对外提供服务，这就涉及故障自动转移的实现。实际上在做故障转移时，还需要考虑当切换到另外一个节点时，不应该导致正在连接的客户端失败，主要包括客户端、NodeManager 与 ResourceManager 的连接。这就是第一个问题：如何实现主备节点的故障转移。

还要考虑新的主节点接替旧的主节点对外提供服务时，如何保证新旧主节点的状态信息（元数据）一致？这就涉及第二个问题：如何实现元数据的共享存储。

实际上，实现 YARN 的 HA 主要解决这两个问题。接下来介绍 YARN 的 HA 架构原理，如图 3-5 所示。

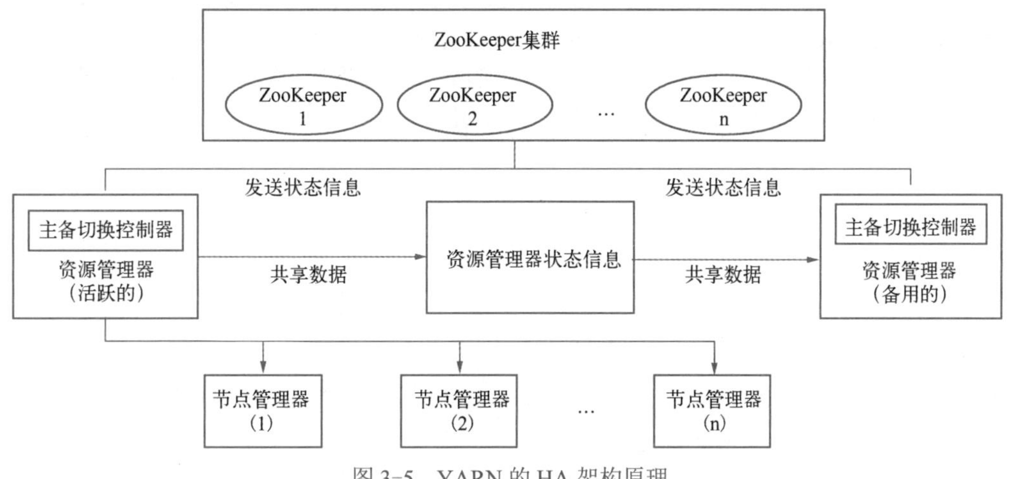

图 3-5　YARN 的 HA 架构原理

由于前面已经介绍过 HDFS 的 HA，接下来结合 YARN 的 HA 架构原理对 HDFS 的 HA 和 YARN 的 HA 做一个比较。

1. 实现主备节点间故障转移的对比

YARN 的 HA 和 HDFS 的 HA 的不同之处在于，YARN 的 HA 是让主备切换控制器作为资源管理器（ResourceManager）中的一部分，而 HDFS 的 HA 是将主备切换控制器作为一个单独的服务运行。这样 YARN 的 HA 中主备切换器就可以更直接地切换 ResourceManager 的状态。

2. 实现主备节点间数据共享的对比

ResourceManager 负责整个系统的资源管理和调度，内部维护了各个应用程序的 ApplicationMaster 信息、NodeManager 信息、Container 使用信息等。考虑到这些信息绝大多数可以动态重构，因此解决 YARN 集群的单点故障要比解决 HDFS 集群的单点故障容易得多。与 HDFS 类似，YARN 的单点故障仍采用主备切换的方式完成。不同的是，在正常情况下，YARN 的备节点不会同步主节点的信息，而是在主备切换之后，才从共享存储系统读取所需要的元数据信息。之所以这样实现，是因为 YARN 中的 ResourceManager 内部保存的信息非常少，而且这些信息是动态变化的，大部分可以重构，原有信息很快会变旧，所以没有同步的必要。因此，YARN 的共享存储并没有通过其他机制来实现，而是借助 ZooKeeper 来完成主备节点的信息共享。

3.5 YARN 的调度器

3.5 YARN 的调度器

理想情况下，YARN 应用发出的资源请求应该立刻给予满足，然而在现实中，资源是有限的。在一个繁忙的集群上，一个应用经常需要等待才能得到所需的资源。YARN 调度器的工作就是根据既定策略为应用分配资源。调度通常是一个难题，并且没有一个所谓"最好"的策略，这也是为什么 YARN 提供了很多种调度器和可配置策略供人们选择的原因。YARN 中有三种调度器可用，即 FIFO Scheduler（先进先出调度器）、Capacity Scheduler（容量调度器）和 Fair Scheduler（公平调度器）。

3.5.1 先进先出调度器

Hadoop 最初是为批处理作业而设计的， Hadoop 1.0 仅采用了一个简单的 FIFO 调度机制来分配任务。先进先出调度器（FIFO Scheduler）将应用放置在一个队列中，然后按照提交的顺序（先进先出）运行应用。首先为队列中第一个应用的请求分配资源，第一个应用的请求被满足后再依次为队列中下一个应用服务。其作业调度原理如图 3-6 所示。

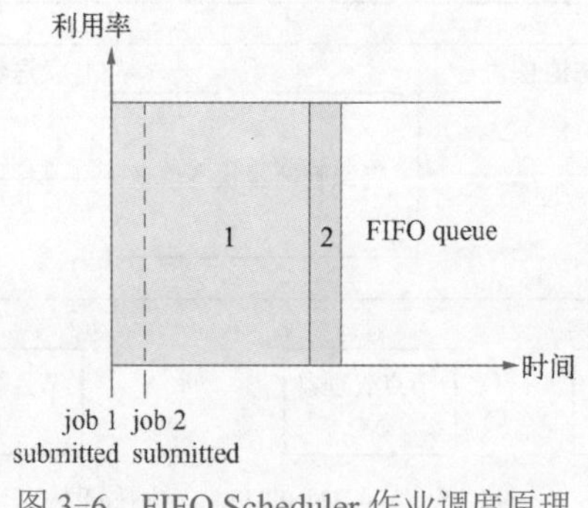

图 3-6 FIFO Scheduler 作业调度原理

由图 3-6 可以看出，当使用 FIFO 调度器时，小作业（job2）一直被阻塞，直至大作业（job1）完成。

3.5.2　容量调度器

容量调度器（Capacity Scheduler）允许多个组织共享一个 Hadoop 集群，每个组织可以分配到全部集群资源的一部分。每个组织被配置一个专门的队列，每个队列被配置为可以使用一定的集群资源。队列可以进一步按层次划分，这样每个组织内的不同用户能够共享该组织队列所分配的资源。在一个队列内，使用 FIFO 调度策略对应用进行调度。其作业调度原理如图 3-7 所示。

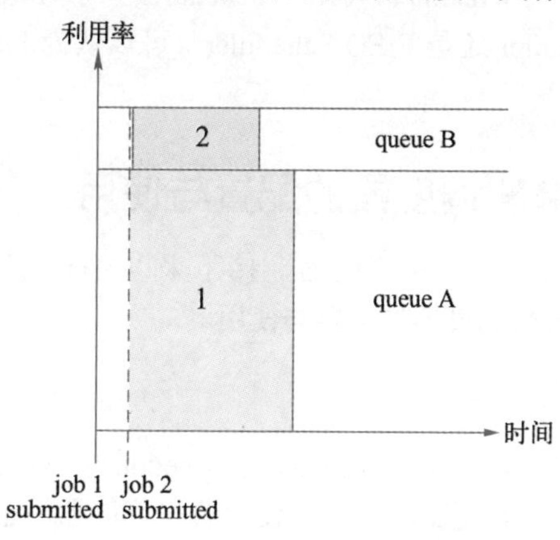

图 3-7　Capacity Scheduler 作业调度原理

由图 3-7 可以看出，单个作业使用的资源不会超过其队列（queue）容量。然而，如果队列中有多个作业，而且队列资源不够用了，这时如果仍有可用的空闲资源，那么 Capacity Scheduler 可能会将空余的资源分配给队列中的作业，哪怕这会超出队列容量。

正常操作时，Capacity Scheduler 不会通过强行中止来抢占容器（Container）。因此，如果一个队列一开始资源够用，随着需求增长，资源开始不够用时，这个队列就只能等着其他队列释放容器资源。缓解这种情况的方法是为队列设置一个最大容量限制，这样这个队列就不会过多侵占其他队列的容量。当然，这样做是以牺牲队列弹性为代价的，因此需要在不断尝试和失败中找到一个合理的折中。

3.5.3　公平调度器

公平调度器（Fair Scheduler）旨在为所有运行的应用公平分配资源，图 3-8 展示了同一个队列中的应用是如何实现资源公平共享的。

结合图 3-8 来介绍资源是如何在队列之间公平共享的。假设有两个用户 A 和 B，分别拥有自己的队列 queue A 和 queue B。A 启动一个作业 job1，在 B 没有需求时 A 会分配到全部可用资源；当 A 的作业仍在运行时 B 启动

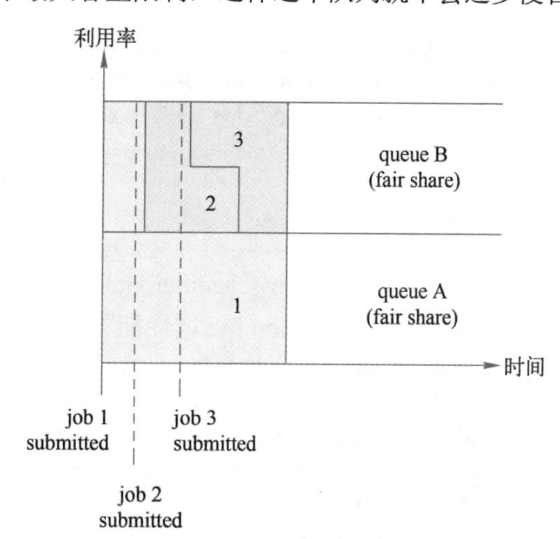

图 3-8　Fair Scheduler 作业调度原理

一个作业 job2，一段时间后，按照先前看到的方式，每个作业都用到了一半的集群资源。这时，如果 B 启动第二个作业 job3 且其他作业仍在运行，那么 job3 和 job2 共享资源，因此 B 的每个作业将占用四分之一的集群资源，而 A 仍继续占用一半的集群资源。最终的结果就是资源在用户之间实现了公平共享。

总的来说，如果应用场景需要先提交的 job 先执行，那么就使用 FIFO Scheduler；如果所有的 job 都有机会获得资源，就使用 Capacity Scheduler 和 Fair Scheduler。Capacity Scheduler 不足的地方就是多个队列资源不能相互抢占，每个队列会提前分走资源（即使队列中没有 job），所以一般情况下都选择使用 Fair Scheduler。FIFO Scheduler 一般不会单独使用，公平调度支持在某个队列内部选择 Fair Scheduler 还是 FIFO Scheduler，可以认为 Fair Scheduler 是一个混合的调度器。

3.6 案例实践：YARN 调度器的配置与使用

3.6 案例实践：YARN 调度器的配置与使用

前面已经介绍了 YARN 的 3 种调度器，接下来以 Hadoop 自带的 WordCount 为例，操作演示公平调度器的配置与使用。

3.6.1 启用公平调度器

公平调度器的使用由属性 yarn.resourcemanager.scheduler.class 的设置决定。YARN 默认使用的是容量调度器，如果要使用公平调度器，需要将 yarnsite.xml 文件中的 yarn.resourcemanager.scheduler.class 设置为公平调度器的完全限定名，其核心配置如下。

```
    [hadoop@hadoop1 hadoop]$ vi yarn-site.xml
    <property>
    <name>yarn.resourcemanager.scheduler.class</name>
    <value>org.apache.hadoop.yarn.server.resourcemanager.scheduler.fair.FairScheduler
</value>
    <!--调度器类型指定为 Fair Scheduler-->
    </property>
    <property>
    <name>yarn.scheduler.fair.allocation.file</name>
    <value>/home/hadoop/app/hadoop/etc/hadoop/conf/fair-scheduler.xml</value>
    <!--指定 Fair  Scheduler 具体配置文件位置-->
    </property>
```

3.6.2 队列配置

通过一个名为 fair-scheduler.xml 的配置文件对公平调度器进行配置，该文件位于 yarn.scheduler.fair.allocation.file 属性配置的路径下，其核心配置如下。

```
    [hadoop@hadoop1 hadoop]$ mkdir conf
    [hadoop@hadoop1 hadoop]$ cd conf
    [hadoop@hadoop1 conf]$ vi fair-scheduler.xml
    <?xml version="1.0"?>
    <allocations>
        <queue name="root">
```

```
        <!--设置调度策略-->
          <schedulingPolicy>fair</schedulingPolicy>
        <!--允许提交任务的用户名和组-->
          <aclSubmitApps>*</aclSubmitApps>
        <!--允许管理任务的用户名和组-->
          <aclAdministerApps>*</aclAdministerApps>
        <!--默认队列-->
        <queue name="default">
              <minResources>1024mb, 1vcores</minResources>
              <maxResources>4096mb, 4vcores</maxResources>
        </queue>
        <!--离线队列-->
        <queue name="offline">
              <!--最小资源-->
              <minResources>1024mb, 1vcores</minResources>
              <!--最大资源-->
              <maxResources>2048mb, 2vcores</maxResources>
              <!--最大同时运行 Application 数量-->
              <maxRunningApps>50</maxRunningApps>
        </queue>
        <!--实时队列-->
        <queue name="realtime">
              <!--最小资源-->
              <minResources>1024mb, 1vcores</minResources>
              <!--最大资源-->
              <maxResources>2048mb, 2vcores</maxResources>
              <!--最大同时运行 Application 数量-->
              <maxRunningApps>50</maxRunningApps>
          </queue>
      </queue>
  </allocations>
```

队列的层次使用嵌套 queue 元素来定义，default、offline、realtime 等队列都是 root 队列的孩子。每个队列可以有不同的调度策略，可以通过 schedulingPolicy 属性来分别设置。在每个队列中，公平调度器可以选择按照 FIFO、Fair 或 DRF 策略为应用程序分配资源。每个队列还可以配置最大和最小资源数量，以及最大可运行的应用数量。

3.6.3　同步配置文件

因为当前 Hadoop 环境是伪分布式集群，所以只需要修改当前节点的 yarn-site.xml 和 fair-scheduler.xml 配置文件即可。如果 Hadoop 为分布式集群环境，还需要将相关配置文件通过 scp 命令同步到集群其他节点。

3.6.4　重启 YARN 集群

因为公平调度器需要修改 YARN 相关的配置文件，所以需要重启 YARN 集群才能使配置文件生效。YARN 集群的启停操作命令如下。

```
#关闭 YARN 集群命令
[hadoop@hadoop1 hadoop]$ sbin/stop-yarn.sh
#启动 YARN 集群命令
[hadoop@hadoop1 hadoop]$ sbin/start-yarn.sh
```

3.6.5 提交任务

以 Hadoop 自带的 WordCount 为例，使用公平调度器将 MapReduce 应用提交到 root.offline 队列中运行，具体操作命令如下。

```
[hadoop@hadoop1 hadoop]$ bin/yarn jar share/hadoop/mapreduce/hadoop-mapreduce-examples-2.9.2.jar wordcount -Dmapreduce.job.queuename=root.offline /test/words.log /test/out
```

3.6.6 查看任务

在浏览器中输入 http://hadoop1:8088/地址，通过 YARN 集群的 Web 界面查看 MapReduce 作业所使用的调度器及队列，具体操作如图 3-9 所示。

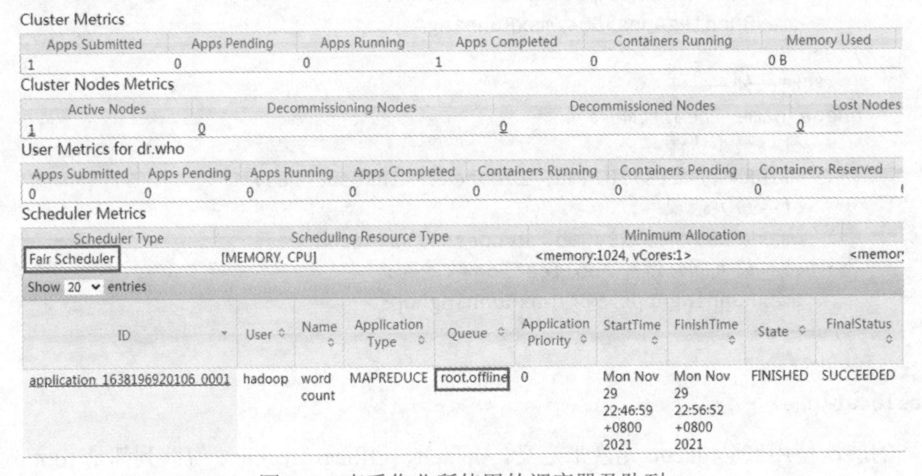

图 3-9　查看作业所使用的调度器及队列

3.6.7 查看运行结果

使用 HDFS Shell 命令查看 WordCount 作业输出结果，具体操作如图 3-10 所示。

```
[hadoop@hadoop1 hadoop]$ bin/hdfs dfs -cat /test/out/*
flink   3
hadoop  3
spark   3
[hadoop@hadoop1 hadoop]$
```

图 3-10　查看作业输出结果

如果 WordCount 作业能成功运行并输出正确结果，说明 YARN 集群中的公平调度器配置成功了。

3.7 本章小结

本章首先介绍了 YARN 的架构设计及运行原理，然后详细介绍了 YARN 的工作流程，接着介绍了 YARN 的容错性和高可用，最后重点介绍了 YARN 的调度器原理及使用。YARN 作为统一的资源管理系统，不仅可以运行 MapReduce 离线计算作业，还可以运行 Spark、Flink 等实时计算作业。

3.8 习题

1. 简述 YARN 解决了哪些问题。
2. 简述 YARN 的基本架构与工作原理。
3. 简述 YARN 是如何实现容错的。
4. 简述 YARN 的高可用原理。
5. 简述 YARN 的各种调度器原理及使用场景。

第4章 Hadoop 分布式计算框架（MapReduce）

学习目标

- 理解 MapReduce 的设计思想。
- 熟悉 MapReduce 编程模型。
- 理解 MapReduce 运行机制。

MapReduce 是一个可用于大规模数据处理的分布式计算框架，它借助函数式编程及分而治之的设计思想，使编程人员即使不会分布式编程，也能够轻松地编写分布式应用程序并将其运行在分布式系统之上。本章将详细介绍 MapReduce 分布式计算框架，让读者深入理解 MapReduce 编程模型及运行机制，同时快速上手 MapReduce 编程套路，并结合具体业务需求对数据进行离线分析。

4.1 初识 MapReduce

4.1.1 MapReduce 概述

MapReduce 最早是由 Google 公司研究提出的一种面向大规模数据处理的并行计算模型和方法。Google 设计 MapReduce 的初衷是解决其搜索引擎中大规模网页数据的并行化处理问题。2004 年，Google 发表了一篇关于分布式计算框架 MapReduce 的论文，重点介绍了 MapReduce 的基本原理和设计思想。同年，开源项目 Lucene（搜索索引程序库）和 Nutch（搜索引擎）的创始人 Doug Cutting 发现 MapReduce 正是其所需要的解决大规模 Web 数据处理的重要技术，因而模仿 Google 的 MapReduce 基于 Java 设计开发了一个后来被称为 MapReduce 的开源并行计算框架。尽管 MapReduce 还有很多局限性，但人们普遍认为 MapReduce 是目前最为成功、最广为接受和最易于使用的大数据并行处理技术。

简单地说，MapReduce 是面向大数据并行处理的计算模型、框架和平台。具体包含以下 3 层含义。

1．MapReduce 是一个并行程序的计算模型与方法

MapReduce 是一个编程模型，该模型主要用来解决海量数据的并行计算。它借助函数式编程和分而治之的设计思想，提供了一种简便的并行程序设计模型。该模型将大数据处理过程主要拆分为 Map（映射）和 Reduce（化简）两个模块，这样即使用户不懂分布式计算框架的内部运行机制，只要能够参照 Map 和 Reduce 的思想描述清楚要处理的问题，即编写出 map 函数和 reduce 函数，就可以轻松实现大数据的分布式计算。当然这只是简单的 MapReduce 编程，实际上对于复杂的编程需求，人们只需要参照 MapReduce 提供的并行编程接口，也可以简单方便地编写分布式程序，完成对大规模数据的计算处理。

2．MapReduce 是一个并行程序运行的软件框架

MapReduce 提供了一个庞大但设计精良的并行计算软件框架，它能够自动完成计算任务的并行化处理，自动划分数据和计算任务，在集群节点上自动分配和执行任务以及收集计算结果，将数据分布式存储、数据通信、容错处理等涉及很多系统底层的复杂问题都交由 MapReduce 软件框架统一处理，极大地减少了软件开发人员的负担。

3．MapReduce 是一个基于集群的高性能并行计算平台

MapReduce 是一个简单的软件框架，基于它写出来的应用程序能够运行在由上千个商用机器组成的大型集群上，并以一种可靠的方式并行处理 TB 或 PB 级别的数据集。

4.1.2　MapReduce 基本设计思想

面向大规模数据处理，MapReduce 的基本设计思想如下。

1．分而治之

MapReduce 对大数据并行处理采用分而治之的设计思想。如果一个大文件可以分为具有同样计算过程的多个数据块，并且这些数据块之间不存在数据依赖关系，那么提高处理速度的最好办法就是采用分而治之的策略对数据进行并行化计算。MapReduce 就是采用这种分而治之的设计思想，对相互间不具有或有较少数据依赖关系的大数据，用一定的数据划分方法对数据进行分片，然后将每个数据分片交由一个任务去处理，最后汇总所有任务的处理结果。简单地说，MapReduce 就是“任务的分解与结果的汇总”，其过程如图 4-1 所示。

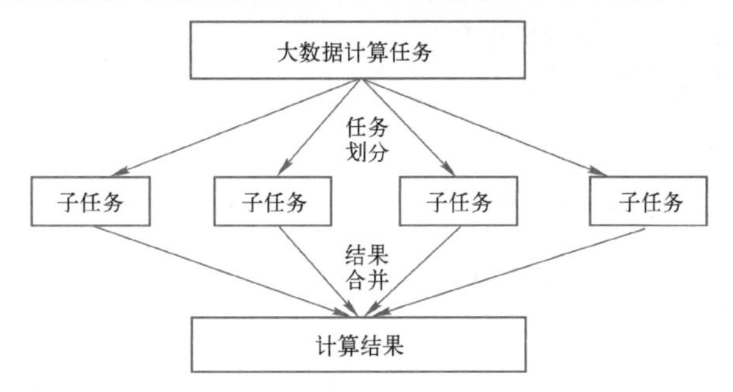

图 4-1　任务的分解与结果的汇总过程

2．抽象成模型

MapReduce 把函数式编程思想构建成抽象模型——Map 和 Reduce。MapReduce 借鉴了 Lisp 语言中的函数式编程思想定义了 Map 和 Reduce 两个抽象类，程序员只需要实现这两个抽象类，然后根据不同的业务逻辑实现具体的 map 函数和 reduce 函数即可快速完成并行化程序的编写。

例如，一个 Web 访问日志文件由大量的重复性访问日志构成，对这种顺序式数据元素或记录，通常也采用顺序式扫描的方式来处理。图 4-2 描述了典型的顺序式大数据处理的过程和特征。

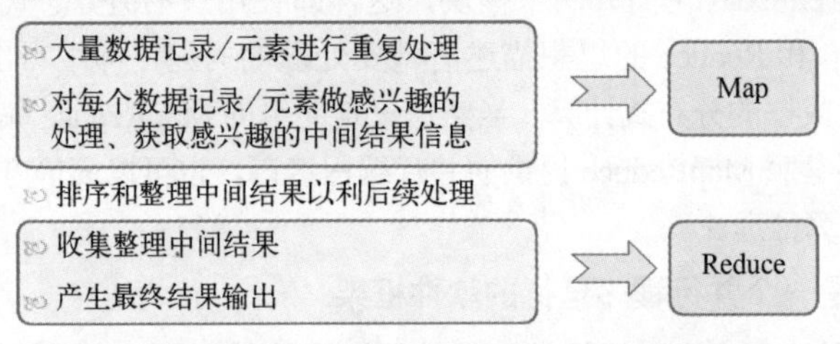

图 4-2　顺序式大数据处理的过程和特征

MapReduce 将以上处理过程抽象为两个基本操作，把前两步抽象为 Map 操作，把后两步抽象为 Reduce 操作。Map 操作主要负责对一组数据记录进行某种重复处理，而 Reduce 操作主要负责对 Map 操作生成的中间结果进行进一步的结果整理和输出。以这种方式，MapReduce 为大数据处理过程中的主要处理操作提供了一种抽象机制。

3. 上升到构架

MapReduce 以统一构架为程序员隐藏系统底层细节。一般情况下，并行计算方法缺少统一的计算框架支持，因此程序员就需要考虑数据的存储、划分、分发、结果收集、错误恢复等诸多细节问题。为此，MapReduce 设计并提供了统一的计算框架，为程序员隐藏了绝大多数系统层面的处理细节，程序员只需要关注具体业务和算法本身即可，而不需要关注其他系统层面的处理细节，极大地减轻了程序员开发程序的负担。

MapReduce 提供统一计算框架的主要目标是实现自动并行化计算，为程序员隐藏系统层面的细节。该框架负责自动完成以下系统底层相关的处理。

1）计算任务的自动划分和调度。

2）数据的自动化分布存储和划分。

3）处理数据与计算任务的同步。

4）结果数据的收集整理，如排序（Sorting）、合并（Combining）、分区（Partitioning）等。

5）系统通信、负载均衡、计算性能优化。

6）系统节点出错检测和失效恢复。

4.1.3　MapReduce 的优缺点

1. MapReduce 的优点

在大数据和人工智能时代，MapReduce 如此受欢迎主要是因为它具有以下几个特点，这也是 MapReduce 的优点。

（1）MapReduce 易于编程

MapReduce 通过一些简单接口的实现就可以完成一个分布式程序的编写，而且这个分布式程序可以运行在由大量廉价服务器组成的集群上。也就是说，写一个分布式程序跟写一个简单的串行程序一模一样。正是这个使用简单的特点使得 MapReduce 编程变得越来越流行。

（2）良好的扩展性

当计算资源不能得到满足时，可以通过简单地增加机器数量来扩展集群的计算能力。这跟 HDFS 通过增加机器扩展集群存储能力的道理是一样的。

（3）高容错性

MapReduce 设计的初衷是使程序能够部署在廉价的商用服务器上，这就要求它具有很高的容错性。如果其中一个节点挂了，它会将上面的计算任务转移到另外一个正常的节点上运行，不会造成任务运行失败。而且这个过程不需要人工参与，完全是在 Hadoop 内部完成。

（4）适合 PB 级以上数据集的离线处理

MapReduce 适合对海量数据进行离线处理，数据量越大越能体现 MapReduce 的优越性。因为 MapReduce 作业启动速度慢且耗资源，所以处理小规模数据集的效率比较低。

2．MapReduce 的缺点

MapReduce 虽然具有很多优势，但它也有不擅长的地方。这里所说的不擅长不代表它不能做，而是在有些场景下并不适合 MapReduce 来处理，主要表现在以下几个方面。

（1）不适合实时计算

MapReduce 无法像 MySQL 一样在毫秒或秒级内返回结果，所以 MapReduce 并不适合对数据进行实时处理。

（2）不适合流式计算

流式计算的输入数据是动态的，而 MapReduce 的输入数据集是静态的，不能动态变化，因为 MapReduce 自身的设计特点决定了数据源必须是静态的。

（3）不适合 DAG（有向无环图）计算

在多个应用程序之间存在依赖关系的场景下，如果后一个应用程序的输入来自前一个应用程序的输出，此时 MapReduce 并不是不能处理，而是这种情况下每个 MapReduce 作业的输出结果都会写入到磁盘，会造成大量的磁盘 I/O，导致性能非常低下。

4.2　MapReduce 编程模型

4.2.1　MapReduce 编程模型简介

从 MapReduce 自身的命名特点可以看出，MapReduce 由 Map 和 Reduce 两个部分组成。用户只需实现 Mapper 和 Reducer 这两个抽象类，编写 map 和 reduce 两个函数，即可完成简单的分布式程序的开发。这就是最简单的 MapReduce 编程模型。

1．MapReduce 分布式计算原理

MapReduce 分布式计算的基本原理如图 4-3 所示。

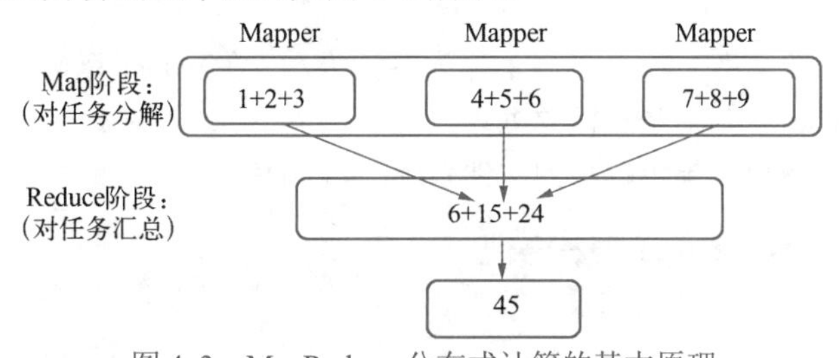

图 4-3　MapReduce 分布式计算的基本原理

如图 4-3 所示，现在需要计算 1+2+3+…+8+9。MapReduce 的计算逻辑是把 1～9 的求和计算拆分为 1+2+3、4+5+6、7+8+9 多个计算单元，即把计算任务进行了分解，划分为多个 Map 任务，每个任务处理一部分数据，最后通过 Reduce 任务把多个 Map 的中间结果进行汇总。这就是 MapReduce 分布式计算的原理。

MapReduce 对外提供了 5 个可编程组件，分别是 InputFormat、Mapper、Partitioner、Reducer、OutputFormat。由于这些组件在 MapReduce 内部都有默认实现，一般情况下不需要自己开发，只需实现 Mapper 和 Reducer 组件即可。

2. MapReduce 编程模型

MapReduce 编程模型如图 4-4 所示。

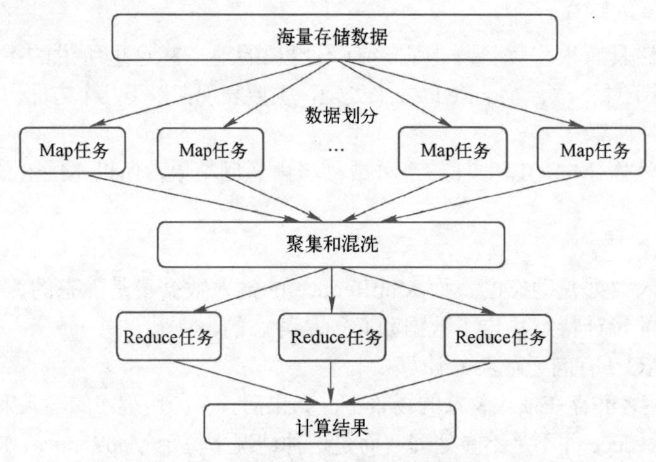

图 4-4　MapReduce 编程模型

MapReduce 编程模型可以分为 Map 阶段和 Reduce 阶段。

（1）Map 阶段

1）读取输入文件内容，将输入文件的每一行解析成<key,value>键值对，即[K1,V1]。默认输入格式下，K1 表示行偏移量，V1 表示读取的行内容。

2）调用 map 函数，将[K1,V1]作为参数传入。在 map 函数中封装了数据处理的逻辑，对输入的<key,value>键值对进行处理。Map 任务的具体实现逻辑需要开发者根据不同的业务场景来确定。

3）Map 任务的处理结果也是以<key,value>键值对的形式输出，记为[K2, V2]。

（2）Reduce 阶段

1）数据到达 Reduce 阶段之前，需要经历一个 Shuffle 过程对多个 Map 任务的输出进行合并、排序，输出[K2, {V2, …}]。

2）调用 reduce 函数，将[K2, {V2, …}]作为参数传入。在 reduce 函数中封装了数据汇总的逻辑，对输入的<key,value>键值对进行汇总处理。

3）Reduce 阶段的输出结果可以写到文件系统，如 HDFS。

4.2.2　深入剖析 MapReduce 编程模型

1. 背景分析

WordCount（单词统计）是最简单也是最能体现 MapReduce 思想的程序之一，可以称为

MapReduce 版“Hello World”。为了验证 Hadoop 集群环境是否安装成功，第 1 章已经成功运行了 WordCount，这里主要从 WordCount 代码的角度对 MapReduce 编程模型进行详细分析。WordCount 主要完成的功能是统计一系列文本文件中每个单词出现的次数，其实现逻辑如图 4-5 所示。

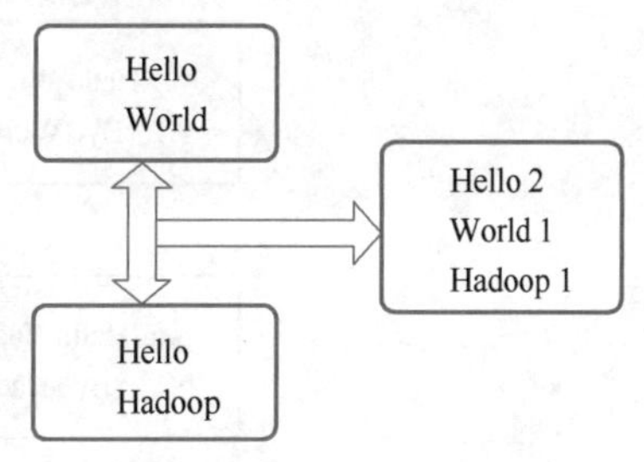

图 4-5　WordCount 实现逻辑

2．问题思路分析

（1）业务场景

有大量的文件，每个文件里面存储的都是单词。

（2）任务

统计所有文件中每个单词出现的次数。

（3）解决思路

先分别统计出每个文件中各个单词出现的次数，然后累加不同文件中同一个单词出现的次数。这正是典型的 MapReduce 编程模型所适合解决的问题。

3．深入剖析 MapReduce 编程模型

接下来以 WordCount 为例，深入剖析 MapReduce 编程模型。

（1）数据分割

首先将数据文件拆分成分片（Split），分片是用来组织数据块（Block）的，它是一个逻辑概念，用来明确一个分片包含多少个数据块，以及这些数据块存储在哪些 DataNode 节点上，但它并不实际存储源数据。

源数据以数据块的形式存储在文件系统上，分片只是连接数据块和 Map 任务的一个桥梁。源数据被分割成若干分片，每个分片作为一个 Map 任务的输入。在 map 函数执行过程中，分片会被分解成一个个<key,value>键值对，map 函数会迭代处理每条数据。默认情况下，当输入文件较小时，每个数据文件将被划分为一个分片，并将文件按行转换成<key,value>键值对，这一步由 MapReduce 框架自动完成。数据分割过程如图 4-6 所示。

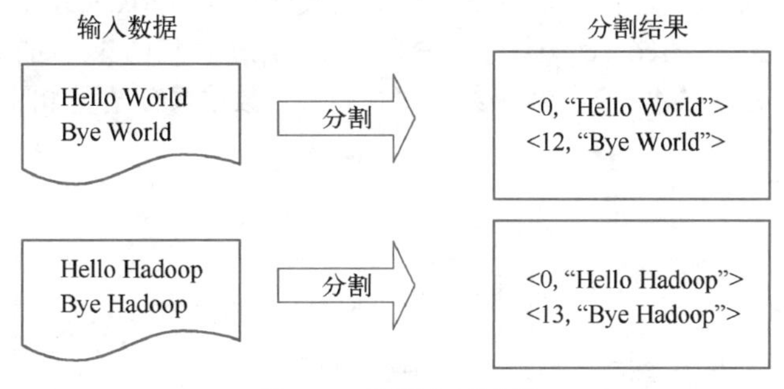

图 4-6　数据分割过程

（2）数据处理

将分割好的<key,value>键值对交给用户自定义的 map 函数进行迭代处理，然后输出新的<key,value>键值对。数据处理过程如图 4-7 所示。

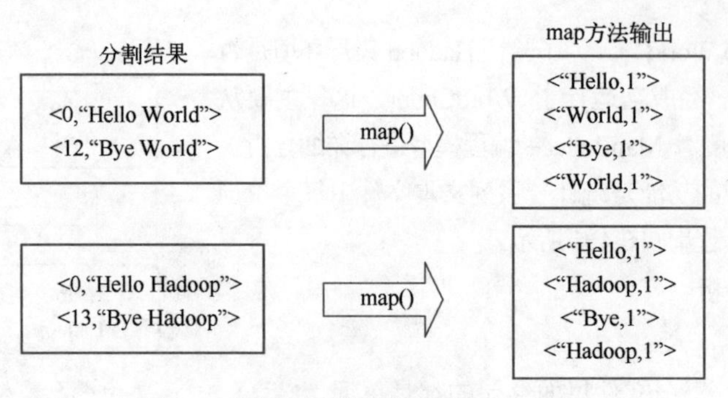

图 4-7　数据处理过程

（3）数据局部合并

在 Map 任务处理后的数据写入磁盘之前，线程首先根据 Reducer 个数对数据进行分区。在每个分区中，后台线程按 key 值在内存中排序，如果设置了 Combiner，它就在排序后的输出上运行。运行 Combiner 使得 Map 输出结果更少，从而减少写到磁盘的数据和传递给 Reducer 的数据。数据局部合并过程如图 4-8 所示。

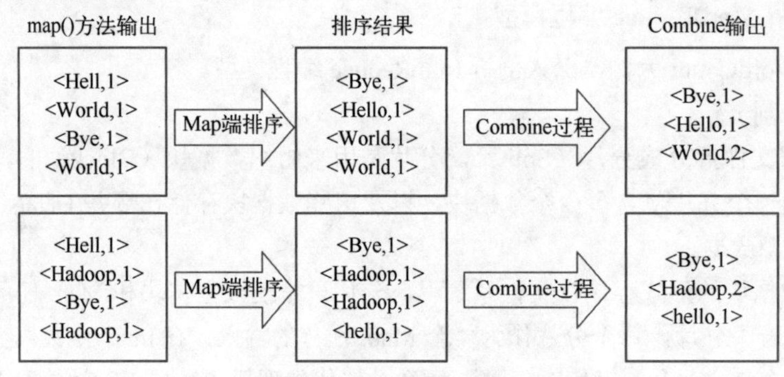

图 4-8　数据局部合并过程

（4）数据聚合

经过复杂的 Shuffle 过程之后，将 Map 端的输出数据拉取到 Reduce 端。Reduce 端首先对数据进行合并排序，然后交给 reduce 函数进行聚合处理。注意，相同 key 的记录只会交给同一个 Reduce 进行处理，只有这样才能统计出最终的聚合结果。数据聚合过程如图 4-9 所示。

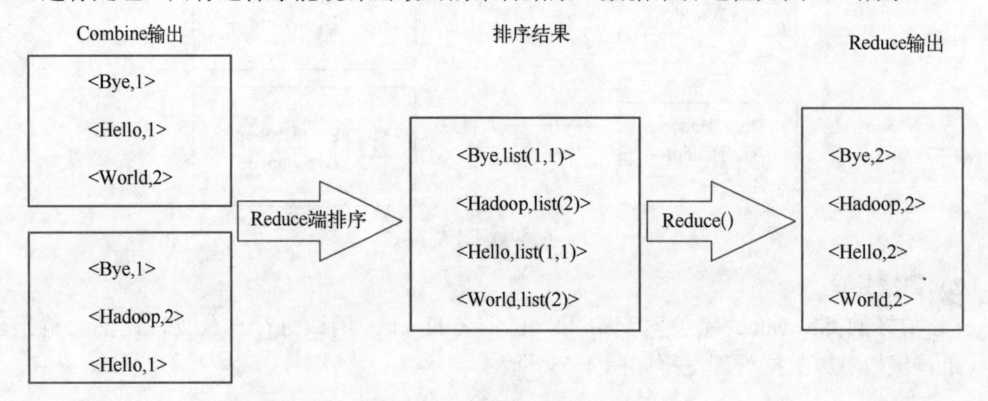

图 4-9　数据聚合过程

4．WordCount 具体代码实现

接下来以具体的 WordCount 代码，进一步理解和分析 MapReduce 编程模型。

```
public class Wordcount {
    /**
    *Mapper 类有 4 个形参类型：
    *前两个参数类型为输入格式的 key/value 类型
    *后两个参数类型为 Map 输出的 key/value 类型
    *Text 类型相当于 Java 中的 String 类型
    *IntWritable 类型相当于 Java 中的 Integer 类型
    */
    public static class TokenizerMapper extends
            Mapper<Object, Text, Text, IntWritable>
        {
        private final static IntWritable one = new IntWritable(1);
        private Text word = new Text();
        /**
        *map 方法有 3 个参数：
        *key:表示每行数据偏移量
        *value:表示每行数据内容
        *context:保存作业运行的上下文信息，如作业配置、分片、任务 ID 等
        */
        public void map(Object key, Text value, Context context)
                throws IOException, InterruptedException {
            StringTokenizer itr = new StringTokenizer(value.toString());
            while (itr.hasMoreTokens()) {
                word.set(itr.nextToken());
                context.write(word, one);
            }
        }
    }
    /**
    *Reducer 类有 4 个形参类型
    *前两个参数类型为 Map 输出的 key/value 类型
    *后两个参数类型为 Reduce 输出的 key/value 类型
    */
    public static class IntSumReducer extends
            Reducer<Text, IntWritable, Text, IntWritable> {
        private IntWritable result = new IntWritable();
        /**
        *reduce 方法有 3 个参数：
        *key 表示 Map 端需要聚合的 key
        *values 表示同一个 key 的 value 值的集合
        *context 保存了作业运行的上下文信息
        */
        public void reduce(Text key, Iterable<IntWritable> values,
                Context context) throws IOException, InterruptedException {
            int sum = 0;
            for (IntWritable val : values) {
                sum += val.get();
```

```
            }
            result.set(sum);
            context.write(key, result);
        }
    }
    public static void main(String[] args) throws Exception {
        //加载 Hadoop 配置文件
        Configuration conf = new Configuration();
        //新建一个 job 对象用来提交作业
        Job job = Job.getInstance(conf);
        //Hadoop 客户端通过该类可以反推 WordCount 所在 jar 文件的绝对路径
        job.setJarByClass(Wordcount.class);
        //设置 job 的名称
        job.setJobName("WordCount");
        //设置输入输出文件格式，默认为文本格式
        job.setInputFormatClass(TextInputFormat.class);
        job.setOutputFormatClass(TextOutputFormat.class);
        //设置 MapReduce 输入输出路径
        //注意：输出目录不能提前存在，否则 Hadoop 会报错并拒绝执行作业
        //目的是防止数据丢失，避免长时间运行的作业结果被意外覆盖掉
        FileInputFormat.addInputPath(job,new Path(args[0]));
        FileOutputFormat.setOutputPath(job,new Path(args[1]));
        //设置自定义 Mapper 和 Reducer 类
        job.setMapperClass(WordCountMapper.class);
        job.setReducerClass(WordCountReducer.class);
        //设置 Map 输出 key/value 类型
        job.setMapOutputKeyClass(Text.class);
        job.setMapOutputValueClass(IntWritable.class);
        //设置 Reduce 输出 key/value 类型
        job.setOutputKeyClass(Text.class);
        job.setOutputValueClass(IntWritable.class);
        //提交 job 作业
        job.waitForCompletion(true);
    }
}
```

以上就是通过 WordCount 案例对简单的 MapReduce 程序进行深入剖析的过程。WordCount 完整运行过程在前面章节已经有过介绍，这里就不再赘述。

4.3 MapReduce 运行机制

4.3.1 剖析 MapReduce 作业运行机制

4.3.1 剖析 MapReduce 作业运行机制

通过方法调用运行 MapReduce 作业有两种方式，一种是 Job 对象的 waitForCompletion()方法，另一种是 Job 对象的 sumit()方法。waitForCompletion()方法底层也调用了 sumit()方法，它用于提交以前没有提交过的作业，并等待作业运行完成。sumit()方法调用封装了大量的处理细节，它仅仅提交作业即可，无须等待作业的完成。

MapReduce 作业的运行原理如图 4-10 所示。

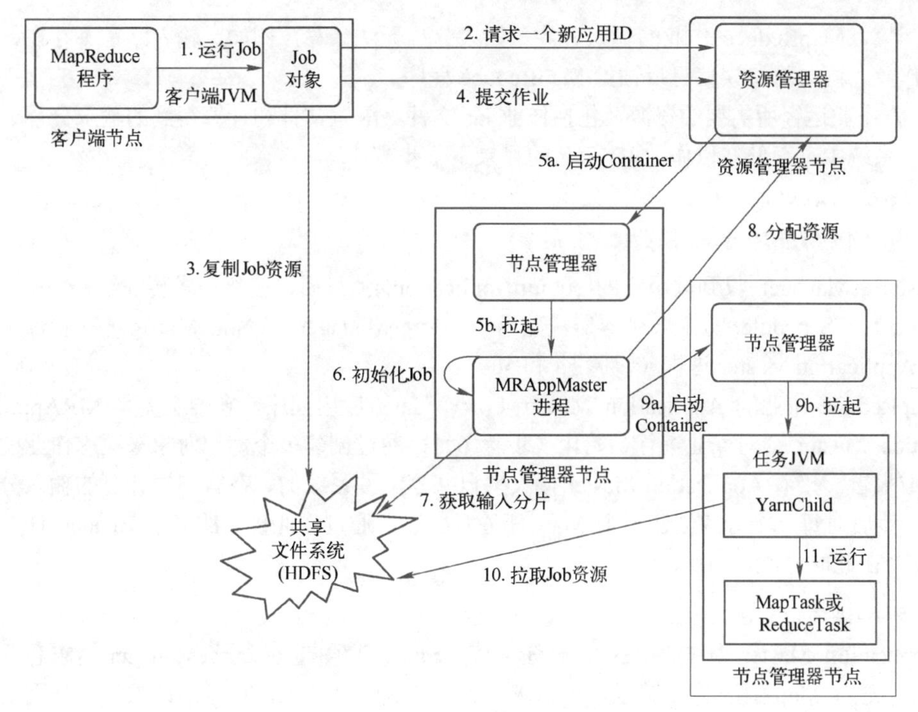

图 4-10　MapReduce 作业的运行原理

按照大模块来划分，图 4-10 中一共包含 5 个独立的实体。

1）客户端：负责提交 MapReduce 作业。

2）YARN 资源管理器（ResourceManager）：负责协调集群上计算机资源的分配。

3）YARN 节点管理器（NodeManager）：负责启动和监视集群中机器上的计算容器（Container）。

4）MapReduce 的 Application Master：负责协调运行 MapReduce 作业的任务。它与 MapReduce 任务都运行在 Container 中，这些容器由 ResourceManager 分配并由 NodeManager 管理。

5）分布式文件系统：一般为 HDFS，用来与其他实体共享作业文件。

MapReduce 作业完整的运行过程如下。

1. 提交 MapReduce 作业

通过调用 Job 对象的 waitForCompletion()方法来运行 MapReduce 作业，waitForCompletion()的底层调用 submit()方法（步骤 1）。在 submit()方法的内部创建了一个 JobSummiter 实例，并且调用其 submitJobInternal()方法。提交 MapReduce 作业后，waitForCompletion()每秒会轮询作业的进度，如果发现自上次报告后有改变，则会将进度报告打印到控制台。MapReduce 作业完成后，如果运行成功，就显示作业计数器；如果运行失败，则将作业失败的错误日志打印到控制台。

JobSummiter 所实现的作业提交过程如下。

1）向 ResourceManager 请求一个新应用 ID，该 ID 设置为 MapReduce 作业的 ID（步骤 2）。

2）检查 MapReduce 作业的输出路径。例如，如果没有指定输出目录或输出目录已经存在，它会拒绝提交作业，同时将错误信息反馈给 MapReduce 程序。

3）计算 MapReduce 作业的输入分片。如果分片无法计算，例如，输入路径不存在，就会拒绝提交作业，同时将错误信息反馈给 MapReduce 程序。

4）将作业运行所需要的资源（包括作业 jar 文件、配置文件和计算得到的输入分片）复制到共享文件系统中，存储在以作业 ID 命名的目录下（步骤 3）。

5）通过 ResourceManager 来提交作业（步骤 4）。

2．初始化 MapReduce 作业

ResourceManager 收到调用它的 submitApplication()消息后，便将请求传递给 YARN 调度器（Scheduler）。Scheduler 分配一个容器，然后 ResourceManager 在 NodeManager 的管理下在容器中启动 Application Master 进程（步骤 5a 和 5b）。

MapReduce 作业的 Application Master 是一个 Java 应用程序，它的主类是 MRAppMaster。Application Master 会对作业进行初始化（步骤 6），通过创建多个簿记对象来跟踪作业的执行进度和完成报告。接着 Application Master 接收来自共享文件系统的、在客户端计算的输入分片（步骤 7）。然后对每一个分片创建一个 Map 任务对象以及通过作业设置的多个 Reduce 任务对象。任务 ID 会在此时分配。

3．分配任务

Application Master 为作业中的 Map 任务和 Reduce 任务向 ResourceManager 请求容器（步骤 8）。它首先为 Map 任务发出请求，该请求优先级要高于 Reduce 任务的请求，这是因为所有的 Map 任务必须在 Reduce 的排序阶段能够启动前完成，直到有 5%的 Map 任务已经完成时，为 Reduce 任务的请求才会发出。Reduce 任务可以在集群任意位置运行，而 Map 任务需要遵循数据本地化原则，选择就近的节点运行。

Application Master 发送的请求也为任务指定了内存大小和 CPU 数量，默认情况下，每个 Map 任务和 Reduce 任务都分配到 1GB 的内存和一个虚拟的内核，当然这些值都可以通过参数进行配置。

4．执行任务

一旦 ResourceManager 的调度器为任务分配了一个特定节点上的容器，Application Master 就通过与 NodeManager 通信来启动容器（步骤 9a 和 9b）。该任务由主类为 YarnChild（在指定的 JVM 中运行）的一个 Java 应用程序执行。在它运行任务之前，首先将任务需要的资源本地化，包括作业的配置、jar 文件和所有来自分布式缓存的文件（步骤 10），然后运行 Map 任务和 Reduce 任务（步骤 11）。

5．更新进度和状态

MapReduce 作业是长时间运行的批量作业，运行时间从数秒到数小时，所以对于用户来说，能够知晓关于作业运行进度的一些反馈信息非常重要。一个作业和它的任务都有一个状态（Status），包括作业或任务的状态（如运行中、成功、失败）、Map 和 Reduce 的进度、作业计数器的值等。

在 Map 任务和 Reduce 任务运行时，子进程和自己的父 Application Master 通过接口进行通信。默认每隔 3s，任务通过这个接口向自己的 Application Master 报告进度和状态（包括计数器），Application Master 会形成一个作业的汇聚视图。

ResourceManager 的 Web 界面显示了所有运行中的应用程序，并且分别有链接指向这些应用各自的 Application Master 界面，这些界面展示了 MapReduce 作业的更多细节，包含其进度。

在作业运行期间，客户端每秒轮询一次 Application Master，从而获取最新的状态。客户端也可以使用 Job 的 getStatus()方法得到一个 JobStatus 的实例，该实例包含作业的所有状态信息。

状态更新在 MapReduce 系统中的传递流程如图 4-11 所示。

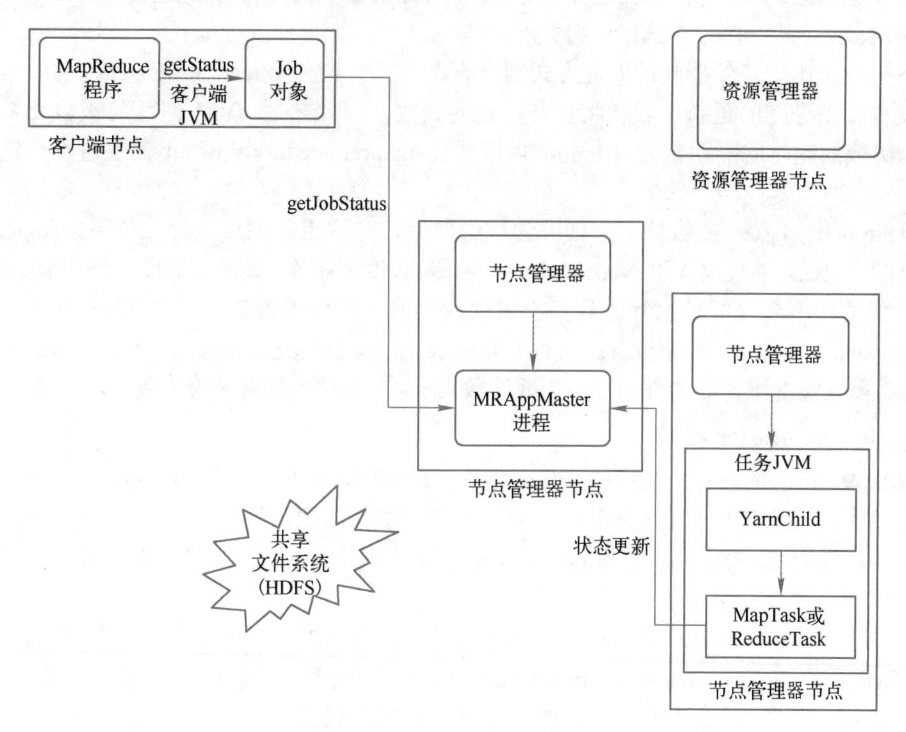

图 4-11　状态更新在 MapReduce 系统中的传递流程

6．完成作业

当 Application Master 收到作业最后一个任务已完成的通知后，就会将作业的状态设置为“成功”。在 Job 轮询状态时，就会知道任务已经成功完成，于是就会打印一条信息告知用户，然后从 waitForCompletion()方法返回。Job 的统计信息和计数值也在这个时候输出到控制台。

MapReduce 作业完成时，Application Master 和任务容器会清理其工作状态。Hadoop 集群会存储作业信息，方便用户随时查询。

4.3.2　作业失败与容错

在 MapReduce 作业运行过程中，可能会出现各种问题，例如，用户代码错误、作业进程崩溃、机器故障等。使用 Hadoop 最主要的好处之一就是它能自动处理这些故障，让用户能够成功运行作业。在作业运行过程中，需要考虑的容错实体包括任务、Application Master、NodeManager 和 ResourceManager。

4.3.2　作业失败与容错

1．任务容错

首先考虑任务失败的情况，最常见的情况是 Map 任务或 Reduce 任务中的用户代码抛出运行异常。如果发生这种情况，任务 JVM 会在退出之前向父 Application Master 发送错误报告，错误报告最后被写入用户日志。Application Master 会将此次任务尝试标记为失败，并释放容器以便资源可以被其他任务使用。另一种失败模式是任务 JVM 突然退出，可能是 MapReduce 用户代码由于某些特殊原因造成 JVM 退出。在这种情况下，NodeManager 会注意到进程已经退出，并通知 Application Master 将此次任务尝试标记为失败。

与任务失败相比，任务挂起的处理方式则有所不同。一旦 Application Master 注意到已经有一段时间没有收到进度的更新，就会将任务标记为失败，在此之后 JVM 进程将被自动杀死。任务被认为失败的超时间隔默认为 10min，可以通过 mapreduce.task.timeout 属性进行设置，单位为 ms。

当 Application Master 被告知一个任务尝试失败后，它将重新调度执行该任务。Application Master 会试图避免在之前失败过的 NodeManager 上重新调度该任务。此外，如果一个任务失败次数超过 4，该任务将不会再尝试执行。最多尝试次数的值是可以设置的：对于 Map 任务，通过 mapreduce.map.maxattempts 属性来设置；而对于 Reduce 任务，则通过 mapreduce.reduce.maxattempts 属性来设置。默认情况下，如果任何任务失败次数大于 4，则整个作业都会失败。

2．Application Master 容错

对于 MapReduce 的任务，失败的任务会尝试重新调度。同样，如果 YARN 中的应用失败了，也会尝试重新运行。运行 Application Master 的最多尝试次数由 mapreduce.am.maxattempts 属性控制，其默认值为 2。如果 Application Master 失败了两次，那么它将不会被再次尝试运行，MapReduce 作业将运行失败。

YARN 规定了 Application Master 在集群中的最大尝试次数，单个应用程序不能超过这个限制。该限制由 yarn.resourcemanager.am.maxattempts 属性设置，默认值为 2。如果想增加 Application Master 的尝试次数，必须在集群中增加 YARN 的设置。

恢复过程如下：Application Master 向 ResourceManager 发送周期性的心跳信息，当 Application Master 失败时，ResourceManager 将检测到该失败，并在一个新的容器中重新启动一个 Application Master 实例。对于新的 Application Master 来说，它将使用作业历史记录来恢复失败的应用程序所运行任务的状态，所以这些任务不需要重新运行。默认情况下，Application Master 的恢复功能是开启的，但可以通过设置 yarn.app.mapreduce.am.job.recovery.enable 属性值为 false 来关闭这个功能。

MapReduce 客户端会向 Application Master 轮询进度报告，但如果 Application Master 运行失败，客户端需要重新查找新的实例。在作业初始化期间，客户端会向 ResourceManager 询问并缓存 Application Master 的地址，所以每次询问 Application Master 的请求是否需要重新加载 ResourceManager。但是，如果 Application Master 运行失败，客户端的轮询请求将会超时，此时客户端会向 ResourceManager 请求一个新的 Application Master 地址。此过程对用户是透明的。

3．NodeManager 容错

如果一个 NodeManager 节点因中断或运行缓慢而失败，那么它就会停止向 ResourceManager 发送心跳信息（或者发送频率很低）。默认情况下，如果 ResourceManager 在 10min 内没有收到一个心跳信

息，它将会通知停止发送心跳信息的NodeManager，并且将其从自己的节点池中移除。

在出现故障的 NodeManager 节点上运行的任何任务或 Application Master，将会按前面描述的机制进行恢复。另外，对于出现故障的 NodeManager 节点，如果曾经在其上运行且成功完成的 Map 任务属于未完成的作业，那么 Application Master 会安排它们重新运行。这是因为它们的中间输出结果存放在故障 NodeManager 节点所在的本地文件系统中，Reduce 任务可能无法访问。

如果应用程序的运行失败次数过高，即使 NodeManager 自身没有出现故障，NodeManager 也可能会被拉黑。黑名单是由 Application Master 管理的，如果一个 NodeManager 有 3 个以上的任务失败，那么 Application Master 就会尽量将任务调度到其他节点上。用户可以使用作业的 mapreduce.job.maxtaskfailures.per.tracker 属性设置任务失败次数的阈值。

4．ResourceManager 容错

ResourceManager 出现故障是比较严重的，因为没有 ResourceManager，作业和任务容器将无法启动。在默认的配置中，ResourceManager 是一个单点故障，因为在机器出现故障时，所有的作业都会失败并且不能被恢复。

为了实现高可用（HA），有必要以一种 Active-Standby 配置模式运行一对 ResourceManager。如果 Active ResourceManager 出现故障，则 Standby ResourceManager 可以很快接管，并且对客户端来说没有明显的中断现象。

在高可用架构中，所有运行中应用程序的信息都存储在一个高可用的状态存储区（如 ZooKeeper 或 HDFS），这样 Standby ResourceManager 可以恢复到出现故障的 Active ResourceManager 的关键状态。当新的 ResourceManager 启动后，它从状态存储中读取应用信息，然后为集群中正在运行的所有应用重启 Application Master。这个行为不被计为失败的应用程序尝试，因为应用程序并不是因为程序代码错误而失败，而是被系统强制杀死的。实际上，Application Master 的重启并不影响 MapReduce 应用程序，因为它们会通过已完成的任务来恢复工作。

ResourceManager 从 Standby 状态转为 Active 状态，是由故障控制器处理的。故障控制器默认是自动的，它使用 ZooKeeper 的 Leader 选举机制，确保在同一时刻只有一个 Active ResourceManager。

为了应对 ResourceManager 的故障转移，必须对客户端和 NodeManager 进行配置，因为它们可能是在跟两个 ResourceManager 进行通信。客户端和 NodeManager 会以轮询的方式尝试连接每个 ResourceManager，直到找到一个 Active ResourceManager。如果 Active ResourceManager 出现故障，它们将再次尝试，直到 Standby 状态的 ResourceManager 变为 Active 状态。

4.3.3　Shuffle 过程详解

4.3.3　Shuffle
过程详解

MapReduce 确保每个 Reducer 的输入都是按 key 排序的，系统执行排序、将 Map 输出作为输入传给 Reducer 的过程称为 Shuffle。接下来将重点介绍 Shuffle 是如何工作的，这样有助于读者理解 MapReduce 工作机制。MapReduce 的 Shuffle 过程如图 4-12 所示。

1．Map 端

Map 任务开始输出中间结果时，并不是直接写入磁盘，而是利用缓冲的方式写入内存，并出于效率的考虑对输出结果进行预排序。

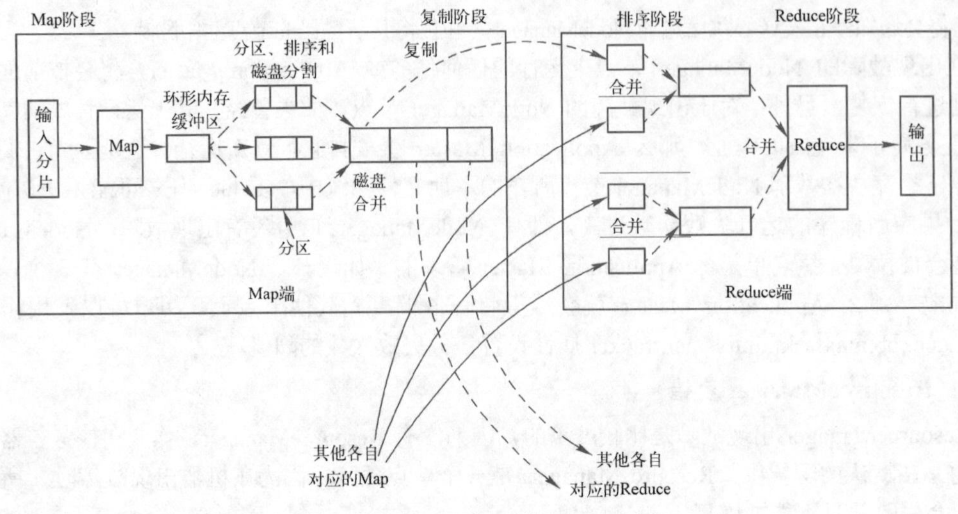

图 4-12　MapReduce 的 Shuffle 过程

每个 Map 任务都有一个环形内存缓冲区，用于存储任务输出结果。默认情况下，缓冲区的大小为 100MB，这个值可以通过 mapreduce.task.io.sort.mb 属性来设置。一旦缓冲区中的数据达到阈值（默认为缓冲区大小的 80%），后台线程就开始将数据刷写到磁盘。在数据刷写到磁盘的过程中，Map 任务的输出将继续写到缓冲区，但是如果在此期间缓冲区被写满了，那么 Map 会被阻塞，直到写磁盘过程完成为止。

在缓冲区数据刷写到磁盘之前，后台线程首先会根据数据被发送到的 Reducer 个数，将数据划分成不同的分区（Partition）。在每个分区中，后台线程按照 key 在内存中排序，如果此时有一个 combiner 函数，它会在排序后的输出上运行。运行 combiner 函数可以减少写到磁盘和传递到 Reducer 的数据量。

每次内存缓冲区达到溢出阈值，就会刷写一个溢出文件，当 Map 任务输出最后一条记录之后会有多个溢出文件。在 Map 任务完成之前，溢出文件被合并成一个已分区且已排序的输出文件。默认如果至少存在 3 个溢出文件，那么输出文件写到磁盘之前会再次运行 Combiner 函数。如果少于 3 个溢出文件，则不会运行 Combiner 函数，因为 Map 输出规模太小不值得调用 Combiner 函数（带来的开销较大）。在 Map 输出写到磁盘的过程中，还可以对输出数据进行压缩，加快磁盘写入速度，节约磁盘空间，同时也减少了发送给 Reducer 的数据量。

2. Reduce 端

Map 输出文件位于运行 Map 任务的 NodeManager 的本地磁盘，现在 NodeManager 需要为分区文件运行 Reduce 任务，而且 Reduce 任务需要集群上若干个 Map 任务的 Map 输出作为其特殊的分区文件。每个 Map 任务的完成时间可能不同，因此在每个任务完成时，Reduce 任务就开始复制其输出。这就是 Reduce 任务的复制阶段。默认情况下，Reduce 任务有 5 个复制线程，因此可以并行获取 Map 输出。

如果 Map 输出结果比较小，数据会被复制到 Reduce 任务的 JVM 内存中；否则，Map 输出会被复制到磁盘中。一旦内存缓冲区达到阈值大小，数据合并后会刷写到磁盘。如果指定了 Combiner 函数，在合并期间可以运行 Combiner 函数，从而减少写入磁盘的数据量。随着磁盘上溢出文件的增多，后台线程会将它们合并为更大的、已排序的文件，这样可以为后续的合并节省时间。

复制完所有 Map 输出后，Reduce 任务进入排序阶段，这个阶段将 Map 输出进行合并，保持其顺序排序。这个过程是循环进行的，例如，如果有 50 个 Map 输出，默认合并因子为 10，那么需要进行 5 次合并，每次将 10 个文件合并为一个大文件，因此最后有 5 个中间文件。

在最后的 Reduce 阶段，直接把数据输入 reduce 函数，从而节省了一次磁盘往返过程。因为最后一次合并并没有将这 5 个中间文件合并成一个已排序的大文件，而是直接合并到 Reduce 作为数据输入。在 Reduce 阶段，对已排序数据中的每个 key 调用 reduce 函数进行处理，其输出结果直接写出到文件系统，这里的文件系统一般为 HDFS。

4.4　案例实践：气象大数据离线分析

4.4.1　案例实践：气象大数据离线分析 1

1. 项目需求

现在有一份来自美国国家海洋和大气管理局的数据集，里面包含近 30 年每个气象站、每小时的天气预报数据，每个报告的文件大小大约 15MB。一共有 263 个气象站，每个报告文件的名字包含气象站 ID，每条记录包含气温、风向、天气状况等多个字段信息。现在要求统计美国各气象站近 30 年的平均气温。

2. 数据格式

天气预报每行数据的每个字段都是定长的，完整的数据格式如图 4-13 所示。

Year	Month	Day	Hour	Temperature	Dew	Pressure	Wind dir.	Wind speed	Sky Cond.	Rain 1h.	Rain 6h.
2005	01	04	06	-17	-6	10095	250	21	9	3	17

图 4-13　天气预报数据格式

由图 4-13 可以看出，数据格式由 Year（年）、Month（月）、Day（日）、Hour（时）、Temperature（气温）、Dew（湿度）、Pressure（气压）、Wind dir（风向）、Wind speed（风速）、Sky Cond（天气状况）、Rain 1h.（每小时降雨量）、Rain 6h.（每 6 小时降雨量）组成。

3. 实现思路

目标是统计近 30 年每个气象站的平均气温，由此可以设计一个 MapReduce 如下。

```
Map = {key = weather station id, value = temperature}
Reduce = {key = weather station id, value = mean(temperature)}
```

首先调用 Mapper 的 map()函数提取气象站 Id 作为 key，提取气温值作为 value，然后调用 Reducer 的 reduce()函数对相同气象站的所有气温求平均值。

4.4.2　案例实践：气象大数据离线分析 2

4. 业务代码实现

打开 IDEA 的 bigdata 项目，开发 MapReduce 分布式应用程序，统计美国各气象站近 30 年的平均气温。

（1）引入 Hadoop 依赖

由于开发 MapReduce 程序需要依赖 Hadoop 客户端，所以需要在项目的 pom.xml 文件中引入 Hadoop 相关依赖，添加如下内容。

```
<dependency>
  <groupId>org.apache.hadoop</groupId>
  <artifactId>hadoop-client</artifactId>
  <version>2.9.2</version>
</dependency>
```

（2）实现 Mapper

由于天气预报每行数据的每个字段长度是固定的，所以可以使用 substring(start, end)函数提取气温值。因为气象站每个报告文件的名字都包含气象站 ID，首先可以使用 FileSplit 类获取文件名称，再使用 substring(start, end)函数截取气象站 ID。Mapper 类的具体实现代码如下。

```
public static class MyMapper extends Mapper<LongWritable,Text, Text, IntWritable>{
   @Override
   protected void map(LongWritable key, Text value, Context context) throws
IOException, InterruptedException {
      String line = value.toString();
      //提取气温值
      int temperature = Integer.parseInt(line.substring(14,19).trim());
      if(temperature!=-9999){
         FileSplit fileSplit = (FileSplit)context.getInputSplit();
         //提取气象站 ID
         String id = fileSplit.getPath().getName().substring(5, 10);
         context.write(new Text(id),new IntWritable(temperature));
      }
   }
}
```

（3）实现 Reducer

在 Reducer 中，重写 reduce()函数，首先对所有气温值累加求和，最后计算出每个气象站的平均气温值，其核心代码如下。

```
public static class MyReducer extends Reducer<Text,IntWritable,Text,IntWritable>{
   private IntWritable meanTemperature = new IntWritable();
   @Override
   protected void reduce(Text key, Iterable<IntWritable> values, Context context)
throws IOException, InterruptedException {
      int sum = 0;
      int count =0;
      //累加气温值
      for (IntWritable val :values){
         sum += val.get();
         count++;
      }
      //计算平均气温
      meanTemperature.set(sum/count);
      context.write(key,meanTemperature);
```

```
        }
    }
```

5．项目编译

在 IDEA 工具的 Terminal 控制台中，输入 mvn clean package 命令对项目进行打包，具体操作如图 4-14 所示。

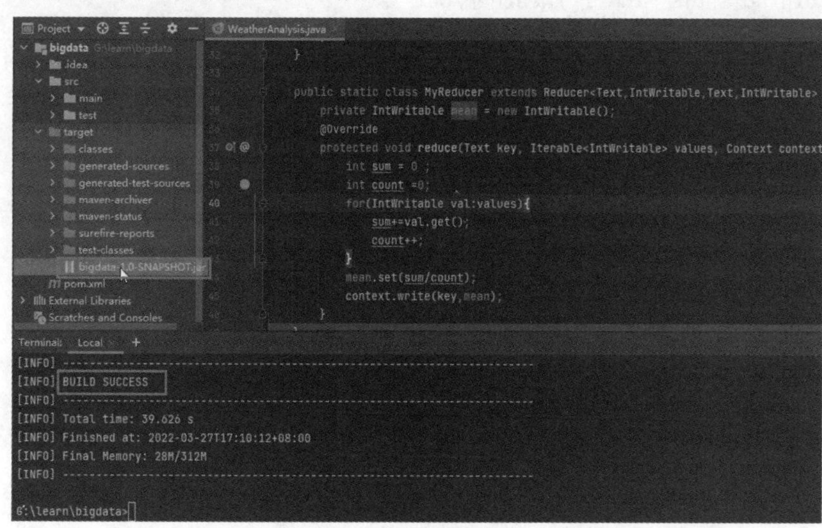

图 4-14　编译 MapReduce

打包成功之后，在项目的 target 目录下找到编译好的 bigdata-1.0-SNAPSHOT.jar 包，然后将其上传至/home/hadoop/shell/lib 目录下。

6．准备数据源

由于气象站比较多，为了方便测试，这里只将 10 个气象站的天气报告文件上传至 HDFS 的/weather 目录下，测试数据集如图 4-15 所示。

```
[hadoop@hadoop1 hadoop]$ bin/hdfs dfs -ls /weather
Found 10 items
-rw-r--r--   1 hadoop supergroup   16075112 2021-11-23 09:46 /weather/30yr_03103.dat
-rw-r--r--   1 hadoop supergroup   16351446 2021-11-23 09:46 /weather/30yr_03812.dat
-rw-r--r--   1 hadoop supergroup   16344626 2021-11-23 09:46 /weather/30yr_03813.dat
-rw-r--r--   1 hadoop supergroup   16156518 2021-11-23 09:46 /weather/30yr_03816.dat
-rw-r--r--   1 hadoop supergroup   16345370 2021-11-23 09:46 /weather/30yr_03820.dat
-rw-r--r--   1 hadoop supergroup   16356096 2021-11-23 09:46 /weather/30yr_03822.dat
-rw-r--r--   1 hadoop supergroup   16357026 2021-11-23 09:46 /weather/30yr_03856.dat
-rw-r--r--   1 hadoop supergroup   16355724 2021-11-23 09:46 /weather/30yr_03860.dat
-rw-r--r--   1 hadoop supergroup   16357956 2021-11-23 09:46 /weather/30yr_03870.dat
-rw-r--r--   1 hadoop supergroup   16339046 2021-11-23 09:46 /weather/30yr_03872.dat
[hadoop@hadoop1 hadoop]$
```

图 4-15　测试数据集

7．编写 Shell 脚本

为了便于提交 MapReduce 作业，在/home/hadoop/shell/bin 目录下编写 weatherMR.sh 脚本，封装作业提交命令，具体脚本内容如下。

```
[hadoop@hadoop1 bin]$ cat weatherMR.sh
#!/bin/bash
echo "start weather mapreduce "
HADOOP_HOME=/home/hadoop/app/hadoop
if($HADOOP_HOME/bin/hdfs dfs -test -e /weather/out )
then
  $HADOOP_HOME/bin/hdfs dfs -rm -r /weather/out
fi
$HADOOP_HOME/bin/yarn  jar  $HADOOP_HOME/bigdata-1.0-SNAPSHOT.jar  com.bigdata.hadoop.weather.WeatherAnalytics  /weather/*  /weather/out  >>  /home/hadoop/shell/logs/weather.log 2>&1
```

为 weatherMR.sh 脚本添加可执行权限，具体操作命令如下。

```
[hadoop@hadoop1 bin]$ chmod u+x weatherMR.sh
```

8. 提交 MapReduce 作业

执行 weatherMR.sh 脚本提交 MapReduce 作业，具体操作如图 4-16 所示。

```
[hadoop@hadoop1 shell]$ bin/weatherMR.sh
start weather mapreduce
[hadoop@hadoop1 shell]$
```

图 4-16　执行 weatherMR.sh 脚本提交 MapReduce 作业

9. 查看运行结果

使用 HDFS 命令查看美国各气象站近 30 年的平均气温，具体操作如图 4-17 所示。图 4-17 中，第一列为气象站 ID，第二列为气象站的平均气温值（单位为华氏度）。

```
[hadoop@hadoop1 hadoop]$ bin/hdfs dfs -cat /weather/out/*
03103   82
03812   128
03813   178
03816   143
03820   173
03822   189
03856   160
03860   130
03870   156
03872   108
[hadoop@hadoop1 hadoop]$
```

图 4-17　气象站平均气温

4.5　本章小结

本章首先介绍了 MapReduce 基本设计思想以及其优缺点，接着通过 WordCount 案例详细介绍了 MapReduce 编程模型，然后重点剖析了 MapReduce 运行机制，最后通过一个项目案例详细介绍了 MapReduce 项目开发流程。希望通过本章节的学习，读者能够掌握 MapReduce 的编程思想和编程套路，为后续学习其他分布式计算框架打下坚实的基础。

4.6　习题

1．简述 MapReduce 的基本设计思想。
2．简述 MapReduce 的优缺点。
3．简述 MapReduce 的 Shuffle 过程。
4．简述 MapReduce 的作业运行机制。
5．简述 MapReduce 作业容错机制。

第5章 ZooKeeper 分布式协调服务

学习目标

- 理解 ZooKeeper 的架构设计与工作原理。
- 熟练搭建 ZooKeeper 分布式集群。
- 熟练使用 ZooKeeper Shell 操作。

编写单机版的应用比较简单，但是编写分布式应用就比较困难，主要原因在于会出现部分失败。什么是部分失败？当一条消息在网络中的两个节点之间传输时，如果出现网络错误，发送者无法知道接收者是否已经收到这条消息，接收者可能在出现网络错误之前就已经收到这条消息，也有可能没有收到，又或者接收者的进程已经“死掉”。发送者只能重新连接接收者并发送咨询请求才能获知接收者是否收到之前的信息。简而言之，部分失败就是不知道一个操作是否已经失败。

ZooKeeper 是一个分布式应用程序的协调服务，可以提供一组工具，让人们在构建分布式应用时能够正确处理部分失败（部分失败是分布式系统固有的特征，使用 ZooKeeper 并不能避免部分失败）。本章将从 ZooKeeper 架构设计、安装部署以及 Shell 操作等方面进行介绍，使读者能够快速掌握 ZooKeeper 分布式协调服务。

5.1 ZooKeeper 架构设计与工作原理

5.1 ZooKeeper 架构设计与工作原理

ZooKeeper 作为一个分布式协调系统，为大数据平台的其他组件提供了协调服务。要想理解 ZooKeeper 是如何对外提供服务的，首先需要理解 ZooKeeper 架构设计和工作原理。

5.1.1 ZooKeeper 定义

ZooKeeper 是一个分布式的、开源的协调服务框架，服务于分布式应用。它是 Google Chubby 组件的一个开源实现，是 Hadoop 和 HBase 所依赖的重要组件。

1）它提供了一系列的原语（数据结构）操作服务，因此分布式应用能够基于这些服务，构建出更高级别的服务，例如，分布式锁服务、配置管理服务、分布式消息队列、分布式通知与协调服务等。

2）ZooKeeper 设计上易于编码，数据模型构建在人们熟悉的树形结构目录风格的文件系统中。

3）ZooKeeper 运行在 Java 环境上，同时支持 Java 和 C 语言。

5.1.2 ZooKeeper 的特点

ZooKeeper 工作在集群中，为集群提供分布式协调服务，它提供的分布式协调服务具有如下特点。

1. 最终一致性

客户端不论连接到哪个 Server，展示给它的都是同一个视图，这是 ZooKeeper 最重要的特点。

2. 可靠性

ZooKeeper 具有简单、健壮、良好的性能。如果一条消息被一台服务器所接收，那么它将被所有的服务器接收。

3. 实时性

ZooKeeper 保证客户端将在一个时间间隔范围内，获得服务器的更新信息或服务器失效的信息。但由于网络延时等原因，ZooKeeper 不能保证两个客户端能够同时得到刚更新的数据，如果需要最新数据，应该在读数据之前调用 sync()接口。

4. 等待无关（Wait-Free）

慢的或失效的客户端不得干预快速的客户端请求，这就使得每个客户端都能有效地等待。

5. 原子性

对 ZooKeeper 的更新操作要么成功，要么失败，没有中间状态。

6. 顺序性

顺序性包括全局有序和偏序两种。全局有序是针对服务器端，例如，在一台服务器上，消息 A 在消息 B 前发布，那么所有服务器上的消息 A 都将在消息 B 前被发布。偏序是针对客户端，例如，在同一个客户端中，消息 B 在消息 A 后发布，那么执行的顺序必将是先执行消息 A，然后是消息 B。所有的更新操作都有严格的偏序关系，更新操作都是串行执行的，这一点是保证 ZooKeeper 功能正确性的关键。

5.1.3 ZooKeeper 的基本架构

ZooKeeper 服务自身组成一个集群（2n+1 个服务节点最多允许 n 个失效）。ZooKeeper 服务有两个角色：一个是主节点（Leader），负责投票的发起和决议、更新系统状态；另一个是从节点（Follower），用于接收客户端请求并向客户端返回结果，在选主过程（即选择主节点的过程）中参与投票。主节点失效后，会在从节点中重新选举新的主节点。ZooKeeper 系统架构如图 5-1 所示。

接下来对 ZooKeeper 系统架构进行简单的解释说明。

客户端（Client）可以选择连接到 ZooKeeper 集群中的任何服务端（Server），而且每个服务端的数据完全相同。每个从节点都需要与主节点进行通信，并同步主节点上更新的数据。

对于 ZooKeeper 集群来说，只要超过一半数量的服务端可用，那么 ZooKeeper 整体服务就可用。

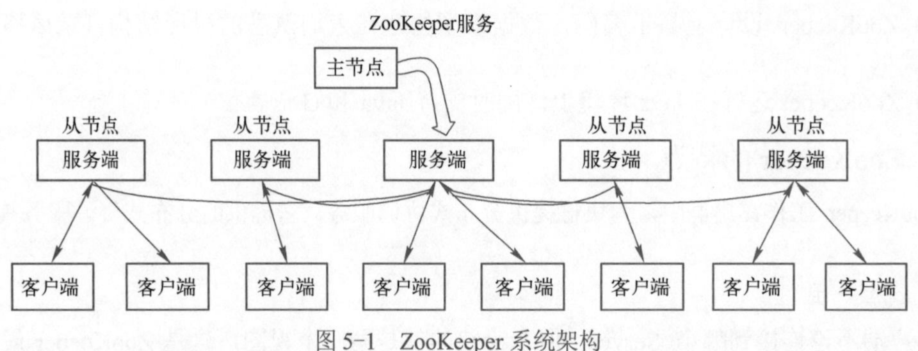

图 5-1　ZooKeeper 系统架构

5.1.4　ZooKeeper 的工作原理

ZooKeeper 的核心就是原子广播，原子广播就是对 ZooKeeper 集群上所有主机发送数据包，通过这个机制保证了各个服务端之间的数据同步。实现这个机制在 ZooKeeper 中有一个内部协议，这个协议有两种模式，一种是恢复模式，另一种是广播模式。

当服务刚启动或主节点崩溃后，这个协议就进入了恢复模式；当主节点再次被选举出来，且大多数服务端完成了和主节点的状态同步以后，恢复模式就结束了，状态同步保证了主节点和服务端具有相同的系统状态。一旦主节点已经和多数的从节点（也就是服务端）进行了状态同步后，它就可以开始广播消息，即进入广播模式。

在广播模式下，服务端会接收客户端请求，所有的写请求都被转发给主节点，再由主节点将广播发送给从节点。当半数以上的从节点完成数据写请求之后，主节点才会提交这个更新，然后客户端才会收到一个更新成功的响应。

5.1.5　ZooKeeper 的数据模型

ZooKeeper 维护着一个树形层次结构，树中的节点被称为 znode。znode 可以用于存储数据，并且有一个与之相关联的访问控制列表（Access Control List，ACL，用于控制资源的访问权限）。ZooKeeper 被设计用来实现协调服务（通常存储小数据文件），而不是用于存储大容量数据，因此一个 znode 能存储的数据被限制在 1MB 以内。znode 的树形层次结构如图 5-2 所示。从图 5-2 可以看到，ZooKeeper 根节点包含两个子节点：/app1 和/app2。/app1 节点下面又包含 3 个子节点，分别为/app1/p_1、/app1/p_2 和/app1/p_3。/app2 节点也可以包含多个子节点，以此类推，这些节点和子节点形成了树形层次结构。

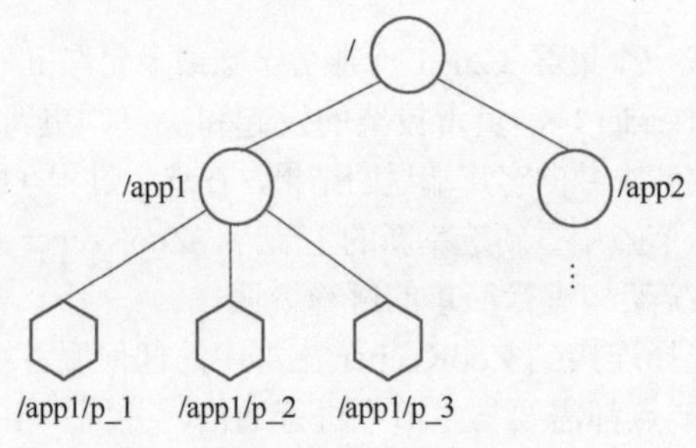

图 5-2　znode 的树形层次结构

ZooKeeper 的数据访问具有原子性。客户端在读取一个 znode 的数据时，要么读到所有数据，要么读操作失败，不会存在只读到部分数据的情况。同样，写操作将替换 znode 存储的所有数据，ZooKeeper 会保证写操作不成功就失败，不会出现部分写成功的情况，也就是不会出现只保存客户端写部分数据的情况。

znode 是客户端访问 ZooKeeper 的主要实体，它的主要特征如下。

1．临时节点

znode 节点有两种：临时节点和持久节点。znode 的类型在创建时就已经确定，之后不能修改。当创建临时节点的客户端会话结束时，ZooKeeper 会将该临时节点删除。而持久节点不依赖于客户端会话，只有当客户端明确要删除该持久节点时才会被真正删除。临时节点不可以有子节点，即使是短暂的子节点。

2．顺序节点

顺序节点是指名称中包含 ZooKeeper 指定顺序号的 znode。如果在创建 znode 时设置了顺序标识，那么该 znode 名称之后就会附加一个值，这个值是由一个单调递增的计数器所添加的，由父节点维护。

举个例子，如果一个客户端请求创建一个名为/lock/h-的顺序 znode，那么所创建 znode 的名称可能是/lock/h-1。如果另一个名为/lock/h-的顺序 znode 被创建，计数器会给出一个更大的值来保证 znode 名称的唯一性，znode 名称可能为/lock/h-2。

在一个分布式系统中，顺序号可以被用于对所有的事件进行全局排序，这样客户端就可以通过顺序号来推断事件的顺序。

3．观察机制

znode 以某种方式发生变化时，观察（Watcher）机制（观察机制是指一个 Watcher 事件是一个一次性的触发器，当被设置了 Watcher 的 znode 发生改变时，服务端将这个改变发送给设置了 Watcher 的客户端，以便通知它们）可以让客户端得到通知。可以针对 ZooKeeper 服务的操作来设置观察，该服务的其他操作可以触发观察。例如，客户端可以对一个 znode 调用 exists 操作，同时在它上面设定一个观察。如果这个 znode 不存在，则客户端所调用的 exists 操作将会返回 false。如果另一个客户端创建了这个 znode，那么这个观察会被触发，这时就会通知前一个客户端该 znode 被创建。

在 ZooKeeper 中，引入了观察机制来实现分布式的通知功能。ZooKeeper 允许客户端向服务端注册一个 Watcher 监视器，当服务端的一些特定事件触发了这个 Watcher 监视器之后，就会向指定客户端发送一个异步事件通知来实现分布式的通知功能。这种机制被称为注册与异步通知机制。

5.2　ZooKeeper 集群安装前的准备工作

5.2　节点集群环境准备

由于 ZooKeeper 集群的最小规模为 3 个节点，所以需要提前准备好 3 台服务器，分别为 hadoop1、hadoop2、hadoop3（hadoop2 和 hadoop3 参照 hadoop1 完成相应的系统配置）。ZooKeeper 是由 Java 编写的，运行在 JVM 之上，所以 ZooKeeper 集群各个节点需要提前安装 JDK 运行环境。另外，在 ZooKeeper 集群安装部署前，还有很多环境准备工作，如时钟同步、集群 SSH 免密登录等。

5.2.1 配置 Hosts 文件

5.2.1 配置 Hosts 文件

为方便集群节点之间通过 hostname 相互通信，可以在 Hosts 文件中分别为每个节点配置 hostname 与 IP 之间的映射关系，这里以 hadoop1 节点为例，具体操作如图 5-3 所示。

```
[root@hadoop1 ~]# vi /etc/hosts

127.0.0.1   localhost localhost.localdomain localhost4 localhost4.localdomain4
::1         localhost localhost.localdomain localhost6 localhost6.localdomain6
192.168.0.111 hadoop1
192.168.0.112 hadoop2
192.168.0.113 hadoop3
```

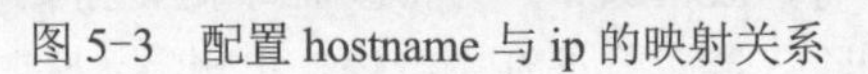
图 5-3 配置 hostname 与 ip 的映射关系

保存 Hosts 文件，然后需要重启网络服务才能使配置文件生效，具体操作命令如下。

```
[root@hadoop1 ~]# service network restart
```

注意：hadoop2 和 hadoop3 节点上重复上面的操作即可。

5.2.2 时钟同步

5.2.2 时钟同步

Hadoop 集群对节点的时间同步要求比较高，要求各个节点的系统时间不能相差太多，否则会造成很多问题，例如，最常见的连接超时问题。所以需要集群节点的系统时间与互联网的时间保持同步。但是在实际生产环境中，集群中大部分节点是不能连接外网的，这时可以在内网搭建一个自己的时钟服务器（如 NTP 服务器），然后让 Hadoop 集群的各个节点与这个时钟服务器的时间保持同步。

可以选择 hadoop1 节点作为时钟服务器。

1. 查看时间类型

在 hadoop1 节点上输入 date 命令，可以查看到当前系统时间，具体操作命令如下。

```
[root@hadoop1 ~]# date
Sun Jun 28 23:32:08 EST 2021
```

从结果可以看出，系统时间为 EST（EST 表示东部标准时间，即纽约时间），我们处在中国，所以可以把时间改为 CST（CST 表示中国标准时间，即上海时间）。

2. 修改时间类型

使用上海时间来覆盖当前的系统默认时间，具体操作命令如下。

```
[root@hadoop1 ~]# cp  /usr/share/zoneinfo/Asia/Shanghai  /etc/localtime
```

注意：上述操作在集群各个节点都要执行，用以保证当前系统时间为上海时间。

3. 配置 NTP 服务器

选择 hadoop1 节点来配置 NTP 服务器，集群其他节点定时同步 hadoop1 节点时间即可。

（1）检查 NTP 服务是否已经安装

输入 rpm -qa | grep ntp 命令查看 NTP 服务是否安装，操作结果如下。

```
[root@hadoop1 ~]# rpm -qa | grep ntp
ntp-4.2.6p5-12.el6.centos.2.x86_64
ntpdate-4.2.6p5-12.el6.centos.2.x86_64
```

如果 NTP 服务已经安装，可以直接进行下一步，否则输入 yum install -y ntp 命令可以在线安装 NTP 服务。实际上就是安装两个软件，ntpdate-4.2.6p5-12.el6.centos.2.x86_64 是用来和某台服务器进行同步的，ntp-4.2.6p5-12.el6.centos.2.x86_64 是用来提供时间同步服务的。

（2）修改配置文件 ntp.conf

修改 NTP 服务配置，具体操作命令如下。

```
[root@hadoop1 ~]# vi /etc/ntp.conf
#启用 restrict 限定该机器网段，192.168.0.111 为当前节点的 IP 地址
restrict 192.168.0.111 mask 255.255.255.0 nomodify notrap
#注释掉 server 域名配置
#server 0.centos.pool.ntp.org iburst
#server 1.centos.pool.ntp.org iburst
#server 2.centos.pool.ntp.org iburst
#server 3.centos.pool.ntp.org iburst
#添加如下两行配置，让本机和本地硬件时间同步
server 127.127.1.0
fudge 127.127.1.0 stratum 10
```

（3）启动 NTP 服务

执行 chkconfig ntpd on 命令，可以保证每次机器启动时，NTP 服务都会自动启动，具体操作命令如下。

```
[root@hadoop1 ~]# chkconfig ntpd on
```

（4）配置其他节点定时同步时间

hadoop2 和 hadoop3 节点通过 Linux crontab 命令可以定时同步 hadoop1 节点的系统时间，具体操作命令如下。

```
[root@hadoop2 ~]# crontab -e
#表示每 10min 进行一次时钟同步
0-59/10 * * * * /usr/sbin/ntpdate hadoop1
[root@hadoop3 ~]# crontab -e
#表示每 10min 进行一次时钟同步
0-59/10 * * * * /usr/sbin/ntpdate hadoop1
```

注意：hadoop2 和 hadoop3 节点也需要使用 yum install -y ntp 命令安装 NTP 服务，之后才能使用 ntpdate 时间同步命令。

5.2.3 集群 SSH 免密登录

5.2.3　集群 SSH 免密登录

前面已经对各个节点都实现了 SSH 免密登录，但为了实现集群节点之间 SSH 免密登录，还需要将 hadoop2 和 hadoop3 的公钥 id_rsa.pub 复制到 hadoop1 中的 authorized_keys 文件中，具体操作命令如下。

```
[hadoop@hadoop2 ~]$cat ~/.ssh/id_rsa.pub | ssh hadoop@hadoop1 'cat >> ~/.ssh/authorized_keys'
[hadoop@hadoop3 ~]$cat ~/.ssh/id_rsa.pub | ssh hadoop@hadoop1 'cat >> ~/.ssh/authorized_keys'
```

然后将 hadoop1 中的 authorized_keys 文件分发到 hadoop2 和 hadoop3 节点，具体操作命令如下。

```
[hadoop@hadoop1 .ssh]$scp -r authorized_keys hadoop@hadoop2:~/.ssh/
[hadoop@hadoop1 .ssh]$scp -r authorized_keys hadoop@hadoop3:~/.ssh/
```

这样 hadoop1 节点就可以免密登录 hadoop2 和 hadoop3 节点，具体操作命令如图 5-4、图 5-5 所示。

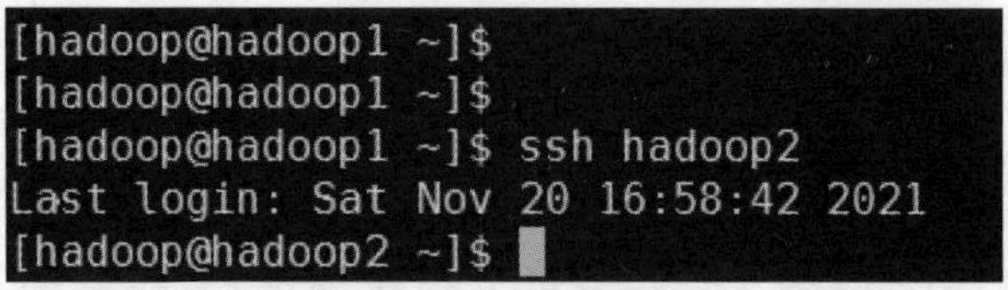

```
[hadoop@hadoop1 ~]$
[hadoop@hadoop1 ~]$
[hadoop@hadoop1 ~]$ ssh hadoop2
Last login: Sat Nov 20 16:58:42 2021
[hadoop@hadoop2 ~]$
```

图 5-4　hadoop1 节点免密登录 hadoop2 节点

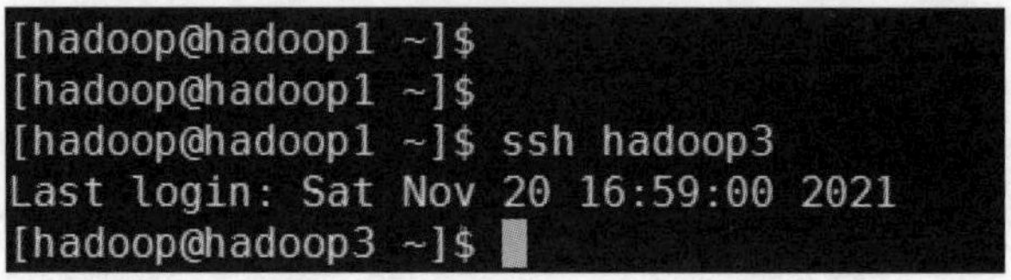

```
[hadoop@hadoop1 ~]$
[hadoop@hadoop1 ~]$
[hadoop@hadoop1 ~]$ ssh hadoop3
Last login: Sat Nov 20 16:59:00 2021
[hadoop@hadoop3 ~]$
```

图 5-5　hadoop1 节点免密登录 hadoop3 节点

5.2.4　JDK 安装

首先以 hadoop1 节点为例，安装配置 JDK 环境。

1．下载 JDK

可以到官网（下载地址为 https://www.oracle.com/java/technologies/javase/javase8u211-later-archive-downloads.html）下载对应版本的安装包 jdk-8u51-linux-x64.tar.gz，并上传至 hadoop1 节点的/home/hadoop/app 目录下。

2．解压 JDK

使用 tar 命令对 JDK 安装包进行解压，具体操作命令如下。

```
[hadoop@hadoop1 app]$ tar  -zxvf  jdk-8u51-linux-x64.tar.gz
```

为了方便 JDK 多版本切换，使用如下命令创建 JDK 软连接。

```
[hadoop@hadoop1 app]$ ln  -s   jdk1.8.0_51  jdk
```

3．配置 JDK 环境变量

在 hadoop 用户下，打开.bashrc 配置文件，添加 JDK 环境变量，具体操作命令如下。

```
[hadoop@hadoop1 app]$vi ~/.bashrc
JAVA_HOME=/home/hadoop/app/jdk
CLASSPATH=.:$JAVA_HOME/lib/dt.jar:$JAVA_HOME/lib/tools.jar
PATH=$JAVA_HOME/bin:$PATH
export JAVA_HOME CLASSPATH PATH
```

保存.bashrc 文件之后，还需要使用 source 命令操作.bashrc 文件，才能使 JDK 环境变量生效，具体操作命令如下。

```
[hadoop@hadoop1 app]$ source ~/.bashrc
[hadoop@hadoop1 ~]$ echo $JAVA_HOME
/home/hadoop/app/jdk
```

4. 检查 JDK 是否安装成功

在 hadoop 用户下，使用 java 命令查看 JDK 版本号，具体操作命令如下。

```
[hadoop@hadoop1 ~]$ java -version
```

如果打印的信息能查看到 JDK 版本号，说明 JDK 安装成功。

5. 配置其他节点 JDK 环境

hadoop2 和 hadoop3 节点重复第 1～4 步操作，即可完成整个集群的 JDK 安装。

5.3 ZooKeeper 集群的安装部署

5.3 ZooKeeper 集群的安装部署

ZooKeeper 是一个分布式应用程序协调服务，大多数的分布式应用都需要 ZooKeeper 的支持。ZooKeeper 安装部署主要有两种模式：一种是单节点模式，另一种是分布式集群模式。因为在生产环境中使用的都是分布式集群，所以本节直接介绍 ZooKeeper 分布式集群部署模式。

5.3.1 下载并解压 ZooKeeper

到官网（地址为 http://archive.apache.org/dist/zookeeper/）下载 ZooKeeper 稳定版本的安装包 zookeeper-3.4.6.tar.gz，然后上传至 hadoop1 节点的/home/hadoop/app 目录下并解压，具体操作命令如下。

```
#解压 ZooKeeper
[hadoop@hadoop1 app]$ tar -zxvf zookeeper-3.4.6.tar.gz
#创建 ZooKeeper 软连接
[hadoop@hadoop1 app]$ ln -s zookeeper-3.4.6 zookeeper
```

5.3.2 修改 zoo.cfg 配置文件

在运行 ZooKeeper 服务之前，需要新建一个配置文件。这个配置文件习惯上命名为 zoo.cfg，并保存在 conf 子目录中，其核心内容如下。

```
[hadoop@hadoop1 app]$ cd zookeeper
[hadoop@hadoop1 zookeeper]$ cd conf/
[hadoop@hadoop1 conf]$ ls
configuration.xsl  log4j.properties  zoo.cfg  zoo_sample.cfg
[hadoop@hadoop1 conf]$ vi zoo.cfg
#数据目录需要提前创建
dataDir=/home/hadoop/data/zookeeper/zkdata
#日志目录需要提前创建
dataLogDir=/home/hadoop/data/zookeeper/zkdatalog
#访问端口号
clientPort=2181
#server.每个节点服务编号=服务器 IP 地址:集群通信端口:选举端口
server.1=hadoop1:2888:3888
server.2=hadoop2:2888:3888
server.3=hadoop3:2888:3888
```

5.3.3 同步 ZooKeeper 安装目录

使用 scp 命令将 hadoop1 节点的 ZooKeeper 安装目录整体同步到集群的 hadoop2 和 hadoop3 节点，具体操作命令如下。

```
[hadoop@hadoop1 app]$scp -r zookeeper-3.4.6  hadoop@hadoop2:/home/hadoop/app/
[hadoop@hadoop1 app]$scp -r zookeeper-3.4.6  hadoop@hadoop3:/home/hadoop/app/
```

然后分别在 hadoop2 和 hadoop3 节点上创建 ZooKeeper 软连接，具体操作命令如下。

```
[hadoop@hadoop2 app]$ln -s zookeeper-3.4.6 zookeeper
[hadoop@hadoop3 app]$ ln -s zookeeper-3.4.6 zookeeper
```

5.3.4 创建数据和日志目录

在集群各个节点创建 ZooKeeper 数据目录和日志目录，需要跟 zoo.cfg 配置文件保持一致，具体操作命令如下。

```
#创建 ZooKeeper 数据目录
[hadoop@hadoop1 app]$mkdir -p /home/hadoop/data/zookeeper/zkdata
[hadoop@hadoop2 app]$mkdir -p /home/hadoop/data/zookeeper/zkdata
[hadoop@hadoop3 app]$mkdir -p /home/hadoop/data/zookeeper/zkdata
#创建 ZooKeeper 日志目录
[hadoop@hadoop1 app] mkdir -p /home/hadoop/data/zookeeper/zkdatalog
[hadoop@hadoop2 app] mkdir -p /home/hadoop/data/zookeeper/zkdatalog
[hadoop@hadoop3 app] mkdir -p /home/hadoop/data/zookeeper/zkdatalog
```

5.3.5 创建各节点服务编号

分别在 ZooKeeper 集群各个节点的/home/hadoop/data/zookeeper/zkdata 目录下创建文件 myid，然后分别输入服务编号，具体操作命令如下。

```
#hadoop1 节点
[hadoop@hadoop1 zkdata]$ touch myid
[hadoop@hadoop1 zkdata]$ echo 1> myid
#hadoop2 节点
[hadoop@hadoop2 zkdata]$ touch myid
[hadoop@hadoop2 zkdata]$ echo 2> myid
#hadoop3 节点
[hadoop@hadoop3 zkdata]$ touch myid
[hadoop@hadoop3 zkdata]$ echo 3> myid
```

注意：每个节点服务编号的值是一个整型数字且不能重复。

5.3.6 启动 ZooKeeper 集群服务

在集群各个节点分别进入 ZooKeeper 安装目录，然后使用以下命令启动 ZooKeeper 服务。

```
[hadoop@hadoop1 zookeeper]$ bin/zkServer.sh start
[hadoop@hadoop2 zookeeper]$ bin/zkServer.sh start
[hadoop@hadoop3 zookeeper]$ bin/zkServer.sh start
```

ZooKeeper 集群启动一段时间之后，通过如下命令查看 ZooKeeper 集群的状态。

```
[hadoop@hadoop1 zookeeper]$ bin/zkServer.sh status
[hadoop@hadoop2 zookeeper]$ bin/zkServer.sh status
```

```
[hadoop@hadoop3 zookeeper]$ bin/zkServer.sh status
```

如果在 ZooKeeper 集群中，其中一个节点为 Leader（领导者），另外两个节点是 Follower（跟随者），说明 ZooKeeper 集群安装部署成功。

5.4　ZooKeeper Shell 操作

5.4　ZooKeeper Shell 操作

ZooKeeper 集群启动成功之后，在集群中的任何一个节点都可以访问 ZooKeeper 服务，具体操作命令如下。

```
[hadoop@hadoop1 zookeeper]$ bin/zkCli.sh  -server localhost:2181
```

ZooKeeper 服务连接成功之后，输入 help 命令可以查看 ZooKeeper 所有 Shell 基本操作，具体操作命令如下。

```
[zk: localhost:2181(CONNECTED) 1] help
```

接下来详细介绍 ZooKeeper Shell 常见的基本命令。

1．查看 znode 根目录结构

使用 ls 命令查看 ZooKeeper 根节点 znode 结构，具体操作命令如下。

```
[zk: localhost:2181(CONNECTED) 1] ls  /
```

2．创建 znode 节点

使用 create 命令创建 znode 节点/test，具体操作命令如下。

```
[zk: localhost:2181(CONNECTED) 2] create /test helloworld
```

3．查看 znode 节点

使用 get 命令查看/test znode 的节点内容，具体操作命令如下。

```
[zk: localhost:2181(CONNECTED) 3] get /test
```

4．修改 znode 节点

使用 set 命令修改 /test znode 节点内容，具体操作命令如下。

```
[zk: localhost:2181(CONNECTED) 4] set /test zookeeper
[zk: localhost:2181(CONNECTED) 5] get /test
```

5．删除 znode 节点

使用 delete 命令删除 /test znode 节点，具体操作命令如下。

```
[zk: localhost:2181(CONNECTED) 6] delete /test
```

在使用 delete 命令删除/test 节点之后，/test 节点从 ZooKeeper 目录树中消失。

5.5　案例实践：ZooKeeper 分布式爬虫监控

5.5.1　项目需求

5.5　项目需求和实现思路

公司需要采集一个网上书店的数据，为了提高爬虫效率，现在利用集群多节点并行爬取数据。由于使用集群多节点并行爬虫难免会出现某些爬虫应用异常的状况，为了及时掌握集群节点爬虫应用是否正常运行，现在要求对集群的各爬虫应用进行监控。

5.5.2 实现思路

为了实现对集群各节点爬虫应用的监控，可以利用 ZooKeeper 的监听机制来实现。首先通过 Java 开发一个监视器来监听 ZooKeeper 的/spider 持久节点，然后通过 Java 实现网上书店的爬虫应用，该应用会获取本地 IP 地址作为临时节点注册到 ZooKeeper 的/spider 节点，在集群各节点爬虫应用上线或下线时都会触发监视器，从而精确掌握各爬虫应用的健康状况。

5.5.3 具体实现流程

1. 业务代码实现

打开 IDEA 开发工具，依旧在 bigdata 项目中开发 Java 爬虫和监控应用。

（1）引入项目依赖

由于爬虫项目需要解析页面数据，同时需要通过客户端连接 ZooKeeper，所以需要在项目的 pom.xml 文件中添加如下依赖内容。

```
<dependency>
  <groupId>org.apache.curator</groupId>
  <artifactId>curator-framework</artifactId>
  <version>5.1.0</version>
</dependency>
<dependency>
  <groupId>org.jsoup</groupId>
  <artifactId>jsoup</artifactId>
  <version>1.7.2</version>
</dependency>
<dependency>
  <groupId>org.apache.httpcomponents</groupId>
  <artifactId>httpclient</artifactId>
  <version>4.4</version>
</dependency>
<dependency>
  <groupId>org.apache.commons</groupId>
  <artifactId>commons-lang3</artifactId>
  <version>3.3.1</version>
</dependency>
```

（2）开发爬虫应用监控代码

5.5.3 具体实现流程

对爬虫应用监控的本质就是监听 ZooKeeper 中 znode 节点下临时节点的变化。为了实现对 znode 节点的监听，需要利用 curator 框架实现 Watcher 接口并重写 process()方法，其核心代码如下。

```
public class SpiderWatcher implements Watcher {
    CuratorFramework client;
   //临时节点旧列表
   List<String> oldlist = new ArrayList<>();
   public SpiderWatcher(){
         //重试策略
```

```
        RetryPolicy retry = new ExponentialBackoffRetry(1000,3);
        //获取 client
        client = CuratorFrameworkFactory.builder()
                .connectString(ZKUtil.ZOOKEEPER_HOSTS)
                .connectionTimeoutMs(10000)
                .sessionTimeoutMs(10000)
                .retryPolicy(retry)
                .build();
        //建立连接
        client.start();
        try {
            oldlist = client.getChildren().usingWatcher(this).forPath(ZKUtil.PATH);
         } catch (Exception e) {
            e.printStackTrace();
    } }
    @Override
    public void process(WatchedEvent watchedEvent) {
        if(watchedEvent.getType()==Event.EventType.NodeChildrenChanged){
            try {
                displayChildren();
            } catch (Exception e) {
                e.printStackTrace();
    } } }
    public void displayChildren() throws Exception {
      //临时节点新列表
        List<String>  currentList  =  client.getChildren().usingWatcher(this).forPath
(ZKUtil.PATH);
        for(String child:currentList){
            if(!oldlist.contains(child)){
                System.out.println("爬虫应用:"+child+",刚刚上线");
            }
        }
        for (String child:oldlist){
            if(!currentList.contains(child)){
                System.out.println("爬虫应用:"+child+",刚刚下线");
            }
        }
        this.oldlist=currentList;
}}
```

（3）开发爬虫应用核心代码

首先通过 httpclient 客户端实现数据爬虫应用，然后利用 curator 框架将爬虫应用的当前 IP 地址作为临时节点注册到 ZooKeeper，其核心代码如下。

```
public class StartSpider {
private IDownLoadService downLoadSerivce ;
private IProcessService processService;
private IRepositoryService repositoryService;
//通过构造方法，向 ZooKeeper 注册爬虫临时节点
public StartSpider(){
```

```
    RetryPolicy retry = new ExponentialBackoffRetry(1000,3);
    //获取 client
    CuratorFramework client = CuratorFrameworkFactory.builder()
            .connectString(ZKUtil.ZOOKEEPER_HOSTS)
            .connectionTimeoutMs(10000)
            .sessionTimeoutMs(10000)
            .retryPolicy(retry)
            .build();
    //建立连接
    client.start();
    try {
       InetAddress localHost = InetAddress.getLocalHost();
       String ip = localHost.getHostAddress();
       client.create().creatingParentContainersIfNeeded().withMode(CreateMode.EPHEMERAL)
       .withACL(ZooDefs.Ids.OPEN_ACL_UNSAFE).forPath(ZKUtil.PATH+"/"+ip);
    } catch (Exception e) {
       e.printStackTrace();
}}
//爬虫应用执行入口
public static void main(String[] args) {
    StartSpider ss = new StartSpider();
    ss.setDownLoadSerivce(new HttpClientDownLoadService());
    ss.setRepositoryService(new QueueRepositoryService());
    ss.setProcessService(new ProcessServiceImpl());
    //网站地址
    String url ="http://www.lrts.me/book/category/3058";
    ss.repositoryService.addHighLevel(url);
    //开启爬虫
    ss.startSpider();
}
//爬虫应用实现主逻辑
public void startSpider(){
    while(true){
       //提取网站 URL
       final String url = repositoryService.poll();
       //判断 URL 是否为空
       if(StringUtils.isNotBlank(url)){
       //下载页面数据
       Page page = StartSpider.this.downloadPage(url);
       //解析页面数据
       StartSpider.this.processPage(page);
       ThreadUtil.sleep((long) (Math.random() * 5000));
       }else{
          System.out.println("队列中的 URL 解析完毕，请等待！");
          ThreadUtil.sleep((long) (Math.random() * 5000));
       }}}}
```

2．项目编译打包

在 IDEA 开发工具的 Terminal 控制台中，输入 mvn clean package 命令对项目进行打包。打包成功之后，在项目的 target 目录下找到编译好的 bigdata-1.0-SNAPSHOT.jar 包，然后将其上传至集群各个节点的/home/hadoop/shell/lib 目录下，如果该目录不存在则需要提前手动创建好。

3. 启动 ZooKeeper 集群

在集群所有节点分别启动 ZooKeeper 服务，具体操作命令如下。

```
[hadoop@hadoop1 zookeeper]$ bin/zkServer.sh start
[hadoop@hadoop2 zookeeper]$ bin/zkServer.sh start
[hadoop@hadoop3 zookeeper]$ bin/zkServer.sh start
```

然后在 hadoop1 节点，使用 bin/zkCli.sh 命令进入 ZooKeeper 客户端，创建名为/spider 的 znode 持久节点，具体操作如图 5-6 所示。

```
 localhost/127.0.0.1:2181, session id = 0x1000081c928

WATCHER::

WatchedEvent state:SyncConnected type:None path:null
[zk: localhost:2181(CONNECTED) 0] create /spider
Created /spider
[zk: localhost:2181(CONNECTED) 1]
```

图 5-6　创建名为/spider 的 znode 持久节点

4. 启动爬虫监控应用

在 hadoop1 节点中，使用 java 命令启动爬虫监控应用，具体操作如图 5-7 所示。

```
[hadoop@hadoop1 lib]$ java -cp bigdata-1.0-SNAPSHOT.jar com.bigdata.zookeeper.watcher.SpiderWatcher
SLF4J: Failed to load class "org.slf4j.impl.StaticLoggerBinder".
SLF4J: Defaulting to no-operation (NOP) logger implementation
SLF4J: See http://www.slf4j.org/codes.html#StaticLoggerBinder for further details.
SLF4J: Failed to load class "org.slf4j.impl.StaticMDCBinder".
SLF4J: Defaulting to no-operation MDCAdapter implementation.
SLF4J: See http://www.slf4j.org/codes.html#no_static_mdc_binder for further details.
```

图 5-7　使用 java 命令启动爬虫监控应用

5. 启动爬虫应用

分别在 hadoop1、hadoop2 和 hadoop3 节点中，使用 java 命令启动爬虫应用，具体操作如图 5-8 所示。

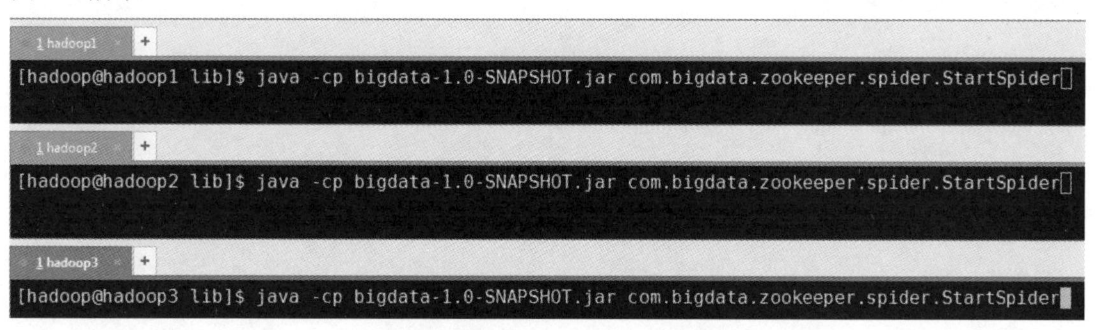

图 5-8　使用 java 命令启动爬虫应用

6．查看监控效果

当集群各节点启动爬虫应用之后，爬虫应用会将本地节点 IP 地址作为临时节点注册到 ZooKeeper 集群的/spider 持久节点下，由于/spider 的子节点发生了变化，此时会触发执行爬虫监控应用，打印提示爬虫应用上线信息，如图 5-9 所示。

```
[hadoop@hadoop1 lib]$ java -cp bigdata-1.0-SNAPSHOT.jar com.bigdata.zookeeper.watcher.SpiderWatcher
SLF4J: Failed to load class "org.slf4j.impl.StaticLoggerBinder".
SLF4J: Defaulting to no-operation (NOP) logger implementation
SLF4J: See http://www.slf4j.org/codes.html#StaticLoggerBinder for further details.
SLF4J: Failed to load class "org.slf4j.impl.StaticMDCBinder".
SLF4J: Defaulting to no-operation MDCAdapter implementation.
SLF4J: See http://www.slf4j.org/codes.html#no_static_mdc_binder for further details.
爬虫应用:192.168.0.111,刚刚上线
爬虫应用:192.168.0.112,刚刚上线
爬虫应用:192.168.0.113,刚刚上线
```

图 5-9　打印爬虫应用上线信息

若某个节点的爬虫应用下线，同样会触发执行爬虫监控应用，打印提示爬虫应用下线信息。在生产环境中，可以通过邮件的方式将应用上下线信息发送给运维人员。

5.6　本章小结

本章首先从整体上介绍了 ZooKeeper 的定义、特点、基本架构、工作原理、数据模型，然后详细介绍了 ZooKeeper 分布式集群搭建与 Shell 使用，最后利用 ZooKeeper 实现了分布式爬虫监控，使读者可以快速掌握 ZooKeeper 的企业应用。

5.7　习题

1．ZooKeeper 的应用场景有哪些？
2．简述 ZooKeeper 监听机制。
3．ZooKeeper 包含哪些特性？
4．ZooKeeper 有几种部署方式？
5．简述 ZooKeeper 的工作原理。

第 6 章 Hadoop 分布式集群搭建与管理

学习目标

- 学会对大数据集群进行部署规划。
- 熟练掌握 Hadoop 分布式集群搭建。
- 熟练使用 Hadoop 集群运维管理命令。

Hadoop 作为通用的大数据基础平台，利用 HDFS 集群存储海量数据，利用 YARN 集群进行资源调度管理，所以搭建 Hadoop 集群其实就是分别搭建 HDFS 分布式集群和 YARN 分布式集群。搭建 Hadoop 分布式集群环境对初学者有一定难度，本章将详细介绍 Hadoop 分布式集群的搭建步骤。

6.1 集群规划

6.1 集群规划

在搭建 Hadoop 分布式集群之前，还需要提前做一些准备规划工作，包含主机规划、软件规划、用户规划和目录规划。

6.1.1 主机规划

由于资源有限，这里仍然以 ZooKeeper 集群的 3 台主机来安装 Hadoop 集群，每台主机运行的守护进程具体规划见表 6-1。

表 6-1 主机规划

守护进程	hadoop1/192.168.0.111	hadoop2/192.168.0.112	hadoop3/192.168.0.113
NameNode	是	是	
DataNode	是	是	是
ResourceManager	是	是	
NodeManager	是	是	是
JournalNode	是	是	是
ZooKeeper	是	是	是

6.1.2 软件规划

考虑到各个软件版本之间的兼容性，软件规划具体见表 6-2。

表 6-2 软件规划

软　件	版　本
JDK	JDK 1.8
CentOS	CentOS 7
ZooKeeper	Apache ZooKeeper 3.4.6
Hadoop	Apache Hadoop 2.9.2

6.1.3 用户规划

为了保持 Hadoop 集群环境的独立性，分别在每个节点上单独新建 Hadoop 用户和用户组，每个节点的用户规划见表 6-3。

表 6-3 用户规划

节点名称	用户组	用　户
hadoop1	hadoop	hadoop
hadoop2	hadoop	hadoop
hadoop3	hadoop	hadoop

6.1.4 目录规划

为了方便 Hadoop 集群各个节点的管理，需要在 hadoop 用户下提前创建好相关目录，具体目录规划见表 6-4。

表 6-4 目录规划

名　称	路　径
所有软件目录	/home/hadoop/app/
所有数据和日志目录	/home/hadoop/data/

6.2 HDFS 分布式集群搭建

Hadoop 集群由 HDFS 和 YARN 两部分组成，这里首先搭建 HDFS 分布式集群。

6.2.1 HDFS 集群配置

6.2.1 HDFS 集群配置

1. 下载解压 Hadoop

首先到官网（地址为 https://archive.apache.org/dist/hadoop/common/）下载 Hadoop 稳定版本的安装包，然后上传至 hadoop1 节点的/home/hadoop/app 目录下并解压，具体操作命令如下。

```
[hadoop@hadoop1 app]$ tar  -zxvf  hadoop-2.9.2.tar.gz                  //解压
[hadoop@hadoop1 app]$ ln  -s  hadoop-2.9.2  hadoop                    //创建软连接
[hadoop@hadoop1 app]$ cd  /home/hadoop/app/hadoop/etc/hadoop/         //切换到配置目录
```

2. 修改 HDFS 配置文件

（1）修改 hadoop-env.sh 配置文件

hadoop-env.sh 文件主要配置与 Hadoop 环境相关的变量，这里主要修改 JAVA_HOME 的安装目录，具体操作命令如下。

```
[hadoop@hadoop1 hadoop]$ vi hadoop-env.sh
export JAVA_HOME=/home/hadoop/app/jdk
```

（2）修改 core-site.xml 配置文件

core-site.xml 文件主要配置 Hadoop 的公有属性，需要配置的每个属性具体如下。

```
[hadoop@hadoop1 hadoop]$ vi core-site.xml
<configuration>
    <property>
        <name>fs.defaultFS</name>
        <value>hdfs://mycluster</value>
    </property>
    < !--这里的值指的是默认的 HDFS 路径，取名为 mycluster-->
    <property>
        <name>hadoop.tmp.dir</name>
        <value>/home/hadoop/data/tmp</value>
    </property>
    < !--Hadoop 的临时目录，目录需要自己创建-->
    <property>
        <name>ha.zookeeper.quorum</name>
        <value>hadoop1:2181,hadoop2:2181,hadoop3:2181</value>
    </property>
    < !--配置 ZooKeeper 管理 HDFS-->
</configuration>
```

（3）修改 hdfs-site.xml 配置文件

hdfs-site.xml 文件主要配置与 HDFS 相关的属性，需要配置的每个属性具体如下。

```
[hadoop@hadoop1 hadoop]$ vi hdfs-site.xml
<configuration>
  <property>
      <name>dfs.replication</name>
      <value>3</value>
  </property>
  < !--数据块副本数为 3-->
  <property>
      <name>dfs.permissions</name>
      <value>false</value>
  </property>
  <property>
      <name>dfs.permissions.enabled</name>
      <value>false</value>
  </property>
  < !--权限默认配置为 false-->
  <property>
      <name>dfs.nameservices</name>
      <value>mycluster</value>
  </property>
  < !--命名空间，与 fs.defaultFS 的值对应，mycluster 是 HDFS 对外提供的统一入口-->
  <property>
```

```
        <name>dfs.ha.namenodes.mycluster</name>
        <value>nn1,nn2</value>
    </property>
    < !--指定 mycluster 下的 NameNode 名称，为逻辑名称，名字不重复即可-->
    < hadoop1 HTTP 地址>
    <property>
        <name>dfs.namenode.rpc-address.mycluster.nn1</name>
        <value>hadoop1:9000</value>
    </property>
    < !--hadoop1 RPC 地址-->
    <property>
        <name>dfs.namenode.http-address.mycluster.nn1</name>
        <value>hadoop1:50070</value>
    </property>
    < !--hadoop2 HTTP 地址-->
    <property>
        <name>dfs.namenode.rpc-address.mycluster.nn2</name>
        <value>hadoop2:9000</value>
    </property>
    < !--hadoop2 RPC 地址-->
    <property>
        <name>dfs.namenode.http-address.mycluster.nn2</name>
        <value>hadoop2:50070</value>
    </property>
    < !--hadoop2 HTTP 地址-->
    <property>
        <name>dfs.ha.automatic-failover.enabled</name>
        <value>true</value>
    </property>
    < !--启动故障自动恢复-->
    <property>
        <name>dfs.namenode.shared.edits.dir</name>
        <value>qjournal://hadoop1:8485;hadoop2:8485;hadoop3:8485/mycluster</value>
    </property>
    < !--指定 journal-->
    <property>
        <name>dfs.client.failover.proxy.provider.mycluster</name>
        <value>org.apache.hadoop.hdfs.server.namenode.ha.ConfiguredFailoverProxy-
Provider</value>
    </property>
    < !--指定 mycluster 出故障时，哪个实现类负责执行故障切换-->
    <property>
       <name>dfs.journalnode.edits.dir</name>
       <value>/home/hadoop/data/journaldata/jn</value>
    </property>
    < !--指定 JournalNode 集群存储 edits.log 时，本地磁盘的存储路径-- >
    <property>
        <name>dfs.ha.fencing.methods</name>
        <value>shell(/bin/true)</value>
    </property>
    <property>
        <name>dfs.ha.fencing.ssh.private-key-files</name>
```

```
        <value>/home/hadoop/.ssh/id_rsa</value>
    </property>
    <property>
        <name>dfs.ha.fencing.ssh.connect-timeout</name>
        <value>10000</value>
    </property>
    <property>
        <name>dfs.namenode.handler.count</name>
        <value>100</value>
    </property>
</configuration>
```

（4）配置 slaves 文件

slaves 文件是根据集群规划配置 DataNode 节点所在的主机名，具体操作命令如下。

```
[hadoop@hadoop1 hadoop]$ vi slaves
hadoop1
hadoop2
hadoop3
```

（5）向所有节点远程复制 Hadoop 安装目录

在 hadoop1 节点，切换到/home/hadoop/app 目录下，将 Hadoop 安装目录远程复制到 hadoop2 和 hadoop3 节点，具体操作命令如下。

```
[hadoop@hadoop1 app]$scp -r  hadoop-2.9.2  hadoop@hadoop2:/home/hadoop/app/
[hadoop@hadoop1 app]$scp -r  hadoop-2.9.2  hadoop@hadoop3:/home/hadoop/app/
```

然后在 hadoop2 和 hadoop3 节点上分别创建软连接，具体操作命令如下。

```
[hadoop@hadoop2 app]$ ln -s hadoop-2.9.2 hadoop
[hadoop@hadoop3 app]$ ln -s hadoop-2.9.2 hadoop
```

6.2.2　启动 HDFS 集群服务

6.2.2　启动 HDFS 集群服务

1．启动 ZooKeeper 集群

在集群所有节点分别启动 ZooKeeper 服务，具体操作命令如下。

```
[hadoop@hadoop1 zookeeper]$ bin/zkServer.sh start
[hadoop@hadoop2 zookeeper]$ bin/zkServer.sh start
[hadoop@hadoop3 zookeeper]$ bin/zkServer.sh start
```

2．启动 JournalNode 集群

在集群所有节点分别启动 JournalNode 服务，具体操作命令如下。

```
[hadoop@hadoop1 hadoop]$sbin/hadoop-daemon.sh start journalnode
[hadoop@hadoop2 hadoop]$sbin/hadoop-daemon.sh start journalnode
[hadoop@hadoop3 hadoop]$sbin/hadoop-daemon.sh start journalnode
```

3．格式化主节点 NameNode

在 hadoop1 节点（NameNode 主节点）上，使用如下命令对 NameNode 进行格式化。

```
[hadoop@hadoop1 hadoop]$ bin/hdfs namenode -format    //NameNode 格式化
[hadoop@hadoop1 hadoop]$ bin/hdfs zkfc -formatZK      //格式化高可用
[hadoop@hadoop1 hadoop]$bin/hdfs namenode             //启动 NameNode
```

4．备用 NameNode 同步主节点元数据

在 hadoop1 节点启动 NameNode 服务的同时，需要在 hadoop2 节点（NameNode 备用节点）上执行如下命令同步主节点的元数据。

```
[hadoop@hadoop2 hadoop]$ bin/hdfs namenode -bootstrapStandby
```

5．关闭 JournalNode 集群

hadoop2 节点同步完主节点元数据之后，在 hadoop1 节点上，按〈Ctrl+C〉组合键来结束 NameNode 进程，然后关闭所有节点上的 JournalNode 进程，具体操作命令如下。

```
[hadoop@hadoop1 hadoop]$sbin/hadoop-daemon.sh stop journalnode
[hadoop@hadoop2 hadoop]$ sbin/hadoop-daemon.sh stop journalnode
[hadoop@hadoop3 hadoop]$ sbin/hadoop-daemon.sh stop journalnode
```

6．一键启动 HDFS 集群

如果上面的操作没有问题，在 hadoop1 节点上，可以使用脚本一键启动 HDFS 集群所有相关进程，具体操作如图 6-1 所示。

```
[hadoop@hadoop1 hadoop]$ sbin/start-dfs.sh
Starting namenodes on [hadoop1 hadoop2]
hadoop1: starting namenode, logging to /home/hadoop/app/hadoop-2.9.2/logs/hadoop-hadoop-namenode-hadoop1.out
hadoop2: starting namenode, logging to /home/hadoop/app/hadoop-2.9.2/logs/hadoop-hadoop-namenode-hadoop2.out
hadoop3: starting datanode, logging to /home/hadoop/app/hadoop-2.9.2/logs/hadoop-hadoop-datanode-hadoop3.out
hadoop1: starting datanode, logging to /home/hadoop/app/hadoop-2.9.2/logs/hadoop-hadoop-datanode-hadoop1.out
hadoop2: starting datanode, logging to /home/hadoop/app/hadoop-2.9.2/logs/hadoop-hadoop-datanode-hadoop2.out
Starting journal nodes [hadoop1 hadoop2 hadoop3]
hadoop3: starting journalnode, logging to /home/hadoop/app/hadoop-2.9.2/logs/hadoop-hadoop-journalnode-hadoop3.out
hadoop2: starting journalnode, logging to /home/hadoop/app/hadoop-2.9.2/logs/hadoop-hadoop-journalnode-hadoop2.out
hadoop1: starting journalnode, logging to /home/hadoop/app/hadoop-2.9.2/logs/hadoop-hadoop-journalnode-hadoop1.out
Starting ZK Failover Controllers on NN hosts [hadoop1 hadoop2]
hadoop1: starting zkfc, logging to /home/hadoop/app/hadoop-2.9.2/logs/hadoop-hadoop-zkfc-hadoop1.out
hadoop2: starting zkfc, logging to /home/hadoop/app/hadoop-2.9.2/logs/hadoop-hadoop-zkfc-hadoop2.out
[hadoop@hadoop1 hadoop]$
```

图 6-1　启动 HDFS 集群

注意：第一次安装 HDFS 需要对 NameNode 进行格式化，HDFS 集群安装成功之后，使用 start-dfs.sh 脚本即可一键启动 HDFS 集群所有进程。

6.2.3　HDFS 集群测试

6.2.3　HDFS 集群测试

在浏览器中输入网址http://hadoop1:50070，通过 Web 界面查看 hadoop1 节点 NameNode 的状态，结果如图 6-2 所示。该节点的状态为 Active，表示 HDFS 可以通过 hadoop1 节点的 NameNode 对外提供服务。

Hadoop　Overview　Datanodes　Datanode Volume Failures　Snapshot　Startup Progress　Utilities

Overview 'hadoop1:9000' (active)

Namespace:	mycluster
Namenode ID:	nn1
Started:	Thu Dec 02 21:27:40 +0800 2021
Version:	2.9.2, r826afbeae31ca687bc2f8471dc841b66ed2c6704
Compiled:	Tue Nov 13 20:42:00 +0800 2018 by ajisaka from branch-2.9.2
Cluster ID:	CID-9c723813-2bcc-48f4-9124-fd6833d5d390
Block Pool ID:	BP-582710820-192.168.0.111-1631109503565

图 6-2　Active 状态的 NameNode 界面

在浏览器中输入网址 http://hadoop2:50070，通过 Web 界面查看 hadoop2 节点 NameNode 的状态，结果如图 6-3 所示。该节点的状态为 Standby，表示 hadoop2 节点的 NameNode 不能对外提供服务，只能作为备用节点。

Hadoop　Overview　Datanodes　Datanode Volume Failures　Snapshot　Startup Progress　Utilities

Overview 'hadoop2:9000' (standby)

Namespace:	mycluster
Namenode ID:	nn2
Started:	Thu Dec 02 21:27:43 +0800 2021
Version:	2.9.2, r826afbeae31ca687bc2f8471dc841b66ed2c6704
Compiled:	Tue Nov 13 20:42:00 +0800 2018 by ajisaka from branch-2.9.2
Cluster ID:	CID-9c723813-2bcc-48f4-9124-fd6833d5d390
Block Pool ID:	BP-582710820-192.168.0.111-1631109503565

图 6-3　Standby 状态的 NameNode 界面

注意：某一时刻只能有一个 NameNode 节点处于 Active 状态。

在 hadoop1 节点的/home/hadoop/app/hadoop 目录下创建 words.log 文件，然后上传至 HDFS 文件系统的/test 目录下，检查 HDFS 是否能正常使用，具体操作命令如下。

```
#本地新建 words.log 文件
[hadoop@hadoop1 hadoop]$ vi words.log
hadoop hadoop hadoop
spark spark spark
flink flink flink
[hadoop@hadoop1 hadoop]$ bin/hdfs dfs -mkdir /test
#上传本地文件 words.log
[hadoop@hadoop1 hadoop]$ bin/hdfs dfs -put words.log /test
#查看 words.log 是否上传成功
[hadoop@hadoop1 hadoop]$ bin/hdfs dfs -ls /test
/test/words.log
```

如果上面的操作没有异常，说明 HDFS 分布式集群搭建成功。

6.3　YARN 分布式集群搭建

HDFS 分布式集群搭建成功之后，接下来搭建 YARN 集群。

6.3.1　YARN 集群配置

6.3.1　YARN 集群配置

1．修改 mapred-site.xml 配置文件

mapred-site.xml 文件主要配置与 MapReduce 相关的属性，这里将 MapReduce 的运行环境指定为 YARN，核心配置如下。

```
[hadoop@hadoop1 hadoop]$ vi mapred-site.xml
<configuration>
    <property>
```

```
        <name>mapreduce.framework.name</name>
        <value>yarn</value>
    </property>
    <!--指定运行 MapReduce 的环境是 YARN，这是与 hadoop1 不同的地方-->
</configuration>
```

2．修改 yarn-site.xml 配置文件

yarn-site.xml 文件主要配置与 YARN 相关的属性，核心配置如下。

```
[hadoop@hadoop1 hadoop]$ vi yarn-site.xml
<configuration>
<property>
    <name>yarn.resourcemanager.connect.retry-interval.ms</name>
    <value>2000</value>
</property>
< !--超时的周期-->
<property>
    <name>yarn.resourcemanager.ha.enabled</name>
    <value>true</value>
</property>
<!-- 打开高可用-->
<property>
    <name>yarn.resourcemanager.ha.automatic-failover.enabled</name>
    <value>true</value>
</property>
<!--启动故障自动恢复-->
<property>
    <name>yarn.resourcemanager.ha.automatic-failover.embedded</name>
    <value>true</value>
</property>
<property>
    <name>yarn.resourcemanager.cluster-id</name>
    <value>yarn-rm-cluster</value>
</property>
<!--给 yarn cluster 取名为 yarn-rm-cluster-->
<property>
    <name>yarn.resourcemanager.ha.rm-ids</name>
    <value>rm1,rm2</value>
</property>
<!--给 ResourceManager 取名为 rm1、rm2-->
<property>
    <name>yarn.resourcemanager.hostname.rm1</name>
    <value>hadoop1</value>
</property>
<!--配置 ResourceManager rm1 hostname-->
<property>
    <name>yarn.resourcemanager.hostname.rm2</name>
    <value>hadoop2</value>
</property>
<!--配置 ResourceManager rm2 hostname-->
<property>
    <name>yarn.resourcemanager.recovery.enabled</name>
```

```
        <value>true</value>
    </property>
    <!--启用 ResourceManager 自动恢复-->
    <property>
        <name>yarn.resourcemanager.zk.state-store.address</name>
        <value>hadoop1:2181,hadoop2:2181,hadoop3:2181</value>
    </property>
    <!--配置 ZooKeeper 地址-->
    <property>
        <name>yarn.resourcemanager.zk-address</name>
        <value>hadoop1:2181,hadoop2:2181,hadoop3:2181</value>
    </property>
    <!--配置 ZooKeeper 地址-->
    <property>
        <name>yarn.resourcemanager.address.rm1</name>
        <value>hadoop1:8032</value>
    </property>
    < !--rm1 端口号-->
    <property>
        <name>yarn.resourcemanager.scheduler.address.rm1</name>
        <value>hadoop1:8034</value>
    </property>
    < !--rm1 调度器的端口号-->
    <property>
        <name>yarn.resourcemanager.webapp.address.rm1</name>
        <value>hadoop1:8088</value>
    </property>
    < !--rm1 webapp 端口号-->
    <property>
        <name>yarn.resourcemanager.address.rm2</name>
        <value>hadoop2:8032</value>
    </property>
    <!--rm2 端口号-->
    <property>
        <name>yarn.resourcemanager.scheduler.address.rm2</name>
        <value>hadoop2:8034</value>
    </property>
    < !--rm2 调度器的端口号-->
    <property>
        <name>yarn.resourcemanager.webapp.address.rm2</name>
        <value>hadoop2:8088</value>
    </property>
    < !--rm2 webapp 端口号-->
    <property>
        <name>yarn.nodemanager.aux-services</name>
        <value>mapreduce_shuffle</value>
    </property>
    <property>
        <name>yarn.nodemanager.aux-services.mapreduce_shuffle.class</name>
        <value>org.apache.hadoop.mapred.ShuffleHandler</value>
    </property>
    <!--执行 MapReduce 需要配置的 Shuffle 过程-->
```

```
</configuration>
```

3．向所有节点同步 YARN 配置文件

在 hadoop1 节点上修改完 YARN 相关配置之后，将修改的配置文件远程复制到 hadoop2 和 hadoop3 节点，具体操作命令如下。

```
#将 mapred-site.xml 文件远程复制到 hadoop2 和 hadoop3 节点
[hadoop@hadoop1 app]$scp -r mapred-site.xml  hadoop@hadoop2:/home/hadoop/app/hadoop/etc/hadoop
[hadoop@hadoop1 app]$scp -r mapred-site.xml  hadoop@hadoop3:/home/hadoop/app/hadoop/etc/hadoop
#将 yarn-site.xml 文件远程复制到 hadoop2 和 hadoop3 节点
[hadoop@hadoop1 app]$scp -r yarn-site.xml  hadoop@hadoop2:/home/hadoop/app/hadoop/etc/hadoop
[hadoop@hadoop1 app]$scp -r yarn-site.xml  hadoop@hadoop3:/home/hadoop/app/hadoop/etc/hadoop
```

6.3.2 启动 YARN 集群服务

6.3.2 启动 YARN 集群服务

YARN 的 HA 的实现依赖于 ZooKeeper，所以需要优先启动 ZooKeeper 集群。因为前面的操作已经启动了 ZooKeeper 集群，所以该步骤可以跳过。

1．启动 YARN 集群

在 hadoop1 节点上，使用脚本一键启动 YARN 集群，具体操作命令如下。

```
[hadoop@hadoop1 hadoop]$ sbin/start-yarn.sh
```

2．启动备用 ResourceManager

因为 start-yarn.sh 脚本不包含启动备用 ResourceManager 进程的命令，所以需要在 hadoop2 节点上单独启动 ResourceManager，具体操作命令如下。

```
[hadoop@hadoop2 hadoop]$ sbin/yarn-daemon.sh start resourcemanager
```

6.3.3 YARN 集群测试

6.3.3 YARN 集群测试

1．Web 界面查看 YARN 集群

在浏览器中输入网址 http://hadoop1:8088（或http://hadoop2:8088），通过 Web 界面查看 YARN 集群信息，结果如图 6-4 所示。

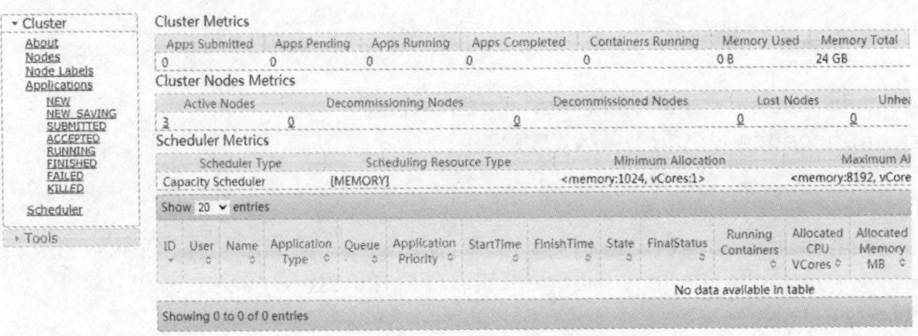

图 6-4 通过 Web 界面查看 YARN 集群信息

2．查看 ResourceManager 状态

在 hadoop1 节点上，使用命令查看两个 ResourceManager 的状态，具体操作如图 6-5 所示。

```
[hadoop@hadoop1 hadoop]$
[hadoop@hadoop1 hadoop]$
[hadoop@hadoop1 hadoop]$ bin/yarn rmadmin -getServiceState rm1
active
[hadoop@hadoop1 hadoop]$ bin/yarn rmadmin -getServiceState rm2
standby
[hadoop@hadoop1 hadoop]$
```

图 6-5　查看两个 ResourceManager 的状态

如果一个 ResourceManager 为 Active 状态，另外一个 ResourceManager 为 Standby 状态，说明 YARN 集群构建成功。

3．YARN 集群测试

为了测试 YARN 集群是否可以正常运行 MapReduce 程序，以 Hadoop 自带的 WordCount 为例来进行演示，具体操作如图 6-6 所示。

```
[hadoop@hadoop1 hadoop]$ bin/yarn jar share/hadoop/mapreduce/hadoop-mapreduce-examples-2.9.2.jar wordcount /test/word.log /test/out
21/12/02 22:07:40 INFO input.FileInputFormat: Total input files to process : 1
21/12/02 22:07:41 INFO mapreduce.JobSubmitter: number of splits:1
21/12/02 22:07:41 INFO Configuration.deprecation: yarn.resourcemanager.system-metrics-publisher.enabled is deprecated. Instead, use
sher.enabled
21/12/02 22:07:41 INFO mapreduce.JobSubmitter: Submitting tokens for job: job_1638453235320_0001
21/12/02 22:07:42 INFO impl.YarnClientImpl: Submitted application application_1638453235320_0001
21/12/02 22:07:43 INFO mapreduce.Job: The url to track the job: http://hadoop1:8088/proxy/application_1638453235320_0001/
21/12/02 22:07:43 INFO mapreduce.Job: Running job: job_1638453235320_0001
21/12/02 22:08:02 INFO mapreduce.Job: Job job_1638453235320_0001 running in uber mode : false
21/12/02 22:08:02 INFO mapreduce.Job:  map 0% reduce 0%
21/12/02 22:08:13 INFO mapreduce.Job:  map 100% reduce 0%
21/12/02 22:08:27 INFO mapreduce.Job:  map 100% reduce 100%
21/12/02 22:08:28 INFO mapreduce.Job: Job job_1638453235320_0001 completed successfully
21/12/02 22:08:28 INFO mapreduce.Job: Counters: 49
```

图 6-6　YARN 集群运行 WordCount

MapReduce 作业在 YARN 集群执行状态结果如图 6-7 所示。

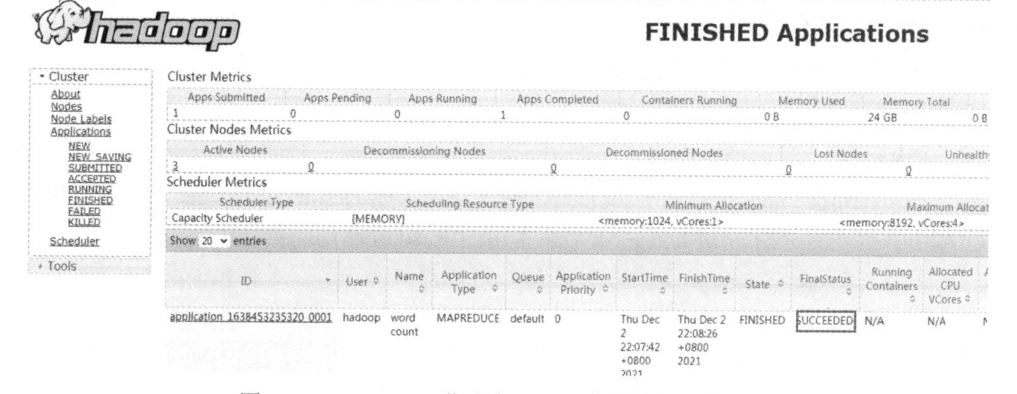

图 6-7　MapReduce 作业在 YARN 集群执行状态结果

如果上述操作没有异常，最终作业的状态信息显示为“SUCCEEDED”，则说明 MapReduce 程序在 YARN 集群上面运行成功，即 Hadoop 分布式集群已经全部搭建成功。

6.4　Hadoop 集群运维管理

在生产环境中，Hadoop 集群一旦运行起来就不会轻易关闭，日常工作更多的是对 Hadoop 集群进行管理和维护。

6.4.1 Hadoop 集群进程管理

6.4.1 Hadoop 集群进程管理

Hadoop 集群进程的管理主要是对 NameNode、DataNode、ResourceManager 和 NodeManager 等进程进行上线和下线操作，接下来分别对每个进程的操作进行介绍。

1．NameNode 守护进程管理

（1）下线操作

执行 sbin/hadoop-daemon.sh stop namenode 命令关闭 NameNode 进程，如果此时关闭的是 Active 状态的 NameNode，那么备用的 NameNode 会自动切换为 Active 状态对外提供服务。NameNode 进程关闭之后，可以对其所在节点进行相关维护操作。

（2）上线操作

完成对 NameNode 所在节点的维护工作之后，可以执行 sbin/hadoop-daemon.sh start namenode 命令重新启动 NameNode 进程。如果 HDFS 集群中已经有 NameNode 为 Active 状态，那么刚刚启动的 NameNode 会以 Standby 状态运行。

2．DataNode 守护进程管理

（1）下线操作

执行 sbin/hadoop-daemon.sh stop datanode 命令关闭 DataNode 进程，此时当前 DataNode 中的数据块会迁移到其他 DataNode 节点中，从而实现数据容错。DataNode 进程关闭之后，即可对数据节点进行相关的维护操作。

（2）上线操作

完成对 DataNode 所在节点的维护工作之后，可以执行 sbin/hadoop-daemon.sh start datanode 命令重新启动 DataNode 进程。然后可以执行负载均衡命令，将集群中的部分数据块迁移到当前 DataNode 节点中，从而提高集群的数据存储能力。

3．ResourceManager 守护进程管理

（1）下线操作

执行 sbin/yarn-daemon.sh stop resourcemanager 命令关闭 ResourceManager 进程，如果此时关闭的是 Active 状态的 ResourceManager，那么备用的 ResourceManager 会自动切换为 Active 状态对外提供服务。ResourceManager 进程关闭之后，可以对其所在节点进行相关维护操作。

（2）上线操作

完成对 ResourceManager 所在节点的维护工作之后，可以执行 sbin/yarn-daemon.sh start resourcemanager 命令重新启动 ResourceManager 进程。如果 YARN 集群中已经有 ResourceManager 为 Active 状态，那么刚刚启动的 ResourceManager 会以 Standby 状态运行。

4．NodeManager 守护进程管理

（1）下线操作

执行 sbin/yarn-daemon.sh stop nodemanager 命令关闭 NodeManager 进程，此时如果当前 NodeManager 所在节点运行有任务，YARN 集群会自动将任务调度到其他 NodeManager 节点运行。NodeManager 进程关闭之后，即可对该节点进行相关的维护操作。

（2）上线操作

完成对 NodeManager 所在节点的维护工作之后，可以执行 sbin/yarn-daemon.sh start nodemanager 命令重新启动 NodeManager 进程。若 YARN 集群中有新的任务需要运行，会优先提交到当前 NodeManager 所在节点运行。

6.4.2 Hadoop 集群运维技巧

6.4.2 Hadoop 集群运维技巧

在实际工作中，针对 Hadoop 集群的运行和维护涉及方方面面，接下来介绍 3 种常见的运维技巧。

1. 查看日志

Hadoop 集群运行过程中，无论遇到什么错误或异常，日志都是 Hadoop 运维最重要的依据，第一步操作就是查看 Hadoop 运行日志。Hadoop 集群各个进程的日志路径如下。

```
$ HADOOP_HOME/logs/hadoop-hadoop-namenode-hadoop1.log
$ HADOOP_HOME/logs/yarn-hadoop-resourcemanager-hadoop1.log
$ HADOOP_HOME/logs/hadoop-hadoop-datanode-hadoop1.log
$ HADOOP_HOME/logs/yarn-hadoop-nodemanager-hadoop1.log
```

一般可以通过 Linux 命令查看日志，如 vi、cat 等命令。也可以通过 tail -f 命令实时查看更新的日志。

2. 清理临时文件

大多数情况下，由于对集群操作太频繁或日志输出不合理，会造成日志文件和临时文件占用大量磁盘，直接影响正常 HDFS 的存储，此时可以定期清理这些临时文件，临时文件的路径如下。

1）HDFS 的临时文件路径：${hadoop.tmp.dir}/mapred/staging。

2）本地临时文件路径：${mapred.local.dir}/mapred/local。

3. 定期执行负载均衡脚本

造成 HDFS 数据不均衡的原因有很多，例如，新增一个 DataNode、快速删除 HDFS 上的大量文件、计算任务分布不均匀等。数据不均衡会降低 MapReduce 计算本地化的概率，从而降低作业执行效率。当发现 Hadoop 集群数据不均衡时，可以执行 Hadoop 脚本 sbin/start-balancer.sh 进行负载均衡操作。

6.5 案例实践：Hadoop 集群动态扩缩容

6.5 项目需求、动态扩缩容原理

6.5.1 项目需求

随着公司业务的增长，数据量越来越大，原有 DataNode 节点的容量已经不能满足数据存储的需求，需要在原有集群基础上动态添加新的数据节点，也就是俗称的动态扩容。如果在 Hadoop 集群运行过程中，某些节点变得反常（如故障率过高或性能过低），可能就需要停止这些节点上的 Hadoop 服务，并将其从 Hadoop 集群中移除，也就是俗称的动态缩容。通常情况下，节点需要同时运行 DataNode 和 NodeManager 守护进程，所以两者一般同时新增或移除。

6.5.2 动态扩容原理

增加一个新节点非常简单：首先配置 hdfs-site.xml 文件指向 NameNode，然后配置 yarn-site.xml 文件指向 ResourceManager，最后启动 DataNode 和 NodeManager 守护进程即可。

然而随便允许一台机器以 DataNode 的身份连接到 NameNode 是非常不安全的，因为该机器很可能会访问未授权的数据。此外，这台机器可能并非真正的 DataNode，不在集群的控制之内，随时可能停止从而导致潜在的数据丢失。另外由于错误配置的可能性，即使这台机器在本机房的防火墙之内，这种做法的风险也比较高。因此所有工作集群上的 DataNode（或 NodeManager）都应该被明确管理。

将允许连接到 NameNode 的所有 DataNode 都放在一个文件中，文件名称由 dfs.hosts 属性指定，该文件的每一行对应一个 DataNode 的网络地址。类似的，可能连接到 ResourceManager 的各个 NodeManager 也是在一个文件中指定，该文件的名称由 yarn.resourcemanager.nodes.include-path 属性指定。

在通常情况下，由于集群中的节点同时运行 DataNode 和 NodeManager 守护进程，dfs.hosts 和 yarn.resourcemanager.nodes.include-path 会同时指向一个文件，即 include 文件。include 文件不同于 slaves 文件，前者供 NameNode 和 ResourceManager 使用，用于决定可以连接到哪些工作节点。Hadoop 控制脚本使用 slaves 文件执行面向整个集群范围的操作，如启停 Hadoop 集群等，而 Hadoop 守护进程从来不会使用 slaves 文件。

6.5.3 动态缩容原理

HDFS 集群能够容忍 DataNode 故障，这并不意味着可以随意终止 DataNode。HDFS 集群默认配置为 3 个副本，如果同时关闭不同机架上的 3 个 DataNode，则数据丢失的概率会非常高。正确的操作方法是将准备移除的 DataNode 告知 NameNode，那么 HDFS 集群会在 DataNode 停机之前，将数据块复制到其他 DataNode 上，从而实现数据容错。

有了 NodeManager 的支持，YARN 集群对故障的容忍度更高。如果关闭一个正在运行 MapReduce 作业的 NodeManager，ApplicationMaster 会检测到故障，并在其他 NodeManager 节点上重新调度失败的任务。

需要移除的节点由 exclude 文件控制。对于 HDFS 集群来说，exclude 文件路径是由 dfs.hosts.exclude 属性设置的。对于 YARN 集群来说，exclude 文件路径是由 yarn.resourcemanager.nodes.exclude-path 属性设置的。通常情况下，准备移除的节点同时运行着 DataNode 和 NodeManager 守护进程，这两个属性指向同一个文件。

6.5.4 原 Hadoop 集群配置与启动

6.5.4 原 Hadoop 集群配置与启动

在 Hadoop 集群进行动态扩缩容之前，需要修改原有集群的配置文件，具体操作步骤如下。

1. 配置 include 文件路径

在 NameNode 节点（hadoop1）上，修改 hdfs-site.xml 配置文件并添加 dfs.hosts 属性，具体操作命令如下。

```
[hadoop@hadoop1 hadoop]$ vi hdfs-site.xml
<property>
    <name>dfs.hosts</name>
    <value>/home/hadoop/app/hadoop/etc/hadoop/include</value>
```

```
</property>
```

在 ResourceManager 节点（hadoop1）上，修改 yarn-site.xml 配置文件并添加 yarn.resourcemanager.nodes.include-path 属性，具体操作命令如下。

```
[hadoop@hadoop1 hadoop]$ vi yarn-site.xml
<property>
   <name>yarn.resourcemanager.nodes.include-path</name>
   <value>/home/hadoop/app/hadoop/etc/hadoop/include</value>
</property>
```

2．创建 include 文件

在 NameNode 和 ResourceManager 节点（hadoop1）上，创建 include 文件，并将集群节点的 hostname 信息添加到 include 文件中，具体操作命令如下。

```
[hadoop@hadoop1 hadoop]$ vi include
hadoop1
hadoop2
hadoop3
```

3．配置 exclude 文件路径

在 NameNode（hadoop1）节点上，修改 hdfs-site.xml 配置文件并添加 dfs.hosts.exclude 属性，具体配置如下。

```
[hadoop@hadoop1 hadoop]$ vi hdfs-site.xml
<property>
    <name>dfs.hosts.exclude</name>
    <value>/home/hadoop/app/hadoop/etc/hadoop/exclude</value>
</property>
```

在 ResourceManager（hadoop1）节点上，修改 yarn-site.xml 配置文件并添加 yarn.resourcemanager. nodes.exclude-path 属性，具体配置如下。

```
[hadoop@hadoop1 hadoop]$ vi yarn-site.xml
<property>
    <name>yarn.resourcemanager.nodes.exclude-path</name>
    <value>/home/hadoop/app/hadoop/etc/hadoop/exclude</value>
</property>
```

4．创建 exclude 文件

在 NameNode 节点和 ResourceManager 节点（hadoop1）上，创建一个空的 exclude 文件即可，具体配置如下。

```
[hadoop@hadoop1 hadoop]$ touch exclude
```

5．同步修改的配置文件

将 hadoop1 节点中修改的配置文件远程复制到集群其他节点，这里以 hadoop2 节点为例，具体操作命令如下。

```
[hadoop@hadoop1 hadoop]$ scp hdfs-site.xml  hadoop@hadoop2:/home/hadoop/app/hadoop/
```

```
etc/hadoop/
    [hadoop@hadoop1 hadoop]$ scp yarn-site.xml  hadoop@hadoop2:/home/hadoop/app/hadoop/
etc/hadoop/
    [hadoop@hadoop1 hadoop]$ scp include  hadoop@hadoop2:/home/hadoop/app/hadoop/etc/
hadoop/
    [hadoop@hadoop1 hadoop]$ scp exclude  hadoop@hadoop2:/home/hadoop/app/hadoop/etc/
hadoop/
```

6．启动 Hadoop 集群

（1）启动 ZooKeeper 集群

在集群所有节点分别启动 ZooKeeper 服务，具体操作命令如下。

```
[hadoop@hadoop1 zookeeper]$ bin/zkServer.sh start
[hadoop@hadoop2 zookeeper]$ bin/zkServer.sh start
[hadoop@hadoop3 zookeeper]$ bin/zkServer.sh start
```

（2）启动 HDFS 集群

在 hadoop1 节点上，使用脚本一键启动 HDFS 集群，具体操作命令如下。

```
[hadoop@hadoop1 hadoop]$ sbin/start-dfs.sh
```

（3）启动 YARN 集群

在 hadoop1 节点上，使用脚本一键启动 YARN 集群，具体操作命令如下。

```
[hadoop@hadoop1 hadoop]$ sbin/start-yarn.sh
```

6.5.5 Hadoop 集群动态扩容

6.5.5 Hadoop 集群动态扩容

向 Hadoop 集群添加新节点的操作步骤如下。

1．基础准备

（1）准备新节点

首先准备好一个新的虚拟机节点，创建 hadoop 用户和用户组，然后将静态 IP 设置为 192.168.0.114，主机名设置为 hadoop4，最后完成免密登录、关闭防火墙、JDK 和时钟同步等配置操作。

（2）配置 hosts 文件

在 hadoop1 节点上修改 hosts 文件，将集群所有节点（包含新增节点）的 hostname 与 IP 地址映射配置进去，同时集群所有节点保持 hosts 文件统一。hosts 文件具体内容如下。

```
[root@hadoop1 ~]# vi /etc/hosts
127.0.0.1   localhost localhost.localdomain localhost4 localhost4.localdomain4
::1         localhost localhost.localdomain localhost6 localhost6.localdomain6
192.168.0.111 hadoop1
192.168.0.112 hadoop2
192.168.0.113 hadoop3
192.168.0.114 hadoop4
```

（3）SSH 免密登录

为了设置 NameNode 节点（hadoop1）到新增 DataNode 节点（hadoop4）的免密登录，需要将 hadoop4 节点的公钥 id_rsa.pub 复制到 hadoop1 节点中的 authorized_keys 文件中，具体操作命令如下。

```
[hadoop@hadoop4 ~]$cat ~/.ssh/id_rsa.pub | ssh hadoop@hadoop1 'cat >> ~/.ssh/authorized_keys'
```

将 hadoop1 节点中的 authorized_keys 文件分发到 hadoop4 节点，具体操作命令如下。

```
[hadoop@hadoop1 .ssh]$scp -r authorized_keys hadoop@hadoop4:~/.ssh/
```

在 hadoop1 节点的 hadoop 用户下，使用如下命令即可免密登录 hadoop4 节点。

```
[hadoop@hadoop1 .ssh]$ ssh hadoop4
```

（4）新增节点安装 Hadoop

在 NameNode 节点（hadoop1）上，将 Hadoop 安装目录复制到 hadoop4 节点，具体操作命令如下。

```
[hadoop@hadoop1 app]$scp -r  hadoop-2.9.2  hadoop@hadoop4:/home/hadoop/app/
```

然后在 hadoop4 节点上创建软连接，具体操作命令如下。

```
[hadoop@hadoop4 app]$ ln -s hadoop-2.9.2 hadoop
```

2．添加新增节点

（1）修改 include 文件

在 NameNode 和 ResourceManager 节点（hadoop1）上，修改 include 文件，并将新增节点的 hostname 信息添加到 include 文件中，具体操作命令如下。

```
[hadoop@hadoop1 hadoop]$ vi include
hadoop1
hadoop2
hadoop3
hadoop4
```

然后将修改后的 include 文件同步到集群其他节点（包括新增节点），这里以 hadoop2 节点为例，具体操作命令如下。

```
[hadoop@hadoop1 hadoop]$ scp include  hadoop@hadoop2:/home/hadoop/app/hadoop/etc/hadoop/
```

（2）刷新 NameNode

用一系列审核过的 DataNode 来更新 NameNode 设置，具体操作命令如下。

```
[hadoop@hadoop1 hadoop]$ bin/hdfs dfsadmin -refreshNodes
```

（3）刷新 ResourceManager

用一系列审核过的 NodeManager 来更新 ResourceManager 设置，具体操作命令如下。

```
[hadoop@hadoop1 hadoop]$ bin/yarn rmadmin -refreshNodes
```

（4）修改 slaves 文件

在 NameNode 节点（hadoop1）上，在 slaves 文件中添加新增节点的 hostname 信息，以便 Hadoop 控制脚本启停集群时将新增节点纳入操作范围，具体配置如下。

```
[hadoop@hadoop1 hadoop]$ vi slaves
hadoop1
```

```
    hadoop2
    hadoop3
    hadoop4
```

注意：使用一键启动脚本启动 Hadoop 集群时，会根据 slaves 文件中的 hostname 信息启动从节点的 DataNode 和 NodeManager 守护进程。

然后将修改后的 slaves 文件同步到集群其他节点（包括新增节点），这里以 hadoop2 节点为例，具体操作命令如下。

```
[hadoop@hadoop1 hadoop]$ scp slaves  hadoop@hadoop2:/home/hadoop/app/hadoop/etc/hadoop/
```

（5）启动新增节点

在新增的 hadoop4 节点中，使用如下命令启动 DataNode 和 NodeManager 守护进程。

```
[hadoop@hadoop4 hadoop]$ sbin/hadoop-daemon.sh start datanode
[hadoop@hadoop4 hadoop]$sbin/yarn-daemon.sh start nodemanager
```

（6）检查新增节点

分别通过 HDFS（地址为 http://hadoop1:50070/）和 YARN（地址为 http://hadoop1:8088/）的 Web 界面，查看新增节点 hadoop4 是否添加成功。如果能检查到新的 DataNode 和 NodeManager，则说明 Hadoop 集群扩容成功了。

（7）启动负载均衡

当 Hadoop 集群扩容成功之后，HDFS 集群不会自动将数据块从旧的 DataNode 迁移到新的 DataNode 以保持集群数据负载均衡，而是需要用户手动执行脚本来实现负载均衡，具体操作命令如下。

```
[hadoop@hadoop1 hadoop]$ sbin/start-balancer.sh
```

6.5.6 Hadoop 集群动态缩容

6.5.6 Hadoop 集群动态缩容

从 Hadoop 集群移除节点的操作步骤如下。

（1）修改 exclude 文件

在 NameNode 和 ResourceManager 节点（hadoop1）上，修改 exclude 文件，并将需要移除节点的 hostname 信息添加到 exclude 文件中，具体操作命令如下。

```
[hadoop@hadoop1 hadoop]$ vi exclude
hadoop4
```

然后将修改后的 exclude 文件同步到集群其他节点（包括新增节点），这里以 hadoop2 节点为例，具体操作命令如下。

```
[hadoop@hadoop1 hadoop]$ scp exclude  hadoop@hadoop2:/home/hadoop/app/hadoop/etc/hadoop/
```

（2）刷新 NameNode

在 NameNode（hadoop1）节点上，使用一组新的审核过的 DataNode 来更新 NameNode 设置，具体操作命令如下。

```
[hadoop@hadoop1 hadoop]$ bin/hdfs dfsadmin -refreshNodes
```

（3）刷新 ResourceManager

在 ResourceManager（hadoop1）节点上，使用一组新的审核过的 NodeManager 来更新 ResourceManager 设置，具体操作命令如下。

```
[hadoop@hadoop1 hadoop]$ bin/yarn rmadmin -refreshNodes
```

（4）开始解除节点

通过 Web 界面（地址为 http://hadoop1:50070/）查看待解除 DataNode 的管理状态是否已经变为正在解除（Decommission In Progress），因为此时相关的 DataNode 正在被解除过程中，这些 DataNode 会把它们的数据块复制到其他 DataNode 中。当所有 DataNode 的状态变为解除完毕（Decommissioned）时，表明所有数据块已经复制完毕，此时会关闭已经解除的节点。

（5）停止退役节点进程

当退役节点 hadoop4 的状态为 Decommissioned 时，说明所有数据块已经复制成功，然后使用如下命令关闭 DataNode 和 NodeManager 进程。

```
[hadoop@hadoop4 hadoop]$ sbin/hadoop-daemon.sh stop datanode
#操作之前，NodeManager 进程其实已经关闭
[hadoop@hadoop4 hadoop]$ sbin/yarn-daemon.sh stop nodemanager
```

（6）修改 include 文件

在 NameNode 和 ResourceManager 节点（hadoop1）中，从 include 文件中删除退役节点 hadoop4 的 hostname 信息，具体操作命令如下。

```
[hadoop@hadoop1 hadoop]$ vi include
hadoop1
hadoop2
hadoop3
```

然后将修改后的 include 文件同步到集群其他节点（包括退役节点），这里以 hadoop2 节点为例，具体操作命令如下。

```
[hadoop@hadoop1 hadoop]$ scp include  hadoop@hadoop2:/home/hadoop/app/hadoop/etc/
hadoop/
```

（7）刷新 NameNode 和 ResourceManager

在 NameNode 和 ResourceManager 节点（hadoop1）中，刷新 NameNode 和 ResourceManager 的设置，具体操作命令如下。

```
[hadoop@hadoop1 hadoop]$ bin/hdfs dfsadmin -refreshNodes
[hadoop@hadoop1 hadoop]$ bin/yarn rmadmin -refreshNodes
```

（8）修改 slaves 文件

在 NameNode（hadoop1）节点上，从 slaves 文件中删除退役节点 hadoop4 的 hostname 信息，具体操作命令如下。

```
[hadoop@hadoop1 hadoop]$ vi slaves
hadoop1
hadoop2
hadoop3
```

然后将修改后的 slaves 文件同步到集群其他节点（包括退役节点），这里以 hadoop2 节点为例，具体操作命令如下。

```
[hadoop@hadoop1 hadoop]$ scp slaves  hadoop@hadoop2:/home/hadoop/app/hadoop/etc/hadoop/
```

（9）启动负载均衡

若 Hadoop 集群中数据分布不均匀，可以使用如下命令启动负载均衡。

```
[hadoop@hadoop1 hadoop]$ sbin/start-balancer.sh
```

6.6 本章小结

通过本章的学习和实践，相信读者已经能够成功实现分布式集群的搭建，注意操作过程中一定要把理论和具体操作结合起来灵活运用，不能只是简单复制命令操作，一定要充分理解。这样才会更有利于对 Hadoop 集群底层细节的深入理解。

6.7 习题

1. Hadoop 包含几种运行模式？
2. Hadoop 集群包含哪些守护进程？其作用是什么？
3. Hadoop 集群如何利用 ZooKeeper 实现高可用？
4. Hadoop 集群各角色的启动顺序是怎样的？
5. 如何在 Hadoop 集群中动态地增加或删除节点？

第 7 章 Hive 数据仓库工具

学习目标

- 理解 Hive 的基本架构及工作原理。
- 熟练搭建 Hive 客户端环境。
- 熟练掌握 Hive 的相关操作。

Hive 是一个基于 Hadoop 的数据仓库工具，它可以将结构化的数据文件映射为一张数据库表，并提供完整的类 SQL 查询功能。实际上，Hive 是通过将 SQL 语句转换为 MapReduce 任务来实现对数据的离线分析，这样就可以通过类 SQL 语言快速实现简单的大数据分析，而不必开发 MapReduce 应用程序。这种方式十分适合非开发人员快速上手大数据分析的工作。

7.1 Hive 概述

7.1 Hive 概述

Hive 技术的出现降低了大数据的学习门槛，很多传统数据分析人员可以直接使用 Hive 进行大数据分析，接下来先初步了解 Hive 的基本概念。

7.1.1 Hive 定义

Hive 是构建在 Hadoop 之上的离线分析系统，主要用于存储和处理海量结构化数据。这些海量结构化数据一般存储在 HDFS 上，Hive 可以将上面的数据映射到一张数据表，赋予数据一种表结构，同时 Hive 提供了丰富的类 SQL（简称 HQL）语言对表中的数据进行统计分析。Hive 首先对 HQL 语句进行解析和转换，生成一系列 MapReduce 任务，然后在 Hadoop 集群上执行 MapReduce 任务完成对数据的处理。这样，不熟悉 MapReduce 的用户也能很方便地利用 HQL 语句对数据进行查询、分析、汇总。目前，Hive 已经是一个非常成功的 Apache 项目，很多公司和组织都将 Hive 当作大数据仓库工具。

7.1.2 Hive 产生的背景

Hive 的诞生源于 Facebook 的日志分析需求，面对海量的结构化数据，Hive 能够以较低的成本完成以往需要大规模数据库才能完成的任务，并且学习门槛相对较低，应用开发灵活且高效。后来 Facebook 将 Hive 开源给了 Apache，成为 Apache 的一个顶级项目，至此 Hive 在大数据应用方面得到了快速的发展和普及。

7.1.3 Hive 的优缺点

使用 Hive 进行大数据分析，既有很多优点，也存在一些缺点，虽然降低了开发成本和学习成本，但是也有不适合的应用场景。

1. Hive 的优点

1）Hive 适合数据的批处理，解决了传统关系型数据库在海量数据处理上的瓶颈。

2）Hive 构建在 Hadoop 之上，充分利用了集群的存储资源、计算资源。

3）Hive 学习、使用成本低，支持标准的 SQL 语法，免去了编写 MapReduce 程序的过程，降低了开发成本。

4）Hive 具有良好的扩展性，且能够实现与其他组件的集成开发。

2. Hive 的缺点

1）HQL 的表达能力有限，不支持迭代计算，有些复杂的运算用 HQL 不易表达，还需要单独编写 MapReduce 来实现。

2）Hive 的运行效率低、延迟高，这是因为 Hive 底层计算引擎默认为 MapReduce，而 MapReduce 是离线计算框架。

3）Hive 的调优比较困难，由于 HQL 语句最终会转换为 MapReduce 任务，所以 Hive 的调优还需要考虑 MapReduce 层面的优化。

7.1.4 Hive 在 Hadoop 生态系统中的位置

Hive 在 Hadoop 生态系统中承担着数据仓库的角色，如图 7-1 所示。Hive 能够管理 Hadoop 中的数据，同时可以查询和分析 Hadoop 中的数据。

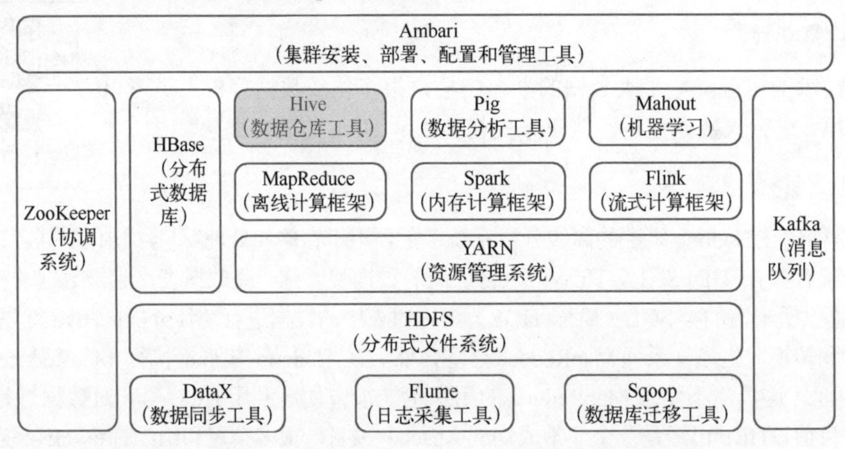

图 7-1 Hive 在 Hadoop 生态系统中的位置

7.1.5 Hive 与 Hadoop 的关系

Hive 利用 HDFS 来存储数据，利用 MapReduce 来查询分析数据，Hive 与 Hadoop 之间的关系总结如下。

1）Hive 需要构建在 Hadoop 集群之上。

2）Hive 中的所有数据都存储在 Hadoop 分布式文件系统中。

3）对 HQL 查询语句的解释、优化、生成查询计划等过程均是由 Hive 完成的，而查询计划被转换为 MapReduce 任务之后需要运行在 Hadoop 集群之上。

7.2　Hive 原理及架构

7.2　Hive 原理及架构

Hive 是构建在 Hadoop 之上的 SQL 引擎，它重用了 Hadoop 中的 HDFS 和 MapReduce 等。Hive 是 Hadoop 生态系统中的重要组成部分，也是目前应用最广泛的 SQL on Hadoop 解决方案。本节将深入介绍 Hive 架构原理及运行机制。

7.2.1　Hive 的设计原理

Hive 是一种构建在 Hadoop 之上的数据仓库工具，可以使用 HQL 语句对数据进行分析和查询，而 Hive 的底层数据都存储在 HDFS 中。Hive 在加载数据过程中不会对数据进行任何修改，只是将数据移动到指定的 HDFS 目录下，因此，Hive 不支持对数据的修改。Hive 的设计特点如下。

1）支持索引，加快数据查询。

2）不同的存储类型，如纯文本文件、HBase 中的文件。

3）将元数据保存在关系数据库中，大大减少了在查询过程中执行语义检查的时间。

4）可以直接使用存储在 Hadoop 文件系统中的数据。

5）内置大量用户自定义函数（User Define Function，UDF）来对时间、字符串进行操作，支持用户扩展 UDF 函数来完成内置函数无法实现的操作。

6）HQL 语句最终会被转换为 MapReduce 任务运行在 Hadoop 集群之上。

7.2.2　Hive 的体系架构

Hive 的体系架构如图 7-2 所示。

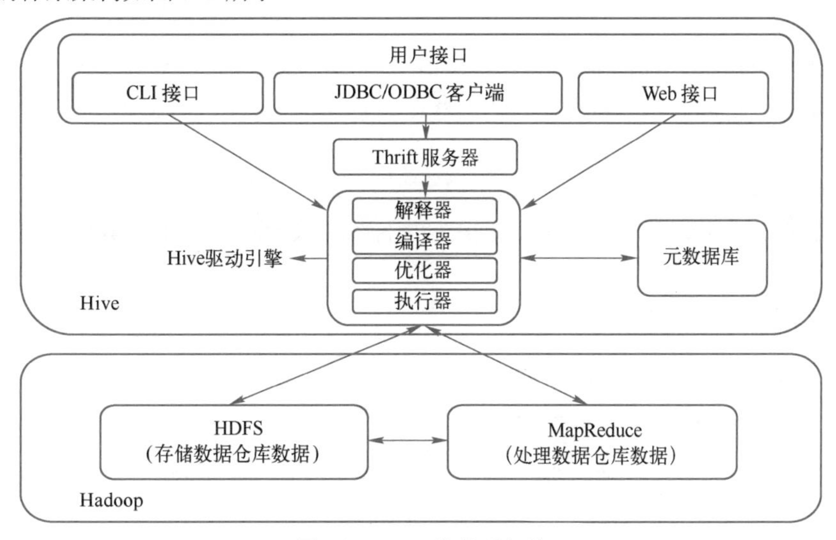

图 7-2　Hive 的体系架构

Hive 体系架构主要包含用户接口、Thrift 服务器、Hive 驱动引擎、元数据库和 Hadoop 集群五部分。

1. 用户接口

用户接口主要有 3 个，即 CLI 接口、JDBC/ODBC 客户端和 Web 接口。其中最常用的是 CLI 接口。

（1）CLI 接口

CLI 即命令行接口，CLI 启动时，会同时启动一个 Hive 服务。

（2）JDBC/ODBC 客户端

Client 是 Hive 的客户端，用户连接至 Hive Server。在启动 Client 模式时，需要指出 Hive Server 所在节点，并且在该节点启动 Hive Server。

1）JDBC 客户端：封装了 Thrift 服务的 Java 应用程序，可以通过指定的主机和端口连接到在另一个进程中运行的 Hive 服务。

2）ODBC 客户端：ODBC 驱动允许支持 ODBC 协议的应用程序连接到 Hive。

（3）Web 接口

Web 接口是通过 Web 浏览器访问、操作、管理 Hive 的。

2. Thrift 服务器

Thrift 服务器基于 Socket 通信，支持跨语言。Hive Thrift 服务简化了在多编程语言中运行 Hive 的命令，支持 C++、Java、PHP、Python 和 Ruby 语言。

3. Hive 驱动引擎

Hive 的核心是 Hive 驱动引擎，Hive 驱动引擎由四部分组成。

1）解释器：解释器的作用是将 HQL 语句转换为语法树。

2）编译器：编译器是将语法树编译为逻辑执行计划。

3）优化器：优化器是对逻辑执行计划进行优化。

4）执行器：执行器是调用底层的运行框架执行逻辑执行计划。

4. 元数据库

Hive 的数据由数据文件和元数据两部分组成。

元数据用于存放 Hive 的基础信息，它存储在关系型数据库中，如 MySQL、Derby（默认）中。元数据包括数据库信息、表名、表的列和分区及其属性、表的属性、表的数据所在目录等。

5. Hadoop 集群

Hive 构建在 Hadoop 集群之上，Hive 中的数据存储在 HDFS 集群中，Hive 对数据的统计分析默认使用 MapReduce 引擎。

7.2.3 Hive 的运行机制

Hive 的运行机制如图 7-3 所示。

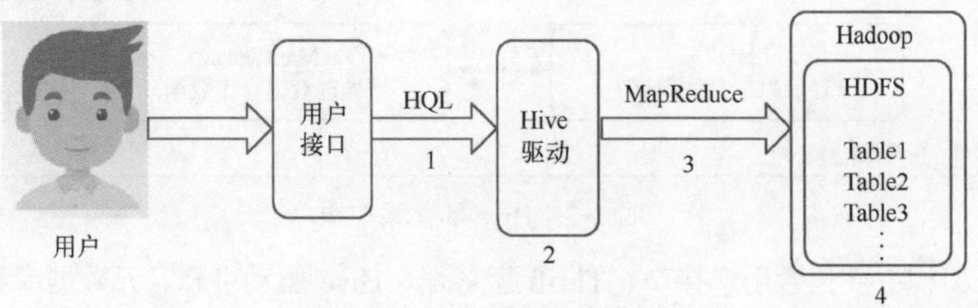

图 7-3 Hive 的运行机制

Hive 的运行机制包含以下几个步骤。

1）用户通过用户接口连接 Hive，发布 HQL。

2）Hive 解析查询并制订逻辑查询计划。

3）Hive 将查询转换成 MapReduce 作业。

4）Hive 在 Hadoop 上执行 MapReduce 作业。

7.2.4　HQL 的转换过程

Hive 执行数据查询，首先需要将 HQL 语句转换为 MapReduce 作业，然后提交到 Hadoop 集群运行，其详细转换过程如图 7-4 所示。

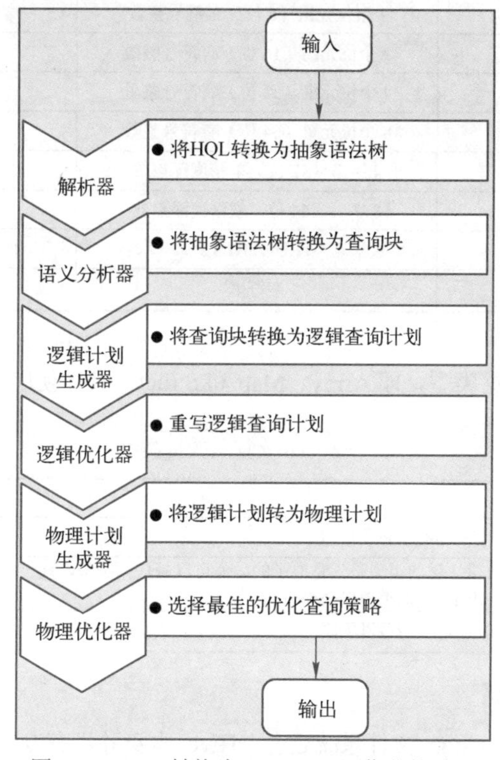

图 7-4　HQL 转换为 MapReduce 作业的过程

HQL 语句转换为 MapReduce 作业大致可以分为以下 7 个步骤。

1）由 Hive 驱动模块中的解析器对用户输入的 HQL 语句进行词法和语法解析，将 HQL 语句转换为抽象语法树的形式。

2）抽象语法树的结构仍然很复杂，不方便直接翻译为 MapReduce 程序，因此，还需要把抽象语法树转换为查询块。

3）把查询块转换为逻辑查询计划，里面包含了很多逻辑操作符。

4）重写逻辑查询计划进行优化，合并多余操作，减少 MapReduce 任务数量。

5）将逻辑操作符转换为需要执行的具体 MapReduce 任务。

6）对生成的 MapReduce 进行优化，生成最终的 MapReduce 任务执行计划。

7）由 Hive 驱动模块中的执行器，执行最终的 MapReduce 任务并输出运行结果。

7.2.5 Hive 的数据类型

Java 有自己的数据类型，包含基本数据类型和引用数据类型。那么 Hive 也有自己的数据类型，包含基本数据类型和复杂数据类型。

1. Hive 基本数据类型

Hive 包含 8 种基本数据类型，具体使用说明见表 7-1。

表 7-1 Hive 基本数据类型

基本数据类型	描述	示例
TINYINT	1 个位元组（8 位）有符号整数	1
SMALLINT	2 个位元组（16 位）有符号整数	1
INT	4 个位元组（32 位）有符号整数	1
BIGINT	8 个位元组（64 位）有符号整数	1
FLOAT	4 字节（32 位）单精度浮点数	1.0
DOUBLE	8 字节（64 位）双精度浮点数	1.0
BOOLEAN	TRUE/FALSE	TRUE
STRING	字符串	'djt'、"djt"

2. Hive 复杂数据类型

Hive 包含 3 种复杂数据类型，即 Array、Map 和 Struct，具体使用说明见表 7-2。

表 7-2 Hive 复杂数据类型

类型	描述	示例
ARRAY	一组有序字段。字段的类型必须相同	Array(1,2)
MAP	一组无序的键/值对。键的类型必须是原子的，值可以是任何类型，同一个映射的键的类型必须相同，值的类型也必须相同	Map('a',1,'b',2)
STRUCT	一组命名的字段，字段类型可以不同	Struct('a',1,1,0)

7.2.6 Hive 的数据存储

Hive 的存储建立在 Hadoop 文件系统之上，Hive 本身并没有专门的数据存储格式。用户可以自由地组织 Hive 中的表，只需要在创建 Hive 表时指定行和列分隔符就可以解析数据。

Hive 主要包含表（Table）、分区（Partition）和桶（Bucket）3 类数据模型。

1. 表（Table）

Hive 的表在逻辑上由存储的数据和描述表中数据形式的相关元数据组成。数据一般存放在 HDFS 中，但它也可以存放在其他任何 Hadoop 文件系统中，包括本地文件系统或 S3。Hive 把元数据存放在关系型数据库中，而不是存放在 HDFS 中。在 Hive 中创建表时，默认情况下 Hive 负责管理数据。这意味着 Hive 把数据移入它的“仓库目录”。另外一种选择是创建一个外部表（External Table），这会让 Hive 到仓库目录以外的位置访问数据。

2. 分区（Partition）

Hive 把表组织成分区，这是一种根据分区列（如日期）的值对表进行粗略划分的机制。使用分区可以加快数据分片的查询速度。以分区的常用情况为例，日志文件的每条记录包含一个时间戳。如果根据日期来对它进行分区，那么同一天的记录就会被存放在同一个分区中。这样做的优点是对于限制到某个或某些特定日期的查询，它们的处理可以变得非常高效，因为只需要扫描查询范围内分区中的文件。注意，使用分区并不会影响大范围查询的执行，仍然可以查询跨多个分区的整个数据集。

3．桶（Bucket）

表或分区可以进一步分为桶，它会为数据提供额外的结构以获得更高效的查询处理。例如，通过用户 ID 来划分桶，可以在所有用户集合的随机样本上快速计算基于用户的查询。

把表组织成桶有两个理由。第一个理由是获得更高的查询处理效率，桶为表加上了额外的结构，Hive 在处理某些查询时能够利用这个结构，具体而言，连接两个在相同列上划分了桶的表，可以使用 Map 端高效地实现。把表划分成桶的第二个理由是使“取样”或者说“采样”更高效，处理大规模数据集时，在开发和修改查询的阶段，如果能在数据集的一小部分数据上试运行查询，会带来很多方便。

7.3　Hive 的安装部署

Hive 是一个客户端工具，并没有集群的概念，所以 Hive 的安装部署相对简单。一般情况下，由于 Hive 的元数据信息存储在第三方数据库中（如 MySQL），所以在安装 Hive 之前需要先安装 MySQL 数据库。由于硬件资源有限，从 Hadoop 集群中选择 hadoop1 节点来安装部署 Hive 客户端以及 MySQL 元数据库即可。

7.3.1　安装 MySQL

7.3.1　安装 MySQL

MySQL 数据库的安装有离线安装和在线安装两种方式，为了方便起见，选择在线安装方式。

1．在线安装 MySQL

在 hadoop1 节点上，使用 yum 命令在线安装 MySQL 数据库，具体操作命令如下。

```
[root@hadoop1 ~]# yum install mysql-server
```

在 CentOS 7 系统安装 MySQL 服务时，如果打印信息包含 no package mysql-server available，需要执行如下操作命令。

```
#在线安装 wget 命令，如果已经安装可以跳过该步骤
[root@hadoop1 ~]# yum install wget -y
#下载 MySQL RPM 包
[root@hadoop1 ~]#wget http://repo.mysql.com/mysql-community-release-el7-5.noarch.rpm
#安装 MySQL RPM 软件
[root@hadoop1 ~]#rpm -ivh mysql-community-release-el7-5.noarch.rpm
#再次安装 MySQL 服务
[root@hadoop1 ~]# yum install mysql-server
```

2．启动 MySQL 服务

MySQL 数据库安装成功之后，通过命令行启动 MySQL 服务，具体操作命令如下。

```
[root@hadoop1 ~]# service mysqld start
```

3. 设置 MySQL root 用户密码

MySQL 安装完成，默认 root 用户是没有密码的，需要登录 MySQL 设置 root 用户密码，具体步骤如下。

（1）无密码登录 MySQL

因为 MySQL 默认没有密码，所以使用 root 用户可以直接登录 MySQL，输入密码时按〈Enter〉键即可，具体操作命令如下。

```
[root@hadoop1 ~]# mysql -u root -p
Enter password:
...
mysql>
```

（2）设置 root 用户密码

在 MySQL 客户端设置 root 用户密码，具体操作命令如下。

```
mysql>set password for root@localhost=password('root');
```

（3）有密码登录 MySQL

设置完 MySQL root 用户密码之后，退出并重新登录 MySQL，用户名为 root，密码为 root。

```
[root@hadoop1 ~]# mysql -u root -p
Enter password:
mysql>
```

如果能成功登录 MySQL，就说明 MySQL 的 root 用户密码设置成功。

4. 创建 Hive 账户

1）首先输入如下命令创建 Hive 账户，具体操作命令如下。

```
mysql>create user 'hive' identified by 'hive';
```

2）将 MySQL 的所有权限授予 Hive 账户，具体操作命令如下。

```
mysql>grant all on *.* to 'hive'@'hadoop1' identified by 'hive';
```

3）通过命令使上述授权生效，具体操作命令如下。

```
mysql> flush privileges;
```

如果上述操作成功，就可以使用 Hive 账户登录 MySQL 数据库，具体操作命令如下。

```
mysql> mysql -h hadoop1 -u hive -p
```

7.3.2 安装 Hive

7.3.2 安装 Hive

Hive 的安装比较简单，因为 Hive 底层存储依赖 HDFS，底层计算默认依赖 MapReduce，所以选择一个节点部署 Hive 客户端，通过 Hive 客户端就能将 Hive 查询任务提交到 Hadoop 集群运行。

1. 下载 Hive

到官网（http://archive.apache.org/dist/hive/）下载 Hive 安装包 apache-hive-2.3.7-bin.tar.gz，

然后上传至 hadoop1 节点的/home/hadoop/app 目录下。

2. 解压 Hive

在 hadoop1 节点上，使用解压命令解压 Hive 安装包，具体操作命令如下。

```
[hadoop@hadoop1 app]$ tar -zxvf apache-hive-2.3.7-bin.tar.gz
```

然后创建 Hive 软连接，具体操作命令如下。

```
[hadoop@hadoop1 app]$ ln -s apache-hive-2.3.7-bin hive
```

3. 修改 hive-site.xml 配置文件

进入 Hive 的 conf 目录下发现 hive-site.xml 文件不存在，需要从默认配置文件复制一份，具体操作命令如下。

```
[hadoop@hadoop1 conf]$ cp hive-default.xml.template hive-site.xml
```

然后在 hive-site.xml 配置文件中，修改元数据库相关配置，修改内容如下。

```
[hadoop@hadoop1 conf]$ vi hive-site.xml
#配置连接驱动名为 com.mysql.jdbc.Driver
<property>
    <name>javax.jdo.option.ConnectionDriverName</name>
    <value>com.mysql.jdbc.Driver</value>
</property>
#修改连接 MySQL 的 URL
<property>
    <name>javax.jdo.option.ConnectionURL</name>
    <value>jdbc:mysql://hadoop1/hive?create Data base If Not Exist=true</value>
</property>
#修改连接数据库的用户名和密码
<property>
    <name>javax.jdo.option.ConnectionUserName</name>
    <value>hive</value>
</property>
<property>
    <name>javax.jdo.option.ConnectionPassword</name>
    <value>hive</value>
</property>
```

4. 配置 Hive 环境变量

打开.bashrc 文件，配置 Hive 环境变量，具体操作命令如下。

```
[hadoop@hadoop1 conf]$ vi ~/.bashrc
HIVE_HOME=/home/hadoop/app/hive
PATH=$JAVA_HOME/bin: $HADOOP_HOME/bin: $HIVE_HOME/bin:$PATH
export JAVA_HOME  CLASSPATH PATH  HADOOP_HOME HIVE_HOME
```

保存并退出，并用命令 source ~/.bashrc 使配置文件生效。

5. 添加 MySQL 驱动包

下载 mysql-connector-java-5.1.38.jar（地址为http://central.maven.org/maven2/mysql/）驱动包，然后上传至 Hive 的 lib 目录下即可。

6. 修改 Hive 相关数据目录

修改 hive-site.xml 配置文件，更改相关数据目录，具体配置如下。

```
[hadoop@hadoop1 conf]$ vi hive-site.xml
<property>
    <name>hive.querylog.location</name>
    <value>/home/hadoop/app/hive/iotmp</value>
</property>
<property>
    <name>hive.exec.local.scratchdir</name>
    <value>/home/hadoop/app/hive/iotmp</value>
</property>
<property>
    <name>hive.downloaded.resources.dir</name>
    <value>/home/hadoop/app/hive/iotmp</value>
</property>
```

7. 启动 Hive 服务

第一次启动 Hive 服务需要先进行初始化，具体操作命令如下。

```
[hadoop@hadoop1 hive]$ bin/schematool -dbType mysql -initSchema
```

然后执行 bin/hive 脚本启动 Hive 服务，具体操作命令如下。

```
[hadoop@hadoop1 hive]$ bin/hive
hive>show databases;
```

如果上述操作没有问题，则说明 Hive 客户端已经安装成功。

7.4 Hive 详解

Hive 利用 Hadoop 平台可以提供强大的数据存储和分析能力，其类 SQL 语言 HQL 更为分析结构化数据提供了便利，所以掌握 Hive 技术对快速上手大数据分析至关重要。从数据的组织形式来看，Hive 跟传统数据库有很多相似之处，都包含数据库和数据表的概念。从数据的管理与查询来看，HQL 语言的使用与传统数据库又有很大的差别。本节将从 7 个方面全面介绍 Hive 技术的使用。

7.4.1 Hive 对数据库的操作

7.4.1 Hive 对数据库的操作

1. 创建数据库

Hive 安装成功之后会存在一个默认的数据库 default，为了方便管理不同的业务数据，需要单独创建新的数据库。

（1）语法

创建数据库的语法如下。

```
CREATE  (DATABASE|SCHEMA) [IF NOT EXISTS] database_name
[COMMENT database_comment]
[LOCATION hdfs_path]
[WITH DBPROPERTIES (property_name=property_value, ...)];
```

（2）解释

创建数据库子句的含义如下。

SCHEMA 和 DATABASE：两者含义相同，用途一样。

IF NOT EXISTS：创建数据库时若有同名数据库存在，缺少该子句将抛出错误信息。

COMMENT：为数据库添加描述信息。

LOCATION：存放数据库数据目录。

WITH DBPROPERTIES：为数据库添加描述信息，如创建时间、作者等信息。

（3）示例

创建名为 weather 的数据库，具体操作如图 7-5 所示。

```
hive> create database if not exists weather comment "天气数据库" location "/u
ive/warehouse/mydb"  with dbproperties('creator'='yangjun','date'='2021-12-06
');
OK
Time taken: 0.431 seconds
hive>
```

图 7-5　创建名为 weather 的数据库

通过 describe 命令查看已建数据库的详情，具体操作如图 7-6 所示。

```
hive> describe database extended weather;
OK
weather ?????   hdfs://mycluster/user/hive/warehouse/mydb       hadoop  USER{
date=2021-12-06, creator=yangjun}
Time taken: 0.121 seconds, Fetched: 1 row(s)
hive>
```

图 7-6　查看 weather 数据库详情

2. 使用数据库

在 Hive 中可以根据不同的业务创建不同的数据库，如果想对某个业务的数据进行操作，首先需要使用或进入该数据库。

（1）语法

使用数据库的语法如下。

```
USE database_name;
```

（2）解释

使用数据库子句的含义如下。

USE：如果想使用哪个数据库，直接使用 USE 关键字即可。

（3）示例

使用已经创建的数据库 weather，具体操作如图 7-7 所示。

查看当前使用的是哪个数据库，具体操作如图 7-8 所示。

```
hive> use weather;
OK
Time taken: 0.084 seconds
hive>
```

图 7-7　使用数据库 weather

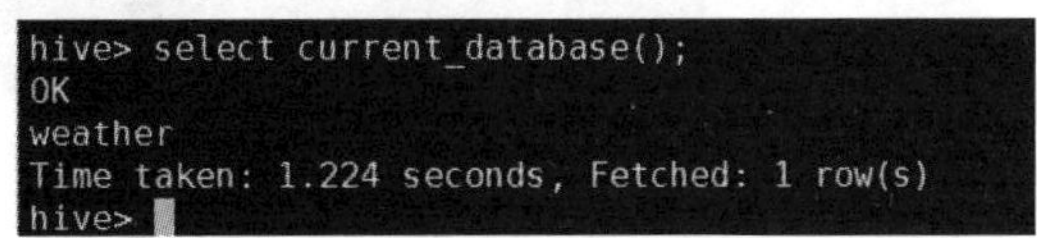

图 7-8　查看当前使用的数据库

3. 修改数据库

如果创建数据库时某些信息设置得不正确，还可以对已创建的数据库进行修改。

（1）语法

修改数据库的语法如下。

```
ALTER (DATABASE|SCHEMA) database_name
SET DBPROPERTIES (property_name=property_value, ...);
```

（2）解释

修改数据库子句的含义如下。

ALTER：如果想修改哪个数据库，直接使用 ALTER 关键字即可。

SET DBPROPERTIES：可以修改数据库键值对描述信息。

（3）示例

修改 weather 数据库的创建日期，具体操作如图 7-9 所示。

```
hive> alter database weather set DBPROPERTIES('date'='2021-12-12');
OK
Time taken: 0.149 seconds
hive> describe database extended weather;
OK
weather ?????   hdfs://mycluster/user/hive/warehouse/mydb       hadoop  USER{
date=2021-12-12, creator=yangjun}
Time taken: 0.065 seconds, Fetched: 1 row(s)
```

图 7-9　修改 weather 数据库的创建日期

注意：Hive 2.3.8 以下版本只支持修改数据库描述信息，不支持修改包括数据库名称和数据存储路径等信息。

4．删除数据库

如果某个数据库中的数据是过期或无用的数据，直接删除该数据库即可。

（1）语法

删除数据库的语法如下。

```
DROP (DATABASE|SCHEMA) [IF EXISTS] database_name [RESTRICT|CASCADE];
```

（2）解释

删除数据库子句的含义如下。

IF EXISTS：如果不加此选项，删除不存在的库会报错。

RESTRICT：如果数据库中包含表，删除数据库操作将失败。

CASCADE：如果想删除包含表的数据库，需要加上该关键字。

（3）示例

在 weather 数据库中创建一个 temperature 表，具体操作如图 7-10 所示。

```
hive> create table if not exists temperature(id string,year string,temperatur
e int);
OK
Time taken: 0.783 seconds
hive> 
```

图 7-10　创建一个 temperature 表

删除包含 temperature 表的 weather 数据库，需要加上 cascade 关键字，否则会报错，具体操作如图 7-11 所示。

注意：如果 weather 数据库中不包含表，则可以直接使用“drop database if exists weather;”语句删除。

```
hive> drop database if exists weather;
FAILED: Execution Error, return code 1 from org.apache.hadoop.hive.ql.exec.DD
LTask. InvalidOperationException(message:Database weather is not empty. One o
r more tables exist.)
hive> drop database if exists weather cascade;
OK
Time taken: 0.771 seconds
```

图 7-11　删除 weather 数据库

7.4.2　Hive 对数据表的操作

7.4.2　Hive 对数据表的操作

1. 创建表

（1）第一种建表方式

Hive 的第一种建表方式是采用类关系型数据库的建表标准方式。

1）语法。Hive 标准建表语法如下。

```
CREATE [EXTERNAL] TABLE [IF NOT EXISTS] table_name
[(col_name data_type [COMMENT col_comment], ...)]
[COMMENT table_comment]
[ROW FORMAT row_format]
[STORED AS file_format]
[LOCATION hdfs_path]
```

2）解释。Hive 建表子句的含义如下。

EXTERNAL：加上该子句，表示创建外部表。

ROW FORMAT：可以指定表存储中各列的分隔符，默认为\001。

STORED AS：可以指定数据存储格式，默认值为 TEXTFILE。

LOCATION：指定 Hive 表中数据在 HDFS 上的存储路径。

3）示例。在 weather 数据库中创建一个 temperature 表，该表存储的是美国各气象站每年的气温值，具体操作如图 7-12 所示。

```
hive> create table if not exists temperature
    > (id string comment '气象站ID',
    > year string comment '年份',
    > temperature int comment '气温值')
    > comment '气温表'
    > ROW FORMAT DELIMITED FIELDS TERMINATED BY ','
    > STORED AS  TEXTFILE;
OK
Time taken: 1.099 seconds
```

图 7-12　创建 temperature 表

在 weather 数据库中创建一个 station 表，该表存储的是美国各气象站的详细信息，具体操作如图 7-13 所示。

```
hive> create table if not exists station
    > (id string comment '气象站ID',
    > latitude string comment '纬度',
    > longitude string comment '经度',
    > elevation string comment '海拔',
    > state string comment '各州编码')
    > comment '气象站表'
    > ROW FORMAT DELIMITED FIELDS TERMINATED BY ','
    > STORED AS  TEXTFILE ;
OK
Time taken: 0.254 seconds
```

图 7-13　创建 station 表

（2）第二种建表方式

还可以使用 select 语句查询已有表来创建新表 temperature2，具体操作如图 7-14 所示。

```
hive> create table temperature2 as select * from temperature;
WARNING: Hive-on-MR is deprecated in Hive 2 and may not be available in the f
uture versions. Consider using a different execution engine (i.e. spark, tez)
 or using Hive 1.X releases.
Query ID = hadoop_20211207095424_806273b6-88a6-4918-8e9e-3bddd5eb510c
Total jobs = 3
Launching Job 1 out of 3
Number of reduce tasks is set to 0 since there's no reduce operator
```

图 7-14　创建 temperature2 表

（3）第三种建表方式

另外 Hive 还支持使用 like 语句创建新表 temperature3，具体操作如图 7-15 所示。

```
hive> create table temperature3 like temperature;
OK
Time taken: 0.362 seconds
hive>
```

图 7-15　创建 temperature3 表

2. 查看表

（1）查看所有表

使用 show 命令查看所有已经创建的表，具体操作如图 7-16 所示。

（2）查看特定表

通过匹配表达式查看特定表集合，具体操作如图 7-17 所示。

```
hive> show tables;
OK
station
temperature
temperature2
temperature3
Time taken: 0.136 seconds, Fetched: 4 row(s)
```

图 7-16　查看所有表

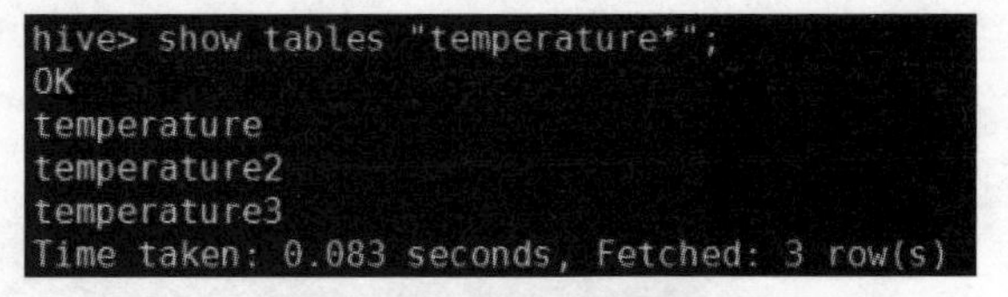

图 7-17　查看特定表

（3）查看表字段信息

通过 describe 命令查看 temperature 表字段信息，具体操作如图 7-18 所示。

```
hive> describe temperature;
OK
id                  string              ???ID
year                string              ??
temperature         int                 ???
Time taken: 0.135 seconds, Fetched: 3 row(s)
```

图 7-18　查看 temperature 表字段信息

3. 修改表

如果建表时某些信息设置得不正确或有遗漏，还可以对已创建的表进行修改。

（1）语法

修改表的语法如下。

```
ALTER TABLE name RENAME TO new_name
ALTER TABLE name REPLACE COLUMNS (col_spec[, col_spec ...])
ALTER TABLE name ADD COLUMNS (col_spec[, col_spec ...])
```

（2）解释

修改表子句的含义如下。

RENAME TO 语句：修改表名称。

REPLACE 语句：删除表中原有的字段，替换为现有的字段。

ADD 语句：为表增加新字段。

（3）示例

使用 RENAME TO 语句将 temperature2 的表名修改为 temperature_2，具体操作如图 7-19 所示。

```
hive> ALTER TABLE temperature2 RENAME TO temperature_2;
OK
Time taken: 0.318 seconds
hive>
```

图 7-19 修改表名称

使用 REPLACE 语句替换 temperature_2 表中的所有字段，具体操作如图 7-20 所示。

```
hive> ALTER TABLE temperature_2 REPLACE COLUMNS
    > (stationID string,
    > year string,
    > temperature int);
OK
Time taken: 0.359 seconds
```

图 7-20 替换表中的所有字段

使用 ADD 语句为 temperature_2 表增加新字段 name，具体操作如图 7-21 所示。

```
hive> ALTER TABLE temperature_2 ADD COLUMNS
    > (name string COMMENT '气象站名称');
OK
Time taken: 0.335 seconds
```

图 7-21 新增表字段

4．删除表

如果某个表中的数据过期或是无用数据，可以直接删除该表。

（1）语法

删除表的语法如下。

```
DROP TABLE IF EXISTS table_name;
```

（2）解释

删除表子句的含义如下。

DROP：删除表的关键字。

IF EXISTS：如果表存在才删除，如果不存在可以不做任何操作。

（3）示例

使用 DROP 语句删除 temperature_2 表，具体操作如图 7-22 所示。

```
hive> DROP TABLE temperature_2;
OK
Time taken: 0.407 seconds
hive>
```

图 7-22 删除 temperature_2 表

7.4.3 Hive 数据相关操作

7.4.3 Hive 数据相关操作

1. 数据导入

数据导入 Hive 表的方式有很多种。可以使用 load data 操作把文件复制或移动到表的目录中，从而把数据导入 Hive 的表中。也可以用 Insert 语句把数据从一个 Hive 表填充到另外一个表，或者在新建表的时候使用 CTAS（CREATE TABLE…AS SELECT）结构。

（1）第一种导入方式

直接通过 insert 语句将数据插入表，具体操作如图 7-23 所示。

```
hive> insert into table temperature values ('03013','2021',36);
WARNING: Hive-on-MR is deprecated in Hive 2 and may not be available in the f
uture versions. Consider using a different execution engine (i.e. spark, tez)
 or using Hive 1.X releases.
Query ID = hadoop_20211207114241_344d92ec-869b-44fd-b20b-e3585a9e4642
Total jobs = 3
Launching Job 1 out of 3
```

图 7-23 Insert 方式加载数据

由图 7-23 可以看出，通过 insert 语句向表中插入数据，底层执行的是 MapReduce 作业。

（2）第二种导入方式

1）准备数据集。现在准备一个名为 temperature.log 的文件，里面包含美国各气象站每年的气温数据，数据的第一列为气象站 ID，第二列为年份，第三列为气温值。具体样本数据如下。

```
03103,1980,41
03103,1981,98
03103,1982,70
03103,1983,74
03103,1984,77
```

再准备一个名为 station.log 的文件，里面包含美国各气象站的详细信息，数据的第一列为气象站 ID，第二列为纬度，第三列为经度，第四列为海拔，第五列为州编码。具体样本数据如下。

```
03013,38.0700,102.6881,1129.0,CO
03016,39.5264,107.7264,1685.5,CO
03017,39.8328,104.6575,1650.2,CO
03024,35.6950,101.3950,930.9,TX
03026,39.2447,102.2842,1277.7,CO
```

然后将 temperature.log 和 station.log 文件上传至 hadoop1 节点的/home/hadoop/shell/data 目录下。

2）数据上传至 HDFS。首先在 HDFS 中创建/weather 目录，然后将 temperature.log 和 station.log 文件上传至该目录下，具体操作如图 7-24 所示。

```
[hadoop@hadoop1 hadoop]$ bin/hdfs dfs -mkdir /weather
[hadoop@hadoop1 hadoop]$ bin/hdfs dfs -put /home/hadoop/shell/data/temperatur
e.log /weather
[hadoop@hadoop1 hadoop]$ bin/hdfs dfs -put /home/hadoop/shell/data/station.lo
g /weather
[hadoop@hadoop1 hadoop]$
```

图 7-24　数据上传至 HDFS

3）数据导入。通过 load data 命令将 HDFS 中的 temperature.log 和 station.log 文件分别加载到 temperature 和 station 表，具体操作如图 7-25 所示。

```
hive> load data inpath '/weather/temperature.log' overwrite into table temper
ature;
Loading data to table weather.temperature
OK
Time taken: 0.971 seconds
hive> load data inpath '/weather/station.log' overwrite into table station;
Loading data to table weather.station
OK
Time taken: 1.007 seconds
```

图 7-25　load data 方式加载数据

如果要将本地文件加载到 Hive 表中，可以使用如下语句。

```
load data local inpath '/home/hadoop/shell/data/temperature.log' overwrite into table temperature;
load data local inpath '/home/hadoop/shell/data/station.log' overwrite into table station;
```

（3）第三种导入方式

通过 like 子句创建表 temperature2，然后使用 select 子句查询 temperature 表数据并插入 temperature2，具体操作如图 7-26 所示。

```
hive> create table temperature2 like temperature;
OK
Time taken: 1.097 seconds
hive> insert overwrite table temperature2 select * from temperature;
WARNING: Hive-on-MR is deprecated in Hive 2 and may not be available in the f
uture versions. Consider using a different execution engine (i.e. spark, tez)
 or using Hive 1.X releases.
Query ID = hadoop_20211207130351_eacab390-9f83-437d-b9ac-d0af820d2207
Total jobs = 3
Launching Job 1 out of 3
```

图 7-26　select 方式插入数据

（4）第四种导入方式

1）建表。通过 create 方式创建表 temperature3，并指定表的 HDFS 路径，具体操作如图 7-27 所示。

```
hive> create table if not exists temperature3
    > (id string comment '气象站ID',
    > year string comment '年份',
    > temperature int comment '气温值')
    > comment '天气表'
    > ROW FORMAT DELIMITED FIELDS TERMINATED BY ','
    > STORED AS  TEXTFILE
    > location '/user/hive/warehouse/mydb/temperature3';
OK
Time taken: 0.235 seconds
```

图 7-27　创建表 temperature3

2）加载数据。通过 HDFS 的 put 命令，将本地文件上传至 temperature3 表的 location 位置即可完成表的数据加载，具体操作如图 7-28 所示。

```
[hadoop@hadoop1 hadoop]$
[hadoop@hadoop1 hadoop]$
[hadoop@hadoop1 hadoop]$ bin/hdfs dfs -put /home/hadoop/shell/data/temperatur
e.log /user/hive/warehouse/mydb/temperature3
[hadoop@hadoop1 hadoop]$
```

图 7-28　本地文件上传至 HDFS

3）表查询。通过 select 语句查询 temperature3 表中的数据，具体操作如图 7-29 所示。

```
hive> select * from temperature3 limit 3;
OK
03103   1980    41
03103   1981    98
03103   1982    70
Time taken: 0.564 seconds, Fetched: 3 row(s)
```

图 7-29　查询 temperature3 表中的数据

2. 数据导出

数据导出 Hive 表的方式也有很多种。可以使用 insert 语句把数据从 Hive 表中导出到本地文件系统或 HDFS，也可以使用 CTAS 结构将一个 Hive 表中的数据导出到另外一个表。

（1）第一种导出方式

使用 INSERT OVERWRITE LOCAL DIRECTORY 语句将 temperature 表中的数据导出到本地文件系统，具体操作如图 7-30 所示。

```
hive>  INSERT OVERWRITE LOCAL DIRECTORY '/home/hadoop/shell/data/temperature.
log.2021120915' ROW FORMAT DELIMITED FIELDS TERMINATED by ',' select * from t
emperature;
WARNING: Hive-on-MR is deprecated in Hive 2 and may not be available in the f
uture versions. Consider using a different execution engine (i.e. spark, tez)
 or using Hive 1.X releases.
Query ID = hadoop_20211209151202_74746bed-2e97-4f8d-8374-370740e34708
Total jobs = 1
Launching Job 1 out of 1
```

图 7-30　使用 INSERT 语句把表数据导出到本地文件系统

注意：LOCAL 关键字表示将数据导出到本地文件系统，如果去掉 LOCAL 表示将数据导出到 HDFS。

（2）第二种导出方式

使用 CTAS 结构把 Hive 查询的结果导出到一个新创建的表，具体操作如图 7-31 所示。

```
hive> create table temperature4 as select * from temperature;
WARNING: Hive-on-MR is deprecated in Hive 2 and may not be available in the f
uture versions. Consider using a different execution engine (i.e. spark, tez)
 or using Hive 1.X releases.
Query ID = hadoop_20211209153058_ccf38970-b923-4629-9ec3-13016cf9f3dd
Total jobs = 3
Launching Job 1 out of 3
```

图 7-31　表数据导出到新表

（3）第三种导出方式

在 bash 中，直接通过 hive -e 命令将 temperature 表中的数据导出到本地文件系统，具体操作如图 7-32 所示。

```
[hadoop@hadoop1 hive]$
[hadoop@hadoop1 hive]$
[hadoop@hadoop1 hive]$ bin/hive -e "select * from weather.temperature" >> /ho
me/hadoop/shell/data/temperature.log.2021120916
```

图 7-32　表数据导出到本地文件系统

也可以先将 Hive 查询语句封装到 temperature.sql 文件，具体操作如图 7-33 所示。

```
[hadoop@hadoop1 hive]$ vi temperature.sql

select * from weather.temperature
~
```

图 7-33　将 Hive 查询语句封装到 sql 文件中

然后在 bash 中，通过 hive -f 命令将 temperature 表中的数据导出到本地文件系统，具体操作如图 7-34 所示。

```
[hadoop@hadoop1 hive]$
[hadoop@hadoop1 hive]$
[hadoop@hadoop1 hive]$ bin/hive -f temperature.sql >> /home/hadoop/shell/data
/temperature.log.2021120917
```

图 7-34　通过 hive -f 命令将表数据导出到本地文件系统

3．数据备份与恢复

Hive 自带了数据的备份和恢复命令，除了数据，表结构也可以一同导出。

（1）数据备份

通过 export 命令对 temperature 表中的数据进行备份，具体操作如图 7-35 所示。

```
hive> export table temperature to '/user/hive/warehouse/mydb/backup/temperatu
re';
Copying data from file:/home/hadoop/app/hive/iotmp/32b4dca2-c904-4afc-af80-fd
6ea6bbb821/hive_2021-12-09_16-14-14_834_6093778426427656503-1/-local-10000/_m
etadata
Copying file: file:/home/hadoop/app/hive/iotmp/32b4dca2-c904-4afc-af80-fd6ea6
bbb821/hive_2021-12-09_16-14-14_834_6093778426427656503-1/-local-10000/_metad
ata
Copying data from hdfs://mycluster/user/hive/warehouse/mydb/temperature
Copying file: hdfs://mycluster/user/hive/warehouse/mydb/temperature/temperatu
re.log
OK
Time taken: 1.425 seconds
```

图 7-35　对 temperature 表中的数据进行备份

Hive 执行 export 命令就是将表结构存储在_metadata 文件，并且直接将 Hive 数据文件复制到备份目录。

（2）数据恢复

通过 import 命令恢复 temperature 表中的备份，具体操作如图 7-36 所示。

```
hive> import table temperature_new from '/user/hive/warehouse/mydb/backup/tem
perature';
Copying data from hdfs://mycluster/user/hive/warehouse/mydb/backup/temperatur
e/data
Copying file: hdfs://mycluster/user/hive/warehouse/mydb/backup/temperature/da
ta/temperature.log
Loading data to table weather.temperature_new
OK
Time taken: 1.948 seconds
```

图 7-36　恢复 temperature 表中的备份

temperature_new 表原来并不存在，当 Hive 进行 import 操作时会根据_metadata 文件里的信息自动创建，这样便于进行 Hive 表的数据备份恢复或迁移操作。

7.4.4 Hive 查询相关操作

7.4.4 Hive 查询相关操作

前面已经将数据加载到 Hive 表中，接下来使用 select 语句的各种形式从 Hive 中检索数据。

1．查询显示所有字段

使用 select 语句查询显示 temperature 表的所有字段，具体操作如图 7-37 所示。

```
hive> select * from temperature limit 3;
OK
03103   1980    41
03103   1981    98
03103   1982    70
Time taken: 0.477 seconds, Fetched: 3 row(s)
```

图 7-37 显示 temperature 表的所有字段

2．查询显示部分字段

使用 select 语句查询显示 temperature 表的部分字段，具体操作如图 7-38 所示。

```
hive> select year,temperature from temperature limit 3;
OK
1980    41
1981    98
1982    70
Time taken: 0.497 seconds, Fetched: 3 row(s)
```

图 7-38 显示 temperature 表的部分字段

3．where 条件查询

使用 where 语句对 temperature 表进行过滤，查询显示气温值小于 10 的记录，具体操作如图 7-39 所示。

```
hive> select * from temperature where temperature<10 limit 3;
OK
03103   2011    -23
03812   2011    3
03816   2011    0
Time taken: 0.523 seconds, Fetched: 3 row(s)
```

图 7-39 查询气温值小于 10 的记录

4．distinct 去重查询

使用 distinct 语句对 temperature 表中的气温字段进行去重查询，具体操作如图 7-40 所示。

```
hive> select distinct temperature  from temperature limit 3;
WARNING: Hive-on-MR is deprecated in Hive 2 and may not be available in the
ine (i.e. spark, tez) or using Hive 1.X releases.
Query ID = hadoop_20220330231710_8cbbf95f-cdac-46a9-8964-704e7987bff6
Total jobs = 1
Launching Job 1 out of 1
Number of reduce tasks not specified. Estimated from input data size: 1
```

图 7-40 对气温字段进行去重查询

5．group by 分组查询

使用 group by 语句，对 temperature 表按气象站 ID 来分组统计每个气象站的平均气温，具体操作如图 7-41 所示。

```
hive> select id,sum(temperature)/count(*) from temperature group by id limit
3;
WARNING: Hive-on-MR is deprecated in Hive 2 and may not be available in the f
uture versions. Consider using a different execution engine (i.e. spark, tez)
 or using Hive 1.X releases.
Query ID = hadoop_20211209194459_942680e0-7328-47ce-ae78-5bb49f1d2e60
Total jobs = 1
Launching Job 1 out of 1
```

图 7-41 分组统计每个气象站的平均气温

6. order by 全局排序

使用 order by 语句对 temperature 表按照气温值进行全局排序，具体操作如图 7-42 所示。

```
hive> select * from temperature order by temperature limit 3;
WARNING: Hive-on-MR is deprecated in Hive 2 and may not be available in the f
uture versions. Consider using a different execution engine (i.e. spark, tez)
 or using Hive 1.X releases.
Query ID = hadoop_20211209194831_4fee6564-bbec-44cf-a038-4d14ef41501c
Total jobs = 1
Launching Job 1 out of 1
```

图 7-42 按照气温值对表进行全局排序

注意：order by 语句会对表进行全局排序，因此底层作业只运行一个 reduce 任务。当表的数据规模较大时，全局排序需要运行的时间比较长。

7. sort by 局部排序

使用 sort by 语句对 temperature 表进行局部排序，为了便于观察局部排序效果，可以将 reduce 任务的并行度设置为 3，同时将局部排序后的结果输出到 HDFS，具体操作如图 7-43 所示。

```
hive> set mapreduce.job.reduces=3;
hive> INSERT OVERWRITE DIRECTORY '/weather/temperature' ROW FORMAT DELIMITED
FIELDS TERMINATED by ',' select * from temperature sort by temperature;
WARNING: Hive-on-MR is deprecated in Hive 2 and may not be available in the f
uture versions. Consider using a different execution engine (i.e. spark, tez)
 or using Hive 1.X releases.
Query ID = hadoop_20211209200457_916b0485-45a5-4d30-a01b-0c3fcb6d87d3
Total jobs = 1
Launching Job 1 out of 1
```

图 7-43 使用 sort by 语句按照气温值对表进行局部排序

使用 hdfs 命令查看局部排序结果，可以看出每个输出文件结果局部有序，查看结果如图 7-44 所示。

```
[hadoop@hadoop1 hadoop]$ bin/hdfs dfs -cat /weather/temperature/000000_0|head -3
26533,1980,-327
26510,1980,-319
26415,1980,-283
[hadoop@hadoop1 hadoop]$ bin/hdfs dfs -cat /weather/temperature/000001_0|head -3
26425,1980,-322
26411,1980,-312
27502,2011,-231
[hadoop@hadoop1 hadoop]$ bin/hdfs dfs -cat /weather/temperature/000002_0|head -3
27502,1980,-261
26616,1980,-231
26615,1980,-183
```

图 7-44 使用 hdfs 命令按照气温值对表进行局部排序

8. distribute by 分区查询

使用 distribute by 语句对 temperature 表中的数据按照气象站 ID 进行分区，具体操作如图 7-45 所示。

```
hive> set mapreduce.job.reduces=3;
hive> INSERT OVERWRITE DIRECTORY '/weather/temperature' ROW FORMAT DELIMITED FIE
LDS TERMINATED by ',' select * from temperature DISTRIBUTE BY id;
WARNING: Hive-on-MR is deprecated in Hive 2 and may not be available in the futu
re versions. Consider using a different execution engine (i.e. spark, tez) or us
ing Hive 1.X releases.
Query ID = hadoop_20211209202002_48e66894-c63a-45b3-84cf-347b12d5e972
Total jobs = 1
Launching Job 1 out of 1
```

图 7-45 按照气象站 ID 对表进行分区

使用 hdfs 命令查看分区文件，可以看出数据按照气象站 ID 分配到不同的分区，具体结果如图 7-46 所示。

```
[hadoop@hadoop1 hadoop]$ bin/hdfs dfs -cat /weather/temperature/000000_0|head -3
94185,2009,71
94185,2008,64
94185,2007,77
[hadoop@hadoop1 hadoop]$ bin/hdfs dfs -cat /weather/temperature/000001_0|head -3
03103,1980,41
94849,2011,-88
94849,2010,80
[hadoop@hadoop1 hadoop]$ bin/hdfs dfs -cat /weather/temperature/000002_0|head -3
24011,2010,59
14732,2011,0
14732,2010,142
```

图 7-46 数据按照气象站 ID 进行分区

9. cluster by 分区排序

cluster by 兼具 distribute by 和 sort by 的功能。当 distribute by 和 sort by 指定的字段相同时，即可使用 cluster by 替换。使用 cluster by 语句对 temperature 表中的数据按照气象站 ID 进行分区和排序，具体操作如图 7-47 所示。

```
hive> set mapreduce.job.reduces=3;
hive> INSERT OVERWRITE DIRECTORY '/weather/temperature' ROW FORMAT DELIMITED FIE
LDS TERMINATED by ',' select * from temperature cluster by id;
WARNING: Hive-on-MR is deprecated in Hive 2 and may not be available in the futu
re versions. Consider using a different execution engine (i.e. spark, tez) or us
ing Hive 1.X releases.
Query ID = hadoop_20211209204808_2d136bd1-68c5-467d-97bd-f004b4619957
Total jobs = 1
Launching Job 1 out of 1
```

图 7-47 按照气象站 ID 对表进行分区和排序

使用 hdfs 命令查看输出文件，可以看出数据按照气象站 ID 进行分区并排序，具体结果如图 7-48 所示。

```
[hadoop@hadoop1 hadoop]$ bin/hdfs dfs -cat /weather/temperature/000000_0|head -3
03813,1980,89
03813,2011,54
03813,2010,172
[hadoop@hadoop1 hadoop]$ bin/hdfs dfs -cat /weather/temperature/000001_0|head -3
03103,1981,98
03103,1982,70
03103,1985,78
cat: Unable to write to output stream.
[hadoop@hadoop1 hadoop]$ bin/hdfs dfs -cat /weather/temperature/000002_0|head -3
03812,2007,135
03812,2008,129
03812,2009,126
```

图 7-48 数据按照气象站 ID 进行分区和排序

7.4.5 Hive表连接相关操作

7.4.5 Hive表连接相关操作

与直接使用 MapReduce 相比，使用 Hive 简化了多表连接操作，极大地降低了开发成本。

1. 等值连接

使用 join 子句实现 temperature 和 station 表的等值连接，具体操作如图 7-49 所示。

```
hive> select t.id,t.year,t.temperature,s.state,s.latitude,s.longitude,s.elevatio
n from temperature t join station s on (t.id==s.id) limit 10;
WARNING: Hive-on-MR is deprecated in Hive 2 and may not be available in the futu
re versions. Consider using a different execution engine (i.e. spark, tez) or us
ing Hive 1.X releases.
Query ID = hadoop_20211216104022_a625ddbc-fb1a-457b-b0b9-d1496a51fb2e
Total jobs = 1
```

图 7-49 表的等值连接

注意：表的等值连接是内连接的子集。

2. 内连接

使用 inner join 子句实现 temperature 和 station 表的内连接，具体操作如图 7-50 所示。

```
hive> select t.id,t.year,t.temperature,s.state,s.latitude,s.longitude,s.elevatio
n from temperature t inner join station s on t.id==s.id limit 10;
WARNING: Hive-on-MR is deprecated in Hive 2 and may not be available in the futu
re versions. Consider using a different execution engine (i.e. spark, tez) or us
ing Hive 1.X releases.
Query ID = hadoop_20211216105938_a2ca1749-ae35-42ee-b811-f267360d5ca4
Total jobs = 1
```

图 7-50 表的内连接

注意：与等值连接相比，表的内连接的条件可以相等，也可以不相等。

3. 左连接

使用 left join 子句实现 temperature 和 station 表的左连接，具体操作如图 7-51 所示。

```
hive> select t.id,t.year,t.temperature,s.state,s.latitude,s.longitude,s.elevatio
n from temperature t left join station s on t.id==s.id limit 10;
WARNING: Hive-on-MR is deprecated in Hive 2 and may not be available in the futu
re versions. Consider using a different execution engine (i.e. spark, tez) or us
ing Hive 1.X releases.
Query ID = hadoop_20211216111149_d53908c4-bce6-412f-927f-e488ac7dcb56
Total jobs = 1
```

图 7-51 表的左连接

注意：使用左连接会显示左表 temperature 的所有数据，如果右表 station 通过外键与左表 temperature 有匹配数据，就显示对应字段的数据；否则右表字段都显示为\N。

4. 右连接

使用 right join 子句实现 temperature 和 station 表的右连接，具体操作如图 7-52 所示。

```
hive> select t.id,t.year,t.temperature,s.state,s.latitude,s.longitude,s.elevatio
n from temperature t right join station s on t.id==s.id limit 10;
WARNING: Hive-on-MR is deprecated in Hive 2 and may not be available in the futu
re versions. Consider using a different execution engine (i.e. spark, tez) or us
ing Hive 1.X releases.
Query ID = hadoop_20211216113329_826a5435-f249-4789-947b-a1e955bc8453
Total jobs = 1
```

图 7-52 表的右连接

注意：使用右连接会显示右表 station 的所有数据，如果左表 temperature 通过外键与右表 station 有匹配数据，就显示对应字段的数据；否则左表字段都显示为\N。

5. 全连接

使用 full join 子句实现 temperature 和 station 表的全连接，具体操作如图 7-53 所示。

```
hive> select t.id,t.year,t.temperature,s.state,s.latitude,s.longitude,s.elevatio
n from temperature t full  join station s on t.id==s.id limit 10;
WARNING: Hive-on-MR is deprecated in Hive 2 and may not be available in the futu
re versions. Consider using a different execution engine (i.e. spark, tez) or us
ing Hive 1.X releases.
Query ID = hadoop_20211216113825_898e5015-4547-4e36-ab6d-71e37898391c
Total jobs = 1
Launching Job 1 out of 1
```

图 7-53　表的全连接

注意：使用全连接会显示 temperature 和 station 表的所有数据，两个表通过 id 键进行关联，如果 temperature 表无匹配的数据，则对应的字段显示为\N；反之，station 表对应的字段显示为\N。

7.4.6　Hive 内部表和外部表相关操作

7.4.6　Hive 内部表和外部表相关操作

在 Hive 中创建表时，默认情况下创建的是内部表（Managed Table），此时 Hive 负责管理数据，Hive 会将数据移入它的仓库目录。另一种选择是创建一个外部表（External Table），这会让 Hive 到仓库目录以外的位置访问数据。

1. 内部表

Hive 建表时如果不使用 external 关键字，默认创建的就是内部表，内部表创建方式如图 7-54 所示。

```
hive> create table if not exists managed_temperature
    > (id string,year string,temperature int)
    > ROW FORMAT DELIMITED FIELDS TERMINATED BY ','
    > STORED AS  TEXTFILE
    > LOCATION '/user/hive/warehouse/mydb/managed_temperature';
OK
Time taken: 0.92 seconds
```

图 7-54　创建 Hive 内部表

使用 load 命令将数据加载到 managed_temperature 内部表时，Hive 会把 HDFS 中的/weather/temperature.log 文件移到 LOCATION 指定的仓库目录下，具体操作如图 7-55 所示。

```
hive> load data inpath '/weather/temperature.log' overwrite into table managed_t
emperature;
Loading data to table weather.managed_temperature
OK
Time taken: 2.097 seconds
```

图 7-55　数据加载至内部表

使用 drop 命令删除 managed_temperature 内部表时，它的元数据和数据会被一起彻底删除，内部表删除操作如图 7-56 所示。

```
hive> drop table managed_temperature;
OK
Time taken: 0.701 seconds
```

图 7-56　删除内部表

2．外部表

使用 external 关键字创建的 Hive 表为外部表，此时数据的创建和删除由用户自己控制（而非 Hive），Hive 只负责元数据的管理，建表方式如图 7-57 所示。

```
hive> create external table if not exists external_temperature
    > (id string,year string,temperature int)
    > ROW FORMAT DELIMITED FIELDS TERMINATED BY ','
    > STORED AS  TEXTFILE
    > LOCATION '/user/hive/warehouse/mydb/external_temperature';
OK
Time taken: 0.221 seconds
```

图 7-57　创建 Hive 外部表

使用 load 命令将数据加载到 external_temperature 外部表时，由于 Hive 不管理数据，因此不会将数据移到 LOCATION 指定的仓库目录，加载操作如图 7-58 所示。

```
hive> load data inpath '/weather/temperature.log' overwrite into table external_
temperature;
Loading data to table weather.external_temperature
OK
Time taken: 0.977 seconds
```

图 7-58　加载数据至外部表

使用 drop 命令删除 external_temperature 外部表时，Hive 不会删除实际数据，只会删除元数据，删除操作如图 7-59 所示。

```
hive> drop table external_temperature;
OK
Time taken: 0.307 seconds
```

图 7-59　删除外部表

针对 Hive 的内部表和外部表，应该如何选择？在大多数情况下，这两种方式没有太大的差别，根据个人喜好选择即可。但根据实际工作经验，一般会遵循一个经验法则：如果所有数据处理都由 Hive 来完成，应该选择使用内部表。如果同一个数据集需要由 Hive 和其他工具同时来处理，应该选择使用外部表。一般的做法是存放在 HDFS 中的初始数据集使用外部表进行处理，然后使用 Hive 的转换操作将数据迁移到 Hive 的内部表。

7.4.7　Hive 分区与分桶相关操作

7.4.7　Hive 分区与分桶相关操作

Hive 把表组织成分区（Partition），它是一种根据分区列的值对表进行划分的机制，使用分区可以加快数据分片的查询速度。表或分区可以进一步分为桶，它会为数据提供额外的结构，从而获得更高的查询效率。

1．分区

Hive 创建 partition_temperature 表时，可以使用 PARTITIONED BY 子句来定义分区，并使用 year 字段作为分区列，具体操作如图 7-60 所示。

```
hive> create table if not exists partition_temperature
    > (id string,temperature int)
    > PARTITIONED BY (year string)
    > ROW FORMAT DELIMITED FIELDS TERMINATED BY ','
    > STORED AS  TEXTFILE;
OK
Time taken: 0.202 seconds
```

图 7-60　创建分区表

使用 insert 子句将 temperature 表中的数据加载到 partition_temperature 分区表中，并以 year 字段为分区列动态创建分区，具体操作如图 7-61 所示。

```
hive> set hive.exec.dynamic.partition=true;
hive> set hive.exec.dynamic.partition.mode=nonstrict;
hive> set hive.exec.max.dynamic.partitions.pernode=10000;
hive> set hive.exec.max.dynamic.partitions=10000;
hive> set hive.exec.max.created.files=10000;
hive> INSERT OVERWRITE TABLE partition_temperature PARTITION(year) SELECT id,tem
perature,year FROM temperature;
```

图 7-61　动态加载数据至分区表

可以使用 show partitions 命令查看 Hive 表中有哪些分区，partition_temperature 表的分区结果如图 7-62 所示。

```
hive> show partitions partition_temperature;
OK
year=1980
year=1981
year=1982
year=1983
year=1984
```

图 7-62　查看表分区

在 select 语句中使用 where 限定分区列 year 的值，这样 Hive 会对查询结果进行修剪，从而只扫描相关的分区，具体操作如图 7-63 所示。

```
hive> select id,temperature from partition_temperature where year='2011';
OK
03103   -23
03812   3
03813   54
03816   0
03820   54
```

图 7-63　查询限定分区数据

对于 partition_temperature 表限定到特定日期的查询，Hive 的数据处理会变得非常高效，因为它们只需要扫描查询 year='2011'分区中的文件。

2. 分桶

Hive 创建 bucket_temperature 表时，可以使用 clustered by 子句来指定划分桶所用的列和要划分的桶的个数，具体操作如图 7-64 所示。

```
hive> create table bucket_temperature
    > (id string,year string,temperature int)
    > clustered by(id) into 3 buckets;
OK
Time taken: 0.265 seconds
```

图 7-64　创建分桶表

在这里，使用气象站 ID 来确定如何划分桶（Hive 对 ID 值进行散列，并将结果除以桶的个数取余数），这样任何一个桶里都会有一个随机的天气集合。

使用 insert 子句将 temperature 表中的数据加载到 bucket_temperature 分桶表中，具体操作如图 7-65 所示。

```
hive> insert overwrite table bucket_temperature select * from temperature;
WARNING: Hive-on-MR is deprecated in Hive 2 and may not be available in the futu
re versions. Consider using a different execution engine (i.e. spark, tez) or us
ing Hive 1.X releases.
Query ID = hadoop_20211216160836_2b1b44cb-a451-4f29-9409-7447c0a2086e
Total jobs = 1
Launching Job 1 out of 1
```

图 7-65　加载数据至分桶表

物理上，每个桶就是表目录里面的一个文件。事实上，桶对应于 MapReduce 的输出文件分区，一个作业产生的桶和 reduce 任务个数相同。通过 dfs 命令查看 bucket_temperature 表目录下面的桶文件，具体操作如图 7-66 所示。

```
hive> dfs -ls /user/hive/warehouse/mydb/bucket_temperature;
Found 3 items
-rwx-wx-wx   3 hadoop supergroup      39146 2021-12-16 16:09 /user/hive/warehous
e/mydb/bucket_temperature/000000_0
-rwx-wx-wx   3 hadoop supergroup      43736 2021-12-16 16:09 /user/hive/warehous
e/mydb/bucket_temperature/000001_0
-rwx-wx-wx   3 hadoop supergroup      40006 2021-12-16 16:09 /user/hive/warehous
e/mydb/bucket_temperature/000002_0
```

图 7-66　查看桶文件

对于非常大的数据集，有时用户需要使用的是一个具有代表性的查询结果，而不是全部结果。可以使用 TABLESAMPLE 子句对 bucket_temperature 表进行抽样来满足这个需求，具体操作如图 7-67 所示。

```
94185   2011    -66
94185   2010    70
Time taken: 0.165 seconds, Fetched: 2683 row(s)
hive> select * from bucket_temperature TABLESAMPLE(BUCKET 1 OUT OF 3 on id);
```

图 7-67　桶抽样

图 7-67 中语句表示从 3 个桶的第一个桶中获取所有的天气记录，因为查询只需要读取和 TABLESAMPLE 子句匹配的桶，所以取样分桶表是非常高效的操作。

7.5　案例实践：B 站用户行为大数据分析

7.5　项目需求、表结构和准备工作

7.5.1　项目需求

B 站现在积累了大量的用户数据和视频列表数据，为了配合市场部门做好用户运营工作，需要对 B 站的用户行为进行分析，其具体需求如下。

1）统计 B 站视频不同评分等级（行转列）的视频数。

2）统计上传 B 站视频最多的用户 Top10，以及这些用户上传的视频观看次数在前 10 的视频。

3）统计 B 站每个类别视频观看数 Topn。

4）统计 B 站视频分类热度 Topn。

5）统计 B 站视频观看数 Topn。

7.5.2　表结构

B 站的 user 表包含了用户基本信息，具体结构如图 7-68 所示。

字段	类型	说明
uid	int	用户 ID
name	string	用户名称
regtime	string	用户注册时间
visitnum	int	用户访问次数
lastvisit	string	最后一次访问时间
gender	int	用户性别
birthday	string	用户生日
country	string	国家
province	string	省份
city	string	城市
uploadvideos	int	上传视频个数

图 7-68　user 表结构

B 站的 video 表包含了用户上传视频的相关统计数据，具体结构如图 7-69 所示。

字段	类型	说明
vid	string	视频id
uid	int	用户id
vday	int	视频上传天数
vtype	string	视频分类
vlength	int	视频时长
visit	int	视频播放量
score	int	视频打分
comments	int	视频评论数
collection	int	视频收藏数
fabulous	int	视频点赞数
forward	int	视频转载数

图 7-69　video 表结构

7.5.3　准备工作

在使用 Hive 进行数据分析时，一般会将初始数据集存储在 Hive 的外部表中，而在数据转换操作时才会将数据存储到 Hive 的内部表中。

1. 创建 Hive 外部表

（1）创建数据库

为了便于不同业务的数据管理，需要创建 video 数据库来管理 B 站数据表，具体操作命令如下。

```
hive> create database if not exists video;
```

（2）创建 external_user 表

通过 external 关键字创建 external_user 外部表，具体操作命令如下。

```
create external table if not exists external_user
(uid int,
```

```
name string,
regtime string,
visitnum int,
lastvisit string,
gender int,
birthday string,
country string,
province string,
city string,
uploadvideos int)
row format delimited fields terminated by ","
stored as textfile;
```

（3）创建 external_video 表

通过 external 关键字创建 external_video 外部表，具体操作命令如下。

```
create external table if not exists  external_video
(vid string,
uid int,
vday int,
vtype string,
vlength int,
visit int,
score int,
comments int,
collection int,
fabulous int,
forward int)
row format delimited fields terminated by ","
stored as textfile;
```

2．创建 Hive 内部表

（1）创建 orc_user 表

创建 orc_user 内部表，并将存储格式指定为 orc，压缩格式设置为 snappy，具体操作命令如下。

```
create table if not exists orc_user
(uid int,
name string,
regtime string,
visitnum int,
lastvisit string,
gender int,
birthday string,
country string,
province string,
city string,
uploadvideos int)
row format delimited fields terminated by ","
stored as orc
```

```
tblproperties("orc.compress"="SNAPPY");
```

（2）创建 orc_video 表

创建 orc_video 内部表，并将存储格式指定为 orc，压缩格式设置为 snappy，具体操作命令如下。

```
create table if not exists orc_video
(vid string,
uid int,
vday int,
vtype string,
vlength int,
visit int,
score int,
comments int,
collection int,
fabulous int,
forward int)
row format delimited fields terminated by ","
stored as orc
tblproperties("orc.compress"="SNAPPY");
```

3．数据加载至外部表

（1）加载数据集至 external_user 表

通过 load 命令将数据集 user.txt 加载至 external_user 表，具体操作如图 7-70 所示。

```
hive> load data local inpath "/home/hadoop/shell/data/user.txt" int
o table external_user;
Loading data to table video.external_user
OK
Time taken: 1.9 seconds
```

图 7-70　加载数据集至 external_user 表

（2）加载数据集至 external_video 表

通过 load 命令将数据集 video.txt 加载至 external_video 表，具体操作如图 7-71 所示。

```
hive> load data local inpath "/home/hadoop/shell/data/video.txt" in
to table external_video;
Loading data to table video.external_video
OK
Time taken: 2.3 seconds
```

图 7-71　加载数据集至 external_video 表

4．数据同步到内部表

（1）数据从 external_user 表同步到 orc_user 表

通过 insert into…select 语句将 external_user 表中的数据同步到 orc_user 表，具体操作如图 7-72 所示。

（2）数据从 external_video 表同步到 orc_video 表

通过 insert into…select 语句将 external_video 表中的数据同步到 orc_video 表，具体操作如

图 7-73 所示。

```
hive>  insert into table orc_user select * from external_user;
WARNING: Hive-on-MR is deprecated in Hive 2 and may not be availabl
e in the future versions. Consider using a different execution engi
ne (i.e. spark, tez) or using Hive 1.X releases.
Query ID = hadoop_20211225162541_f9532d47-2621-45f5-8acd-181656d25f
e6
Total jobs = 1
Launching Job 1 out of 1
```

图 7-72　数据同步至 orc_user 表

```
hive> insert into table orc_video select * from external_video;
WARNING: Hive-on-MR is deprecated in Hive 2 and may not be availabl
e in the future versions. Consider using a different execution engi
ne (i.e. spark, tez) or using Hive 1.X releases.
Query ID = hadoop_20211225162813_c719d5c1-69ae-4d6e-a6b7-d97d5cfed7
f0
Total jobs = 1
Launching Job 1 out of 1
```

图 7-73　数据同步至 orc_video 表

7.5.4　统计分析

7.5.4　统计分析

1. 统计 B 站视频观看数 Topn

本需求只涉及 orc_video 表，通过 order by 对 visit 字段倒序排序，并使用 limit 语句即可实现该功能。具体操作命令如下。

```
hive> select vid,visit from orc_video order by visit desc limit 3;
```

2. 统计 B 站视频分类热度 Topn

本需求只涉及 orc_video 表，首先通过 group by 对 vtype 字段进行分组，统计视频分类热度；然后通过 order by 对 hot 字段倒序排序；最后使用 limit 语句即可实现该功能。具体操作命令如下。

```
hive> select vtype,count(vid) hot from orc_video group by vtype order by hot desc
limit 3;
```

3. 统计每个类别视频观看数 Topn

本需求只涉及 orc_video 表，在内层 select 查询中，首先利用 over()开窗函数，按照 vtype 字段进行分区，并在同一个分区内按照 visit 字段进行升序排序；然后利用 rank()排序函数在每个分区内进行排名。在外层 select 查询中，通过 where 语句进行条件过滤即可实现该功能。具体操作命令如下。

```
hive> select v.vtype,v.vid,v.visit from (select vtype,vid,visit,rank() over(partition
by vtype order by visit desc) rk from orc_video) v where rk<=3;
```

4. 统计上传 B 站视频最多的用户 Topn，以及这些用户上传的视频观看次数在前 n 的视频

在内层 select 查询中，通过 order by 对 orc_user 表的 uploadvideos 字段进行倒序排序，并使用 limit 语句返回上传 B 站视频最多的 n 个用户。在外层 select 查询中，内层 select 查询结果与 orc_video 表进行连接操作，通过 order by 按照 visit 字段进行倒序排序，然后使用 limit 语句即可

实现该功能。具体操作命令如下。

```
    hive> select v.vid,v.visit,v.uid from (select uid,uploadvideos from orc_user order by uploadvideos desc limit 10) u join orc_video v on u.uid=v.uid order by v.visit desc limit 10;
```

5．统计 B 站视频不同评分等级（等级作为字段显示）的视频数量

本需求只涉及 orc_video 表，在内层 select 查询中，通过 group by 对 score 进行分组，统计视频数量。然后在外层 select 查询中，利用 max()函数实现行列转换即可实现该功能。具体操作命令如下。

```
select
max(case v.score when 1 then v.num else 0 end) 1star,
max(case v.score when 2 then v.num else 0 end) 2star,
max(case v.score when 3 then v.num else 0 end) 3star,
max(case v.score when 4 then v.num else 0 end) 4star,
max(case v.score when 5 then v.num else 0 end) 5star
from (select score,count(*) as num from orc_video group by score) v;
```

7.6 本章小结

通过本章节的学习与实践，相信读者已经理解了 Hive 的架构原理及运行机制。Hive 工具简单易用的特点，可以降低学习大数据的门槛与成本，希望读者可以熟练掌握 Hive 数仓工具，从而能够快速从事大数据分析工作。

7.7 习题

1．简述 Hive 和关系型数据库的异同。
2．简述 Hive 的运行机制。
3．简述 Hive 内部表和外部表的区别与使用。
4．简述 order by 和 sort by 在使用上的区别和联系。
5．简述 Hive 分区与分桶的区别。

第 8 章 HBase 分布式数据库

学习目标

- 熟悉 HBase 模型及其基本架构。
- 理解 HBase 运行原理。
- 熟练搭建 HBase 分布式集群。
- 熟练使用 HBase Shell 和 Java 客户端。

HBase 是一个构建在 HDFS 之上的面向列的分布式数据库。如果需要实时地随机读写超大规模数据集，就可以使用 HBase 来进行处理。

与 HBase 相比，虽然传统数据库的存储和检索可以选择很多不同的策略来实现，但大多数的解决办法并不是为了大规模可伸缩的分布式处理而设计的。很多厂商只提供了复制和分区的解决方案，让数据库能够对单个节点进行扩展，但是这些附加的技术大多属于弥补的解决办法，而且安装和维护成本比较高。

而 HBase 是自下而上地进行设计，能够简单地通过增加节点来达到线性扩展，从而解决可伸缩性的问题。HBase 并不是关系型数据库，它不支持 SQL，但是它能在廉价硬件构成的集群上管理超大规模的稀疏表。

8.1 HBase 概述

8.1 HBase 概述

8.1.1 HBase 定义

HBase 是一个高可靠、高性能、面向列、可伸缩的分布式数据库，利用 HBase 技术可以在廉价的 PC Server 上搭建大规模结构化存储集群。

HBase 是 Google BigTable 的开源实现，与 Google 的 BigTable 利用 GFS 作为其文件存储系统类似，HBase 则利用 Hadoop 的 HDFS 作为其文件存储系统。Google 运行 MapReduce 来处理 BigTable 中的海量数据，而 HBase 则利用 Hadoop 的 MapReduce 来处理 HBase 中的海量数据。Google BigTable 利用 Chubby 作为协同服务，而 HBase 则利用 ZooKeeper 作为协同服务。

8.1.2 HBase 的特点

HBase 作为一个典型的 NoSQL 数据库，可以通过行键（RowKey）检索数据，仅支持单行事务，主要用于存储非结构化（不方便用数据库二维逻辑表来表现的数据，如图片、文件、视频）和半结构化（介于完全结构化数据和完全无结构的数据之间的数据，例如，XML、HTML 文档就属于半结构化数据。半结构化数据一般是自描述的，数据的结构和内容混在一起，没有明显的区分）的松散数据。与 Hadoop 类似，HBase 设计目标主要依靠横向扩展，通过不断增加廉价的商用服务器来增加计算和存储能力。

与传统数据库相比，HBase 具有很多与众不同的特性，HBase 具备的一些重要特性如下。

1）容量巨大：单表可以有百亿行、数百万列。

2）无模式：同一个表的不同行可以有截然不同的列。

3）面向列：HBase 是面向列的存储和权限控制，并支持列独立索引。

4）稀疏性：表可以设计得非常稀疏，值为空的列并不占用存储空间。

5）扩展性：HBase 底层文件存储依赖 HDFS，它天生具备可扩展性。

6）高可靠性：HBase 提供了预写日志（WAL）和副本（Replication）机制，防止数据丢失。

7）高性能：底层的 LSM 树（Log-Structured Merge Tree）数据结构和 RowKey 有序排列等架构上的独特设计，使得 HBase 具备非常高的写入性能。

8.2　HBase 模型及架构

8.2　HBase 模型及架构

8.2.1　HBase 逻辑模型

HBase 中最基本的单位是列，一列或者多列构成了行，行有行键（Rowkey），每一行的行键都是唯一的，对相同行键的插入操作被认为是对同一行的操作，多次插入操作其实就是对该行数据的更新操作。

HBase 中的一个表有若干行，每行有很多列，列中的值可以有多个版本，每个版本的值称为一个单元格，每个单元格存储的是该列不同时间的值。HBase 表的逻辑模型如图 8-1 所示。

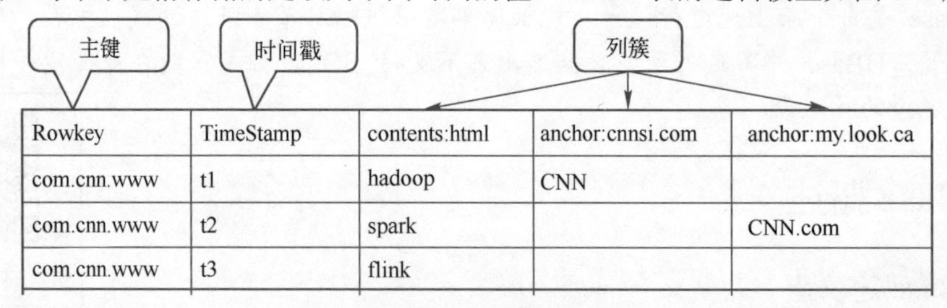

Rowkey	TimeStamp	contents:html	anchor:cnnsi.com	anchor:my.look.ca
com.cnn.www	t1	hadoop	CNN	
com.cnn.www	t2	spark		CNN.com
com.cnn.www	t3	flink		

图 8-1　HBase 表的逻辑模型

从图 8-1 可以看出，HBase 表包含两个列簇（Column Family）：contents 和 anchor。在该示例中，列簇 anchor 有两个列（anchor:cnnsi.com 和 anchor:my.look.ca），列簇 contents 仅有一个列（contents:html）。其中，列名由列簇和修饰符（Qualifier）连接而成，分隔符是英文冒号。例如，列 anchor:my.look.ca 由列簇 anchor 和修饰符 my.look.ca 组成。所以在提到 HBase 列时应该使用的方式是“列簇+修饰符”。

另外，从图 8-1 可以看出，在 HBase 表的逻辑模型中，所有的列簇和列都紧凑地挨在一起，并没有展示它的物理存储结构。该逻辑视图可以让读者更好地、更直观地理解 HBase 的数据模型，但它并不是实际数据存储的形式。

8.2.2　HBase 数据模型

理解 HBase 数据模型非常重要，因为数据模型设计的好坏将直接影响业务的查询性能，接下来将详细介绍 HBase 数据模型。

1. 表

HBase 是一种列式存储的分布式数据库，其核心概念是表（Table）。与传统关系型数据库一样，HBase 的表也是由行和列组成的，但 HBase 同一列可以存储不同时刻的值，同时，多个列可以组成一个列簇（Column Family），这种组织形式主要是出于 HBase 存取性能的考虑。

2. 行键

RowKey 既是 HBase 表的行键，也是 HBase 表的主键。HBase 表中的记录是按照 RowKey 的字典顺序进行存储的。

在 HBase 中，为了高效地检索数据，需要设计良好的 RowKey 来提高查询性能。因为 RowKey 会被冗余存储，所以长度不宜过长，RowKey 过长将会占用大量的存储空间，同时会降低检索效率。其次，RowKey 应该尽量均匀分布，避免产生热点问题（大量用户访问集中在一个或极少数节点，从而造成单个节点超出自身承受能力）。另外需要保证 RowKey 的唯一性。

3. 列簇

HBase 表中的每个列都归属于某个列簇，一个列簇中的所有列成员有着相同的前缀。例如，列 anchor:cnnsi.com 和 anchor:my.look.ca 都是列簇 anchor 的成员。列簇是表的 Schema 的一部分，必须在使用表之前定义列簇，但列却不是必需的，写数据的时候可以动态加入。一般将经常一起查询的列放在一个列簇中，合理划分列簇将减少查询时加载到缓存的数据，提高查询效率，但也不能有太多列簇，因为跨列簇访问是非常低效的。

4. 单元格

HBase 中通过 RowKey 和 Column 确定的一个存储单元称为单元格（Cell）。每个单元格都保存着同一份数据的多个版本，不同时间版本的数据按照时间顺序倒序排序，最新时间的数据排在最前面，时间戳是 64 位的整数，可以由客户端在写入数据时赋值，也可以由 RegionServer 自动赋值。

为了避免数据存在过多版本造成的管理（包括存储和索引）负担，HBase 提供了两种数据版本回收方式。一种是保存数据的最后 n 个版本；另一种是保存最近一段时间内的数据版本，如最近 7 天。用户可以针对每个列簇进行设置。

8.2.3　HBase 物理模型

虽然在逻辑模型中，表可以被看成是一个稀疏的行集合。但在物理上，表是按列簇分开存储的。HBase 的列是按列簇分组的，HFile 是面向列的物理文件，可以存放行的不同列，一个列簇的数据存放在多个 HFile 中，最重要的是一个列簇的数据会被同一个 Region 管理，物理上存放在一起。表 8-1 为列簇 contents 物理模型，表 8-2 为列簇 anchor 物理模型。

表 8-1　列簇 contents 物理模型

RowKey	TimeStamp	ColumnFamily "contents:"
"com.cnn.www"	t6	contents:html = "<html>..."
"com.cnn.www"	t5	contents:html = "<html>..."
"com.cnn.www"	t3	contents:html = "<html>..."

表 8-2　列簇 anchor 物理模型

RowKey	TimeStamp	ColumnFamily anchor
"com.cnn.www"	t9	anchor:cnnsi.com = "CNN"
"com.cnn.www"	t8	anchor:my.look.com = "CNN.com"

HBase 表中的所有行都按照 RowKey 的字典序排列，在行的方向上分割为多个 Region。Region 是 HBase 数据管理的基本单位，数据移动、数据的负载均衡以及数据的分裂都是以 Region 为单位来进行操作的。Region 的切分方式如图 8-2 所示。

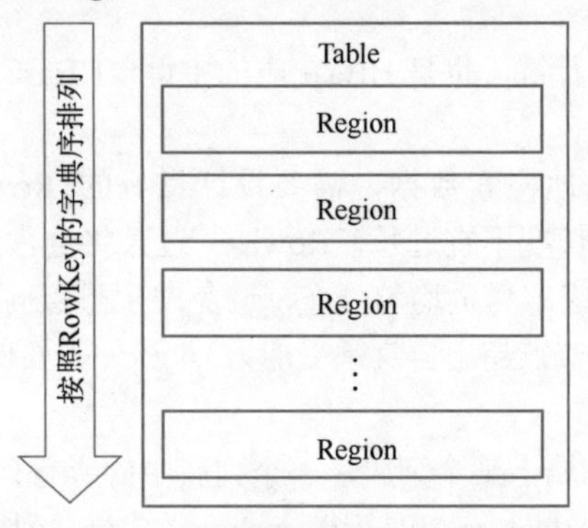

图 8-2　Region 的切分方式

HBase 的表默认最初只有一个 Region，随着记录数不断增加而变大后，会逐渐分裂成多个 Region，每个 Region 由[startkey,endkey]的范围来划分，不同的 Region 会被 Master 分配给相应的 RegionServer 进行管理。

Region 是 HBase 中分布式存储和负载均衡的最小单元。不同的 Region 会分布到不同的 Region-Server 上，Region 负载均衡如图 8-3 所示。

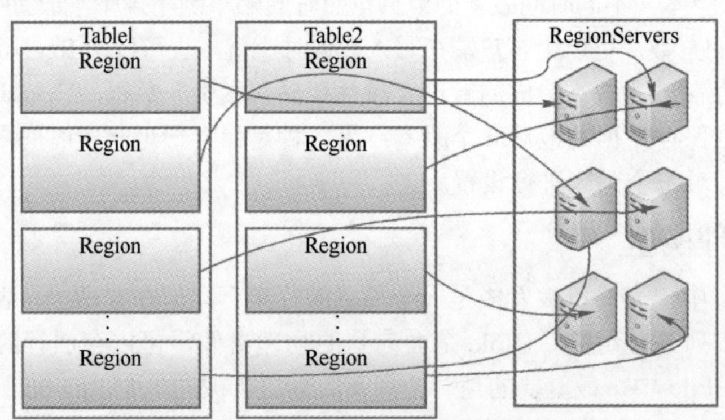

图 8-3　Region 负载均衡

Region 虽然是分布式存储的最小单元，但并不是存储的最小单元。Region 由一个或多个 Store 组成，每个 Store 保存一个 Column Family。每个 Store 又由一个 MemStore 和零至多个 StoreFile 组成。MemStore 代表写缓存，StoreFile 存储在 HDFS 之上。Region 的组成结构如图 8-4 所示。

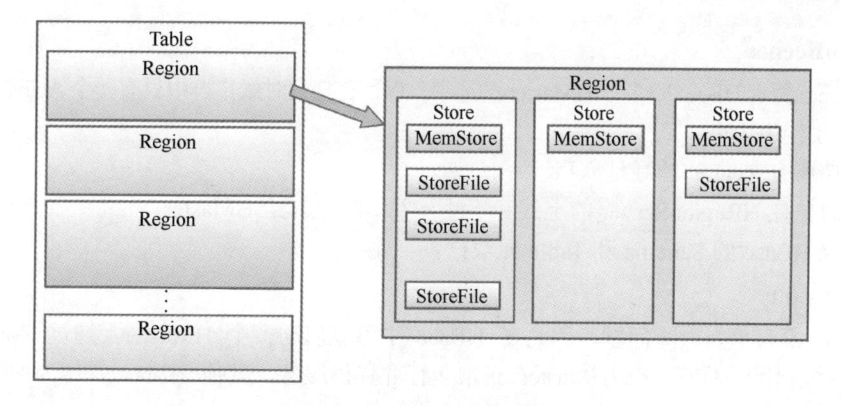

图 8-4　Region 的组成结构

8.2.4　HBase 基本架构

HBase 是一个分布式系统架构，除了底层存储 HDFS 之外，HBase 包含 4 个核心功能模块，它们分别是客户端（Client）、协调服务模块（ZooKeeper）、主节点（HMaster）和从节点（HRegionServer）。HBase 系统架构如图 8-5 所示。

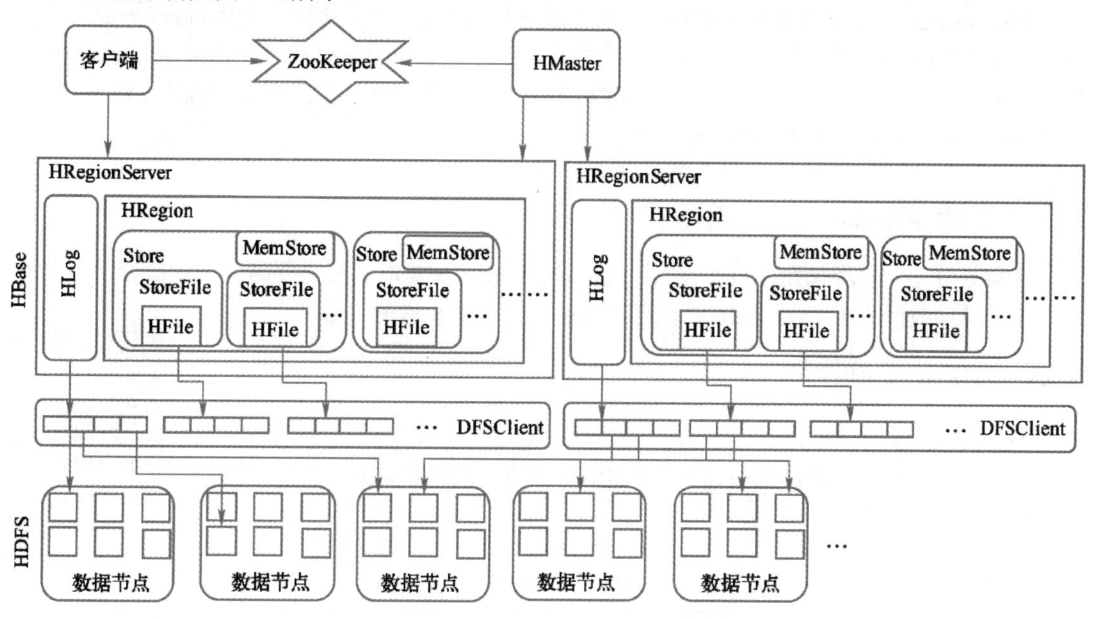

图 8-5　HBase 系统架构

1. Client

Client 是整个 HBase 系统的入口，可以通过 Client 直接操作 HBase。Client 使用 HBase 的 RPC 机制与 HMaster 和 HRegionServer 进行通信。在管理方面，Client 与 HMaster 进行 RPC 通信；在数据的读写方面，Client 与 HRegionServer 进行 RPC 交互。HBase 有很多种客户端模式，除了 Java 客户端模式外，还有 Thrift、Avro、Rest 等客户端模式。

2．ZooKeeper

ZooKeeper 负责 HBase 中多个 HMaster 的选举，保证在任何时候集群中只有一个 Active HMaster。ZooKeeper 的主要职责如下。

1）存储所有 Region 的寻址入口。

2）实时监控 HRegionServer 的上线和下线，并实时通知给 HMaster。

3）存储 HBase 的 Schema 和 Table 元数据。

3．HMaster

HMaster 没有单点故障问题，因为在 HBase 中可以启动多个 HMaster，通过 ZooKeeper 的 Master 选举机制保证总有一个 HMaster 正常运行并提供服务，其他 HMaster 作为备选时刻准备提供服务。HMaster 的主要职责如下。

1）管理用户对表的增、删、改、查操作。

2）管理 HRegionServer 的负载均衡，调整 HRegion 的分布。

3）在 HRegion 分裂之后，负责新 HRegion 的分配。

4）在 HRegionServer 宕机后，负责 HRegionServer 上 HRegion 的迁移工作。

4．HRegionServer

HRegionServer 主要负责响应用户的 I/O 请求，是 HBase 的核心模块。HRegionServer 内部管理了一系列 HRegion 对象，每个 HRegion 对应表中的一个 Region。HRegion 由多个 Store 组成，每个 HStore 对应表中的一个列簇。每个列簇就是一个集中的存储单元，因此，将具备相同 I/O 特性的列放在同一个列簇中能够提高读写性能。

8.3 搭建 HBase 分布式集群

HBase 底层数据存储在 HDFS 之上，所以构建 HBase 集群之前需要确保 HDFS 集群正常运行。为了确保数据的本地性，HBase 集群安装选择与 HDFS 集群共享节点。

8.3.1 HBase 集群规划

8.3.1 HBase 集群规划

1．主机规划

这里仍然选择 hadoop1、hadoop2 和 hadoop3 节点安装部署 HBase 集群，相关角色规划见表 8-3。

表 8-3 角色规划

模　块	hadoop1	hadoop2	hadoop3
NameNode	是	是	
DataNode	是	是	是
ZooKeeper	是	是	是
HMaster	是	是	
HRegionServer	是	是	是

2．软件规划

HBase 集群的安装需要考虑与 Hadoop 版本的兼容性问题，否则 HBase 可能无法正常运行，其相关软件版本见表 8-4。

表 8-4　软件规划

软件	版本	位数	说明
JDK	1.8	64	稳定
ZooKeeper	3.4.6		稳定
Hadoop	2.9.2		较新、稳定
HBase	1.2.0		与 Hadoop 兼容

3. 用户规划

HBase 集群安装用户保持与 Hadoop 集群安装用户一致即可，其用户规划见表 8-5。

表 8-5　用户规划

节点	用户组	用户
hadoop1	hadoop	hadoop
hadoop2	hadoop	hadoop
hadoop3	hadoop	hadoop

4. 数据目录规划

在正式安装 HBase 之前，需要规划好所有的软件目录和数据存放目录，便于后期的管理与维护。HBase 目录规划见表 8-6。

表 8-6　目录规划

目录名称	目录路径
HBase 软件安装目录	/home/hadoop/app
RegionServer 共享目录	hdfs://mycluster/hbase
ZooKeeper 数据目录	/home/hadoop/data/zookeeper

8.3.2　HBase 集群安装配置

8.3.2　HBase 集群安装配置

1. 下载并解压 **HBase**

到官网（下载地址为 http://archive.apche.org/dist/hbase）下载安装包 hbase-1.2.0-bin.tar.gz，然后上传至 hadoop1 节点的/home/hadoop/app 目录下并解压，具体操作命令如下。

```
[hadoop@hadoop1 app]$ tar  -zxvf  hbase-1.2.0-bin.tar.gz
[hadoop@hadoop1 app]$ ln  -s  hbase-1.2.0-bin hbase
```

2. 修改配置文件

进入 hadoop1 节点的 conf 目录，修改 HBase 集群相关配置文件。

（1）修改 hbase-site.xml 配置文件

通过修改 hbase-site.xml 配置文件进行个性化配置，修改内容如下。

```
[hadoop@hadoop1 conf]$ vi hbase-site.xml
```

```
<configuration>
  <property>
      <name>hbase.zookeeper.quorum</name>
      <value>hadoop1,hadoop2,hadoop3</value>
      <!--指定 ZooKeeper 集群节点-->
  </property>
  <property>
      <name>hbase.zookeeper.property.dataDir</name>
      <value>/home/hadoop/data/zookeeper/zkdata</value>
      <!--指定 ZooKeeper 数据存储目录-->
  </property>
  <property>
      <name>hbase.zookeeper.property.clientPort</name>
      <value>2181</value>
      <!--指定 ZooKeeper 端口号-->
  </property>
  <property>
      <name>hbase.rootdir</name>
      <value>hdfs://mycluster/hbase</value>
      <!--指定 HBase 在 HDFS 上的根目录-->
  </property>
  <property>
      <name>hbase.cluster.distributed</name>
      <value>true</value>
      <!--指定 true 为分布式集群部署-->
  </property>
</configuration>
```

（2）修改 regionservers 配置文件

修改 regionservers 配置文件，添加 RegionServer 节点角色，修改内容如下。

```
[hadoop@hadoop1 conf]$ vi regionservers
hadoop1
hadoop2
hadoop3
```

按照上面角色的规划，hadoop1、hadoop2 和 hadoop3 节点都配置为 RegionServer 服务器。

（3）修改 backup-masters 配置文件

修改 backup-masters 配置文件，添加备用节点，修改内容如下。

```
[hadoop@hadoop1 conf]$ vi backup-masters
hadoop2
```

因为 HBase 的 HMaster 角色需要配置高可用，所以这里选择 hadoop2 为备用节点。

（4）修改 hbase-env.sh 配置文件

修改 hbase-env.sh 配置文件，添加相关环境变量，修改内容如下。

```
[hadoop@hadoop1 conf]$ vi hbase-env.sh
export JAVA_HOME=/home/hadoop/app/jdk
<!-- 配置 jdk 安装路径-->
export HBASE_MANAGES_ZK=false
```

```
<!-- 使用独立的 ZooKeeper 集群>
```

3．配置 HBase 环境变量

添加 HBase 环境变量，添加内容如下。

```
[hadoop@hadoop1 conf]$ vi  ~/.bashrc
export HBASE_HOME=/home/hadoop/app/hbase
```

4．配置文件同步到集群其他节点

将 hadoop1 节点中配置好的 HBase 安装目录，分发给 hadoop2 和 hadoop3 节点，因为 HBase 集群配置都是一样的。这里使用 Linux 远程命令进行分发，具体操作命令如下。

```
[hadoop@hadoop1 app]$scp -r hbase-1.2.0-bin  hadoop@hadoop2:/home/hadoop/app/
[hadoop@hadoop1 app]$scp -r hbase-1.2.0-bin  hadoop@hadoop3:/home/hadoop/app/
[hadoop@hadoop2 app]$ ln -s hbase-1.2.0-bin hbase
[hadoop@hadoop3 app]$ ln -s hbase-1.2.0-bin hbase
```

8.3.3　启动 HBase 集群服务

8.3.3　启动 HBase 集群服务

HDFS 的高可用集群依赖 ZooKeeper 提供协调服务，HBase 集群中的数据又存储在 HDFS 集群之上，所以需要先启动 ZooKeeper 集群，然后启动 HDFS 集群，最后启动 HBase 集群。

1．启动 ZooKeeper 集群

在集群所有节点进入 ZooKeeper 安装目录，使用如下命令启动 ZooKeeper 集群。

```
[hadoop@hadoop1 zookeeper]$ bin/zkServer.sh start
[hadoop@hadoop2 zookeeper]$ bin/zkServer.sh start
[hadoop@hadoop3 zookeeper]$ bin/zkServer.sh start
```

2．启动 HDFS 集群

在 hadoop1 节点进入 Hadoop 安装目录，使用如下命令启动 HDFS 集群。

```
[hadoop@hadoop1 hadoop]$ sbin/start-dfs.sh
```

3．启动 HBase 集群

在 hadoop1 节点进入 HBase 安装目录，使用如下命令启动 HBase 集群。

```
[hadoop@hadoop1 hbase]$ bin/start-hbase.sh
```

4．查看 HBase 启动进程

通过 jps 命令查看 hadoop1 节点的进程，如图 8-6 所示，如果出现 HMaster 进程和 HRegionServer 进程，说明 hadoop1 节点的 HBase 服务启动成功。

通过 jps 命令查看 hadoop2 节点的进程，如图 8-7 所示，如果出现 HMaster 进程和 Hregion-Server 进程，说明 hadoop2 节点的 HBase 服务启动成功。

```
[hadoop@hadoop1 hbase]$ jps
9575 DFSZKFailoverController
8969 NameNode
9081 DataNode
9291 JournalNode
9757 HMaster
10301 Jps
7599 QuorumPeerMain
9903 HRegionServer
```

图 8-6　查看 hadoop1 节点的进程

```
[hadoop@hadoop2 hbase]$ jps
4610 QuorumPeerMain
5781 DFSZKFailoverController
6326 Jps
5448 DataNode
5673 JournalNode
5977 HMaster
5370 NameNode
5899 HRegionServer
```

图 8-7　查看 hadoop2 节点的进程

通过 jps 命令查看 hadoop3 节点的进程，如图 8-8 所示，如果出现 HRegionServer 进程，说明 hadoop3 节点的 HBase 服务启动成功。

```
[hadoop@hadoop3 ~]$ jps
4736 DataNode
4363 QuorumPeerMain
4843 JournalNode
4956 HRegionServer
5180 Jps
```

图 8-8　查看 hadoop3 节点的进程

5. 查看 HBase Web 界面

查看 HBase 主节点 Web 界面（地址为 http://hadoop1:16010/master-status），如图 8-9 所示，可以看到 hadoop1 节点的角色为 Master，RegionServer 列表为 hadoop1、hadoop2 和 hadoop3 节点。

APACHE HBASE　Home　Table Details　Local Logs　Log Level　Debug Dump　Metrics Dump　HBase Configuration

Master hadoop1

Region Servers

Base Stats　Memory　Requests　Storefiles　Compactions

ServerName	Start time	Version	Requests Per Second	Num. Regions
hadoop1,16020,1640500025379	Sun Dec 26 14:27:05 CST 2021	1.2.0	0	4
hadoop2,16020,1640500018246	Sun Dec 26 14:26:58 CST 2021	1.2.0	0	4
hadoop3,16020,1640500014956	Sun Dec 26 14:26:54 CST 2021	1.2.0	0	4
Total:3			0	12

图 8-9　主节点 Web 界面

查看 HBase 备用节点 Web 界面（地址为 http://hadoop2:16010/master-status），如图 8-10 所示，可以看到 hadoop2 节点的角色为 Backup Master。

图 8-10　备用节点 Web 界面

如果上述操作正常，说明 HBase 集群已经搭建成功。

8.4　HBase Shell 操作

8.4　HBase Shell 操作

访问 HBase 数据库的方式有很多种，其中包括原生 Java 客户端、HBase Shell、Thrift、Rest、MapReduce、Web 界面等，这些客户端有些与编程 API 相关，有些与状态统计相关。其中，原生 Java 客户端和 HBase Shell 工具比较常用，本节先介绍 HBase Shell 工具，下节再介绍 Java 客户端。

HBase 的 Shell 工具（HBase 提供了一个 Shell 的终端给用户，用户通过终端输入命令可以对 HBase 数据库进行增、删、改、查等各种操作）是很常用的工具，该工具是由 Ruby 语言编写的，并且使用了 JRuby 解释器。该 Shell 工具有两种常用模式：交互式模式和命令批处理模式。交互式模式用于实时随机访问，而命令批处理模式通过使用 Shell 编程来批量、流程化处理访问命令，常用于 HBase 集群运维和监控中的定时执行任务。本节主要介绍 Shell 的基本交互模式。

8.4.1　HBase Shell 命令分类

选择 hadoop1 节点，通过 hbase shell 命令进入命令行，具体操作命令如下。

```
[hadoop@hadoop1 hbase]$ bin/hbase shell
......
hbase(main):001:0>
```

在命令行中输入 help 命令即可查看 Shell 命令列表分类，具体操作命令如下。

```
hbase(main):001:0> help
COMMAND GROUPS:
  Group name: general
  Commands: status, table_help, version, whoami
  Group name: ddl
  Commands: alter, alter_async, alter_status, create, describe, disable, disable_all,
drop, drop_all, enable, enable_all, exists, get_table, is_disabled, is_enabled, list,
locate_region, show_filters
  Group name: namespace
  Commands: alter_namespace, create_namespace, describe_namespace, drop_namespace,
list_namespace, list_namespace_tables
  Group name: dml
  Commands: append, count, delete, deleteall, get, get_counter, get_splits, incr,
put, scan, truncate, truncate_preserve
  Group name: tools
  Commands: assign, balance_switch, balancer, balancer_enabled, catalogjanitor_enabled,
catalogjanitor_run, catalogjanitor_switch, close_region, compact, compact_rs, flush,
major_compact, merge_region, move, normalize, normalizer_enabled, normalizer_switch,
split, trace, unassign, wal_roll, zk_dump
  Group name: replication
  Commands: add_peer, append_peer_tableCFs, disable_peer, disable_table_replication,
enable_peer, enable_table_replication, list_peers, list_replicated_tables, remove_peer,
remove_peer_tableCFs, set_peer_tableCFs, show_peer_tableCFs
  Group name: snapshots
```

```
    Commands: clone_snapshot, delete_all_snapshot, delete_snapshot, list_snapshots,
restore_snapshot, snapshot
    Group name: configuration
    Commands: update_all_config, update_config
    Group name: quotas
    Commands: list_quotas, set_quota
    Group name: security
    Commands: grant, list_security_capabilities, revoke, user_permission
```

从上面的输出信息可以看到，HBase shell 常见的命令分组如下。

1）general：常规命令，如集群状态命令 status 和 HBase 版本命令 version。

2）ddl（Data Definition Language）：数据定义语言命令，包含的命令非常丰富，用于管理表相关的操作，包括创建表、修改表、上线和下线表、删除表、罗列表等操作。

3）namespace：namespace 命名空间是指对一组表的逻辑分组，类似于 RDBMS 中的 database，方便对表在业务上进行划分，HBase 管理员可以对 namespace 进行创建、修改、删除等操作。

4）dml（Data Manipulation Language）：数据操纵语言命令，包含的命令非常丰富，用于数据的写入、修改、删除、查询、清空等操作。

5）tools：工具命令，这些命令多用于 HBase 集群管理和调优。这些命令涵盖了合并、分裂、负载均衡、日志回滚、Region 分配和移动以及 ZooKeeper 信息查看等方面。每种命令的使用方法有很多，适用于不同的场景。例如，合并命令 compact，可以合并一张表、一个 Region 的某个列簇或一张表的某个列簇。

6）replication：复制命令，用于 HBase 高级特性——复制的管理，可以进行添加、删除、启动和停止复制功能等相关操作。

7）snapshots：HBase 的 snapshots 功能可以让管理员在不复制数据的情况下轻松复制 table，并且只会对 RegionServer 造成很小的影响。导出 snapshots 到另外一个集群不会直接作用于 RegionServer，只是会添加一些额外的逻辑。

8）configuration：该分组中的命令可以更新 HBase 集群单个节点的配置或者所有节点的配置。

9）quotas：在 HBase 中，可以通过 quota 命令来做限流操作，限流的方式有两种，一种是针对用户进行限流；另一种是针对表进行限流。

10）security：安全命令，属于数据控制语言（Data Control Language，DCL）的范畴，用于为 HBase 提供安全管控能力。

8.4.2 HBase Shell 基本操作

为了快速上手 HBase 集群的操作，下面结合 HBase Shell 介绍一些常用命令的使用。

1．创建 course 表

创建 course 表，具体操作命令如下。

```
hbase(main):002:0> create 'course','cf'
```

2．查看 HBase 所有表

查看 HBase 所有表，具体操作命令如下。

```
hbase(main):003:0> list
```

3. 查看 course 表结构

查看 course 表结构，具体操作命令如下。

```
hbase(main):004:0> describe 'course'
```

4. 向 course 表插入数据

向 course 表插入数据，具体操作命令如下。

```
hbase(main):005:0> put 'course','001','cf:cname','hbase'
hbase(main):006:0> put 'course','001','cf:score','95'
hbase(main):007:0> put 'course','002','cf:cname','sqoop'
hbase(main):008:0> put 'course','002','cf:score','85'
hbase(main):009:0> put 'course','003','cf:cname','flume'
hbase(main):010:0> put 'course','003','cf:score','98'
```

5. 查询 course 表中的所有数据

查询 course 表中所有数据，具体操作命令如下。

```
hbase(main):011:0> scan 'course'
```

6. 根据行键查询 course 表

1）查询整条记录，具体操作命令如下。

```
hbase(main):012:0> get 'course','001'
```

2）查询一个列簇数据，具体操作命令如下。

```
hbase(main):013:0> get 'course','001','cf'
```

3）查询列簇中其中的一个列，具体操作命令如下。

```
hbase(main):014:0> get 'course','001','cf:cname'
```

7. 更新 course 表数据

更新 course 表数据，具体操作命令如下。

```
hbase(main):015:0> put 'course','001','cf:score','99'
hbase(main):016:0> get 'course','001','cf'
```

8. 查询 course 表总记录

查询 course 表总记录，具体操作命令如下。

```
hbase(main):017:0> count 'course'
```

9. 删除 course 表数据

1）删除列簇中的一个列，具体操作命令如下。

```
hbase(main):021:0> delete 'course','003','cf:score'
```

2）删除整行记录，具体操作命令如下。

```
hbase(main):022:0> deleteall 'course','002'
hbase(main):023:0> scan 'course'
```

10. 清空 course 表

清空 course 表，具体操作命令如下。

```
hbase(main):024:0> truncate 'course'
hbase(main):025:0> scan 'course'
```

11．删除 course 表

删除 course 表，具体操作命令如下。

```
hbase(main):026:0> disable 'course'
hbase(main):027:0> drop  'course'
```

12．查看表是否存在

查看表是否存在，具体操作命令如下。

```
hbase(main):028:0> exists 'course'
```

8.5 HBase Java 客户端

HBase 官方代码包里包含原生访问客户端，由 Java 语言实现，同时它也是最主要、最高效的客户端。通过 Java 客户端编程接口可以很容易操作 HBase 数据库，例如，对表进行增、删、改、查等操作。

8.5.1 引入 HBase 依赖

8.5.1 引入 HBase 依赖

由于需要通过 Java 客户端操作 HBase 数据库，所以首先需要在 bigdata 项目的 pom.xml 文件中添加 HBase 相关依赖，添加内容如下。

```
<dependency>
  <groupId>org.apache.hbase</groupId>
  <artifactId>hbase-client</artifactId>
  <version>1.2.0</version>
</dependency>
<dependency>
  <groupId>org.apache.hadoop</groupId>
  <artifactId>hadoop-auth</artifactId>
  <version>2.9.2</version>
</dependency>
<dependency>
  <groupId>org.apache.hbase</groupId>
  <artifactId>hbase-server</artifactId>
  <version>1.2.0</version>
</dependency>
```

8.5.2 连接 HBase 数据库

8.5.2 连接 HBase 数据库

通过 Java 客户端连接 HBase 数据库，只需要指定 ZooKeeper 集群地址以及端口号即可，其核心代码如下。

```
public HBaseManager() {
    Configuration conf = HBaseConfiguration.create();
    //配置 ZooKeeper 地址和端口号
    conf.set("hbase.zookeeper.quorum", "hadoop1,hadoop2,hadoop3");
```

```
        conf.set("hbase.zookeeper.property.clientPort", "2181");
        try {
            //获取 HBase 长连接
            connection = ConnectionFactory.createConnection(conf);
        } catch (IOException e) {
            e.printStackTrace();
    }}
```

8.5.3　创建 HBase 表

8.5.3　创建 HBase 表

通过 Java 客户端创建 HBase 表，只需要指定表名称和列簇数组即可，其核心代码如下。

```
    public  void createTable(String name, String[] cols) throws IOException {
        try {
            //获取 admin 对象
            Admin admin = connection.getAdmin();
            TableName tableName = TableName.valueOf(name);
            if (!admin.tableExists(tableName)) {
                //添加列簇
                HTableDescriptor hTableDescriptor = new HTableDescriptor(tableName);
                for (String col : cols) {
                HColumnDescriptor hColumnDescriptor = new HColumnDescriptor(col);
                hTableDescriptor.addFamily(hColumnDescriptor);
                }
                //创建表
                admin.createTable(hTableDescriptor);
            }
        }catch (IOException e){
            e.printStackTrace();
        }finally {
            closeConnection();
    }}
```

8.5.4　HBase 插入数据

8.5.4　HBase 插入数据

通过 Java 客户端向 HBase 表插入数据，需要指定表名称、行键、列簇、列以及数值，其核心代码如下。

```
    public  void  put(String  tableName,String  rowKey,String  columnFaily,  String  column,
String value) throws IOException {
    //获取表对象
    Table table  = connection.getTable(TableName.valueOf(tableName));
    //构建 put 对象
    Put put = new Put(Bytes.toBytes(rowKey));
    put.addColumn(Bytes.toBytes(columnFaily), Bytes.toBytes(column), Bytes.toBytes(value));
        try {
            //数据插入表
```

```
        table.put(put);
    } catch (IOException e) {
        // TODO Auto-generated catch block
        e.printStackTrace();
    }finally{
        closeTable(table);
        closeConnection();
    }}
```

8.5.5 HBase 查询数据

8.5.5 HBase 查询数据

原生 Java 客户端有两种查询数据的方式：单行读和扫描读。单行读就是查询表中的某一行记录，可以是一行记录的全部字段，也可以是某个列簇的全部字段，或者是某一个字段。扫描读一般是在不确定行键的情况下，遍历全表或者表的部分数据。

1. 单行读

通过 Java 客户端单行读取 HBase 表数据，需要指定表名称和行键，其核心代码如下。

```
    public void getResultByRow(String tableName,String rowKey) throws IOException {
    //获取 table 对象
    Table table = connection.getTable(TableName.valueOf(tableName));
    try {
        //使用 Get 进行单行查询
        Get get = new Get(rowKey.getBytes());
        //单行读并返回查询结果
        Result result = table.get(get);
        for(Cell cell :result.listCells()){
        String comlumnFamily= Bytes.toString(cell.getFamilyArray(), cell.getFamilyOffset(),
cell.getFamilyLength());
        String  column=Bytes.toString(cell.getQualifierArray(), cell.getQualifierOffset(),
cell.getQualifierLength());
        String value=Bytes.toString(cell.getValueArray(), cell.getValueOffset(), cell.
getValueLength());
        Long timeStamp=cell.getTimestamp();
        }
    } catch (IOException e) {
        e.printStackTrace();
    }finally{
        closeTable(table);
        closeConnection();
    }}
```

2. 扫描读

通过 Java 客户端扫描读取 HBase 表数据，需要指定表名称、起始行键和结束行键，其核心代码如下。

```
    public  void  getResultByScan(String  tableName,String  startKey,String  endKey)
throws IOException {
    //获取 table 对象
```

```
    Table table = connection.getTable(TableName.valueOf(tableName));
    try {
        //scan 设置起始行键和结束行键
        Scan scan = new Scan();
        scan.setStartRow(Bytes.toBytes(startKey));
        scan.setStopRow(Bytes.toBytes(endKey));
        //扫描读并返回结果
        ResultScanner rsa =table.getScanner(scan);
        for (Result result : rsa) {
            for(Cell cell:result.listCells()){
                String   rowKey=Bytes.toString(cell.getRowArray(),cell.getRowOffset(),cell.
getRowLength());
                String comlumnFamily= Bytes.toString(cell.getFamilyArray(), cell.
getFamilyOffset(), cell.getFamilyLength());
                String column=Bytes.toString(cell.getQualifierArray(), cell.getQualifierOffset(),
cell.getQualifierLength());
                String value=Bytes.toString(cell.getValueArray(), cell.getValueOffset(),
cell.getValueLength());
                Long timeStamp=cell.getTimestamp();
            }
        }
    } catch (IOException e) {
        e.printStackTrace();
    }finally{
        closeTable(table);
        closeConnection();
    }}
```

8.5.6　HBase 过滤查询

8.5.6　HBase 过滤查询

通过 Java 客户端使用 HBase 单值过滤器（SingleColumnValueFilter）扫描读取 HBase 表数据，其核心代码如下。

```
    public void scanAndFilter(String tableName,String rowKey,String cf,String col,
String val) throws IOException{
    //获取 table 对象
    Table table = connection.getTable(TableName.valueOf(tableName));
    //scan 设置起始行键
    Scan scan = new Scan();
    scan.setStartRow(Bytes.toBytes(rowKey));
    //使用 SingleColumnValueFilter 过滤数据
    FilterList filterList = new FilterList(FilterList.Operator.MUST_PASS_ONE);
    filterList.addFilter(new SingleColumnValueFilter(
            Bytes.toBytes(cf),
            Bytes.toBytes(col),
            CompareFilter.CompareOp.GREATER,
            Bytes.toBytes(val)
    ));
    scan.setFilter(filterList);
    //扫描读并进行过滤
```

```
    ResultScanner scanner = table.getScanner(scan);
    for(Result result:scanner){
        for(Cell cell :result.listCells()){
            String comlumnFamily= Bytes.toString(cell.getFamilyArray(), cell.
getFamilyOffset(), cell.getFamilyLength());
            String column=Bytes.toString(cell.getQualifierArray(), cell.
getQualifierOffset(), cell.getQualifierLength());
            String value=Bytes.toString(cell.getValueArray(), cell.getValueOffset(), cell.
getValueLength());
            Long timeStamp=cell.getTimestamp();
        }
    }}
```

8.5.7 删除 HBase 表

8.5.7 删除 HBase 表

通过 Java 客户端，只需要指定表名即可删除 HBase 表，其核心代码如下。

```
public  void dropTable(String tableName){
    try {
        //获取 admin 对象
        Admin admin = connection.getAdmin();
        TableName table = TableName.valueOf(tableName);
        if (admin.tableExists(table)) {
            //删除 HBase 表
            admin.disableTable(table);
            admin.deleteTable(table);
        }
    } catch (IOException e) {
        e.printStackTrace();
    }finally{
        closeConnection();
    }}
```

8.6 案例实践：MapReduce 批量写入 HBase

8.6 需求分析和数据集准备

8.6.1 需求分析

仍然以美国各气象站每年的气温数据集为例，现在要求使用 MapReduce 读取该数据集，然后批量写入 HBase 数据库，最后利用 HBase Shell 根据行键查询气温数据。

8.6.2 数据集准备

数据集的文件名为 temperature.log，其中包含美国各气象站每年的气温数据，数据的第一列为气象站 ID，第二列为年份，第三列为气温值。具体样本数据如下。

```
03103,1980,41
03103,1981,98
03103,1982,70
```

```
03103,1983,74
03103,1984,77
```

8.6.3　代码实现

8.6.3　代码实现

在 IDEA 工具中打开 bigdata 项目，编写 MapReduce 程序批量操作 HBase。

1．实现 Mapper

实现 MyMapper 类，读取并解析数据集，然后将气象站 ID 和年份字段组装成 HBase 的行键便于用户查询，其核心代码如下。

```
    public static class MyMapper extends Mapper<LongWritable, Text,LongWritable,
Text>{
        private Text word = new Text();
        @Override
        protected void map(LongWritable key, Text value, Context context) throws
IOException, InterruptedException {
            //解析每条气温记录
            String[] records = value.toString().split(",");
            int length = records.length;
            if(length==3){
                //设置 HBase 行键 RowKey
                String rowKey = records[0]+":"+records[1];
                word.set(rowKey+","+value.toString());
                context.write(key,word);
            }
        }}
```

2．实现 Reducer

实现 MyReducer 类，解析来自 Map 端输出的 values 集合，然后构造 Put 对象并输出，其核心代码如下。

```
    public static class MyReducer extends TableReducer<LongWritable,Text, Immutable-
BytesWritable>{
        @Override
        protected void reduce(LongWritable key, Iterable<Text> values, Context context)
throws IOException, InterruptedException {
            for(Text value:values){
            String[] splits = value.toString().split(",");
            String rowKey=splits[0];
            //获取第一列作为 RowKey
            Put put =new Put(Bytes.toBytes(splits[0]));
            //获取其他列作为 HBase 列簇中的字段
            put.addColumn(Bytes.toBytes("cf"), Bytes.toBytes("id"), Bytes.toBytes(splits[0]));
            put.addColumn(Bytes.toBytes("cf"), Bytes.toBytes("year"), Bytes.toBytes(splits[1]));
            put.addColumn(Bytes.toBytes("cf"),Bytes.toBytes("temperature"), Bytes.toBytes
(splits[2]));
            ImmutableBytesWritable keys = new ImmutableBytesWritable(rowKey.getBytes());
            context.write(keys,put);
            }
    }}
```

3．配置执行 MapReduce 的相关参数

在执行 MapReduce 批量写入 HBase 之前，需要在 main 方法中设置连接 HBase 的集群地址、端口号以及表名称等，其核心代码如下。

```
    public static void main(String[] args) throws IOException, InterruptedException,
ClassNotFoundException {
        //设置 HBase 配置连接
        Configuration conf= HBaseConfiguration.create();
        conf.set("hbase.zookeeper.quorum", "hadoop1,hadoop2,hadoop3");
        conf.set("hbase.zookeeper.property.clientPort", "2181");
        Job job = new Job(conf, "BatchImportHBase");
        job.setJobName("BatchImportHBase");
        job.setJarByClass(BatchImportHBase.class);
        job.setMapperClass(MyMapper.class);
        //执行 reducer 类写入 HBase
        TableMapReduceUtil.initTableReducerJob("temperature", MyReducer.class, job, null,
null, null, null, false);
        job.setMapOutputKeyClass(LongWritable.class);
        job.setMapOutputValueClass(Text.class);
        job.setOutputKeyClass(ImmutableBytesWritable.class);
        job.setOutputValueClass(Put.class);
        FileInputFormat.setInputPaths(job, new Path(args[0]));
        job.waitForCompletion(true) ;
    }
```

8.6.4 测试运行

8.6.4 测试运行

在项目案例测试运行之前，首先需要启动 HBase 集群服务，然后按照如下步骤测试 MapReduce 批量操作 HBase。

1. 创建 HBase 表

通过 HBase Shell 方式创建 temperature 表，具体操作命令如下。

```
hbase(main):002:0> create 'temperature','cf'
```

2. 提交 MapReduce 作业

在前面的案例中，已经学习了 MapReduce 项目如何编译打包并提交到 Hadoop 集群运行，这里就不再赘述。为了操作方便，直接在 IDEA 工具中指定 temperature.log 文件路径，本地运行 MapReduce 程序将统计结果批量写入 HBase 数据库。具体操作如图 8-11 所示。

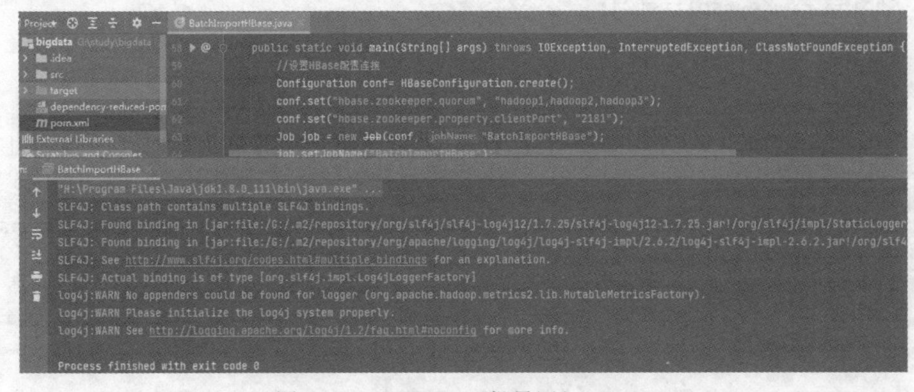

图 8-11　MapReduce 批量写入 HBase

3. 查询气温数据

在 HBase Shell 中，根据 RowKey 使用 get 命令查询 03103 气象站在 1980 年的气温数据，具体操作如图 8-12 所示。

```
hbase(main):001:0> get 'temperature','03103:1980'
COLUMN                                     CELL
 cf:id                                     timestamp=1640687043951, value=03103:1980
 cf:temperature                            timestamp=1640687043951, value=1980
 cf:year                                   timestamp=1640687043951, value=03103
3 row(s) in 0.8290 seconds
```

图 8-12　使用 get 命令查询 03103 气象站在 1980 年的气温

8.7　本章小结

本章首先从整体上介绍了 HBase 的模型、架构以及运行原理，然后详细介绍了 HBase 分布式集群的安装部署，最后介绍了通过 Shell 和 Java 客户端来访问 HBase 数据库，从而让读者熟练掌握 HBase 数据库。

8.8　习题

根据表 8-7，用 HBase Shell 模式设计 Score 成绩表，并对表进行操作。

表 8-7　Score 成绩表

name	score		
	Chinese	Math	English
Lucy	95	90	86
Lily	90	76	88
Jack	85	92	78

1. 查看 Score 表结构。
2. 查询 Jack 同学的 Chinese 成绩。
3. 将 Lucy 同学的 English 成绩修改为 90 分。

第 9 章 Hadoop 生态圈其他常用开发技术

学习目标

- 熟悉 Hadoop 生态系统常用组件的架构原理。
- 掌握 Hadoop 生态系统常用组件的环境搭建。
- 熟练掌握 Hadoop 生态系统常用组件的基本操作。

Hadoop 2.0 的核心技术包括 HDFS、MapReduce 和 YARN。但整个大数据开发过程中涉及数据采集、数据过滤清洗、数据离线和实时计算以及数据的入库等，除了前面介绍的 ZooKeeper、Hive 和 HBase 等技术，还需要掌握 Hadoop 生态系统中的其他技术。本章先介绍 Sqoop、Flume、Kafka 数据采集与交换技术，然后介绍目前流行的实时计算框架 Spark 和 Flink，最后介绍可视化技术 Davinci。通过本章节的学习，将为读者构建起 Hadoop 生态系统的完整技术体系。

9.1 Sqoop 数据迁移工具

9.1 Sqoop 架构及工作原理

9.1.1 Sqoop 概述

Apache Sqoop（SQL to Hadoop）项目旨在协助 RDBMS 与 Hadoop 之间进行高效的大数据迁移。用户可以在 Sqoop 的帮助下，轻松地将 RDBMS 中的数据导入到 Hadoop 或与其相关的系统（如 HBase 和 Hive）中；同时也可以将数据从 Hadoop 系统导出到 RDBMS。因此，可以说 Sqoop 就是一个桥梁，连接了 RDBMS 与 Hadoop。Sqoop 工作流程如图 9-1 所示。

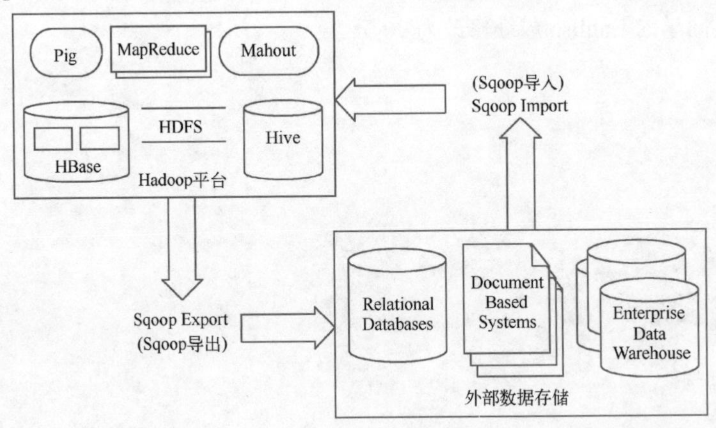

图 9-1 Sqoop 工作流程

通过 Sqoop 可以将外部存储系统中 Relational Databases（关系型数据库）、Document Based Systems（基于文档的系统）和 Enterprise Data Warehouse（企业级数据仓库）的数据导入 Hadoop 平台，例如，HDFS、Hive 或 HBase。Sqoop 也可以将 Hadoop 平台中的数据导出到外部存储系统中。

9.1.2　Sqoop 的优势

相比使用 Java 语言开发应用程序去迁移数据，Sqoop 具有以下 3 个方面的优势。

1）Sqoop 可以高效地、可控地利用资源，还可以通过调整任务数来控制任务的并发度，以及配置数据库的访问时间。

2）Sqoop 可以自动完成数据库与 Hadoop 系统中数据类型的映射与转换。

3）Sqoop 支持多种数据库，如 MySQL、Oracle 和 PostgreSQL 等。

9.1.3　Sqoop 的架构与工作机制

Sqoop 的架构是非常简单的，它主要由 3 个部分组成：提交命令的 Sqoop 客户端、Hadoop 平台和外部存储系统。Sqoop 的系统架构如图 9-2 所示。

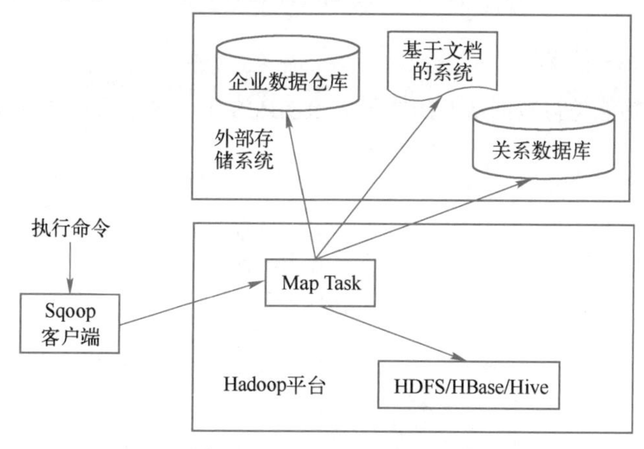

图 9-2　Sqoop 的系统架构

从图 9-2 可以看出 Sqoop 数据导入/导出的基本原理。用户向 Sqoop 发起一个命令之后，这个命令会转换为一个基于 Map 任务的 MapReduce 作业。Map 任务会访问数据库的元数据信息，通过并行的 Map 任务将 RDBMS 的数据读取出来，然后导入 Hadoop 中。当然也可以将 Hadoop 中的数据导入 RDBMS 中。它的核心思想就是通过基于 Map 任务（只有 Map）的 MapReduce 作业来实现数据的并发复制和传输，这样可以大大提高效率。

9.1.4　Sqoop Import 流程

Sqoop Import 的功能是将数据从 RDBMS 导入 HDFS 中，导入流程如图 9-3 所示。

Sqoop 数据导入流程是：首先用户输入一条 Sqoop Import 命令，Sqoop 会从 RDBMS 中获取元数据信息，例如，要操作数据库表的 schema 是什么结构、这个表有哪些字段、这些字段都是什么数据类型等。Sqoop 获取这些信息之后，会将输入命令转换为基于 Map 的 MapReduce 作业。MapReduce 作业中有很多 Map 任务，每个 Map 任务从数据库中读取一片数据，多个 Map 任务实现并发复制，将整个数据快速地复制到 HDFS 上。

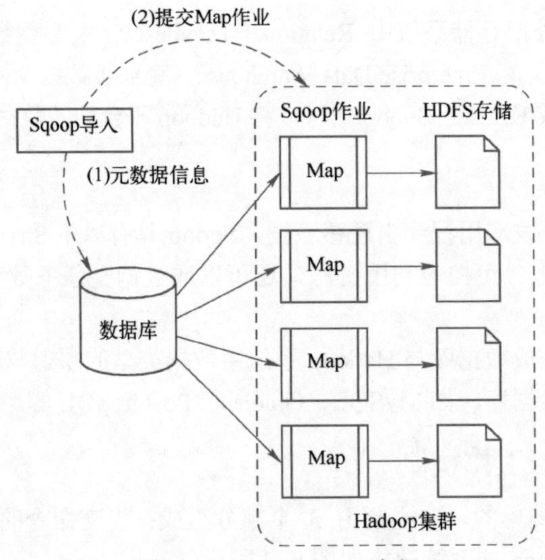

图 9-3　Sqoop Import 流程

9.1.5　Sqoop Export 流程

Sqoop Export 的功能是将数据从 HDFS 导入 RDBMS 中，导出流程如图 9-4 所示。

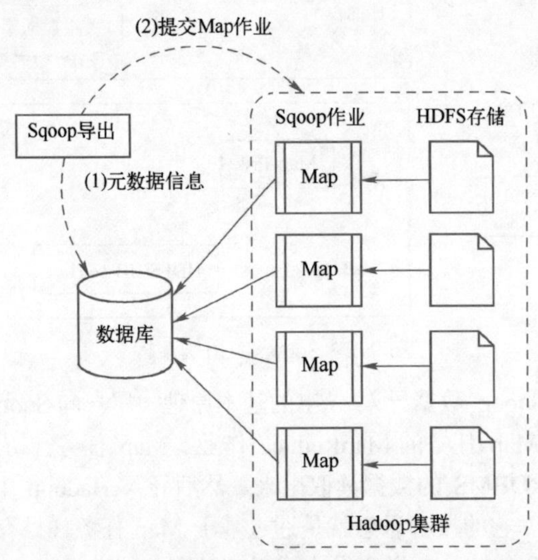

图 9-4　Sqoop Export 流程

Sqoop 数据导出流程是：首先用户输入一条 Sqoop Export 命令，Sqoop 会获取 RDBMS 的 schema，建立 Hadoop 字段与数据库表字段的映射关系。然后将输入命令转换为基于 Map 的 MapReduce 作业，这样 MapReduce 作业中会有很多个 Map 任务，它们并行地从 HDFS 读取数据，并将整个数据复制到 RDBMS 中。

9.1.6　Sqoop 安装部署

9.1.6　Sqoop 安装部署

由于提交的 Sqoop 命令最终会转换为 MapReduce 作业，所以安装 Sqoop 之前需要确保 Hadoop 集群正常运行。跟 Hive 类似，Sqoop 客户端只需要选择一个节点安装即可，详细的安装步骤如下。

1．下载解压

到官网（地址为 http://archive.apache.org/dist/sqoop/1.4.6/）下载 Sqoop 安装包 sqoop-1.4.6.bin__hadoop-2.0.4-alpha.tar.gz，然后上传至 hadoop1 节点的/home/hadoop/app 目录下并解压，具体操作命令如下。

```
[hadoop@hadoop1 app]$tar -zxvf sqoop-1.4.6.bin__hadoop-2.0.4-alpha.tar.gz
[hadoop@hadoop1 app]$ ln -s  sqoop-1.4.6.bin__hadoop-2.0.4-alpha sqoop
```

2．修改配置文件

进入 Sqoop 的 conf 目录下修改 sqoop-env.sh 配置文件，修改内容如下。

```
[hadoop@hadoop1 conf]$ mv sqoop-env-template.sh sqoop-env.sh
[hadoop@hadoop1 conf]$ vi sqoop-env.sh
export HADOOP_COMMON_HOME=/home/hadoop/app/hadoop
export HADOOP_MAPRED_HOME=/home/hadoop/app/hadoop
export HIVE_HOME=/home/hadoop/app/hive
export ZOOCFGDIR=/home/hadoop/app/zookeeper
```

3．配置环境变量

在 hadoop 用户下，添加 Sqoop 的环境变量，添加内容如下。

```
[hadoop@hadoop1 conf]$ vi ~/.bashrc
export SQOOP_HOME=/home/hadoop/app/sqoop
```

4．添加 MySQL 驱动包

由于需要通过 Sqoop 实现 Hadoop 平台与 MySQL 之间的数据迁移，所以需要下载 MySQL 驱动包 mysql-connector-java-5.1.38.jar，并上传至 Sqoop 的 lib 目录下。

5．测试运行

（1）查看 Sqoop 命令语法

在 Sqoop 安装目录下，使用 help 命令查看 Sqoop 的基本用法，具体操作命令如下。

```
[hadoop@hadoop1 sqoop]$ bin/sqoop help
```

（2）测试数据库连接

以 Hive 的元数据库 MySQL 为例，使用 list-databases 命令查看数据库名称列表，具体操作命令如下。

```
[hadoop@hadoop1 sqoop]$ bin/sqoop list-databases --connect jdbc:mysql://hadoop1 -
-username hive -P hive
```

如果能打印显示 MySQL 数据库名称列表，说明 Sqoop 可以连接上数据库。

9.1.7　案例实践：Sqoop 迁移 Hive 仓库数据

9.1.7　案例实践：Sqoop 迁移 Hive 仓库数据

Sqoop 环境部署好之后，以 MySQL 数据库为例，使用 Sqoop 实现 MySQL 与 Hive 之间的数据迁移。

1．数据导出：Hive 导入 MySQL

（1）准备 Hive 数据源

仍以 temperature 表为例，现在要求统计各气象站的平均气温，然后将结果保存到 mean_temperature 表中，具体操作命令如下。

```
hive> create table mean_temperature as  select id , sum(temperature)/count(*) from temperature group by id;
```

（2）MySQL 建表

在数据导入数据库之前，需要按照 mean_temperature 表的字段顺序在 MySQL 中提前建好表，MySQL 中的表名仍然可以命名为 mean_temperature，其建表语句如下。

```
#Hive 用户登录 MySQL
[root@hadoop1 ~]# mysql -h hadoop1 -u hive -phive
#进入 MySQL 的 Hive 数据库
mysql> use hive;
#创建 mean_temperature 表
mysql> CREATE TABLE IF NOT EXISTS `mean_temperature`(
    ->    `id` VARCHAR(20) NOT NULL,
    ->    `average` VARCHAR(20) NOT NULL,
    ->    PRIMARY KEY ( `id` )
    -> )ENGINE=InnoDB DEFAULT CHARSET=utf8;
#退出 Hive 用户登录
mysql> quit;
#root 用户登录 MySQL
[root@hadoop1 ~]# mysql -u root -proot
#给 Hive 账号授予远程访问 MySQL 的权限
mysql> grant all on *.* to 'hive'@'%' identified by 'hive';
mysql> flush privileges;
```

注意：如果不授予 Hive 账号远程访问权限，则 Sqoop 执行数据导入导出时，集群节点没有权限访问 MySQL 数据库。

（3）Hive 数据导入 MySQL

将 Hive 数据导入 MySQL 的操作，其本质就是将 Hive 表文件数据（存储在 HDFS 中）导入 MySQL 数据库，使用 export 命令即可完成数据从 Hive 到 MySQL 的迁移，具体操作命令如下。

```
[hadoop@hadoop1 sqoop]$ bin/sqoop export \
> --connect 'jdbc:mysql://hadoop1/hive?useUnicode=true&characterEncoding=utf-8' \
> --username hive \
> --password hive  \
> --table mean_temperature \
> --export-dir /user/hive/warehouse/mydb/mean_temperature \
> --input-fields-terminated-by "\001" \
> -m 1;
```

Sqoop export 命令相关参数的含义如下。

--connect：连接 MySQL 的 URL。

--username：连接 MySQL 的用户名。

--password：连接 MySQL 的密码。

--table：数据导入 MySQL 的表名称。

--export-dir：导出数据在 HDFS 中的位置。

--fields-terminated-by：Hive 表文件数据分隔符，默认为"\001"。

-m：Map 任务的并行度。

（4）查询导出结果

首先通过命令行登录 MySQL，在名称为 hive 的数据库中使用如下语句查询 mean_temperature 表，具体操作命令如下。

```
mysql> select * from mean_temperature limit 3;
```

如果可以从 mean_temperature 表中正常查看各气象站的平均气温值，则说明 Sqoop 已经将 Hive 中的数据成功导出到 MySQL 数据库。

2．数据导入：MySQL 导入 Hive

（1）MySQL 数据导入 Hive

为了方便起见，使用 import 命令将 MySQL 中的 mean_temperature 表数据导入 Hive 的 ods_mean_temperature 表中，具体操作命令如下。

```
[hadoop@hadoop1 sqoop]$ bin/sqoop import \
> --connect 'jdbc:mysql://hadoop1/hive?useUnicode=true&characterEncoding=utf-8' \
> --username hive \
> --password hive  \
> --table mean_temperature \
> --fields-terminated-by ',' \
> --delete-target-dir \
> -m 1 \
> --hive-import \
> --hive-database weather \
> --hive-table ods_mean_temperature;
```

Sqoop import 命令相关参数的含义如下。

--connect：连接 MySQL 的 URL。

--username：连接 MySQL 的用户名。

--password：连接 MySQL 的密码。

--table：从 MySQL 导出的表名称。

--fields-terminated-by：数据在 HDFS 中不同字段之间的分隔符。

--delete-target-dir：删除 HDFS 中 Hive 表已经存在的目录。

-m：Map 任务的并行度。

--hive-import：表示导入 Hive 中。

--hive-database：指定导入的数据库。

--hive-table：指定导入 Hive 的表名称。

（2）查看导入结果

进入 Hive 的 weather 数据库中，使用 select 语句查询 ods_mean_temperature 表结果，具体操作命令如下。

```
hive> use weather;
hive> select * from ods_mean_temperature limit 10;
```

如果从 Hive 的 ods_mean_temperature 表中查询到数据，则说明 Sqoop 已经将 MySQL 中的数

据成功导入 Hive 数据仓库中。

9.2.1 Flume 概述

9.2 Flume 日志采集系统

9.2.1 Flume 概述

Flume 是 Cloudera 开发的一个分布式的、可靠的、高可用的系统，它能够将不同数据源的海量日志数据进行高效收集、聚合、移动，最后存储到外部的数据存储系统中。随着互联网的发展，特别是移动互联网的兴起，产生了海量的用户日志信息，为了实时分析和挖掘用户需求，需要使用 Flume 来高效快速地采集用户日志，同时对日志进行聚合避免小文件的产生，然后将聚合后的数据通过管道移动到存储系统中进行后续的数据分析和挖掘。

Flume 发展到现在，已经由原来的 Flume OG 版本更新到现在的 Flume NG 版本，进行了架构重构，并且现在的 NG 版本完全不兼容原来的 OG 版本。经过架构重构后，Flume NG 更像是一个轻量的小工具，非常简单，容易适应各种方式的日志收集，并支持 FailOver（例如，其中一个 Flume 聚合节点宕机了，数据会经过另外一个 Flume 节点进行聚合）和负载均衡（例如，Flume 数据采集节点会将采集过来的数据，以随机或轮询的方式发送给不同的 Flume 聚合节点，避免单个 Flume 聚合节点承受过大的压力）。

9.2.2 Flume 架构设计

9.2.2 Flume 架构设计

Flume 之所以比较强大，是源于它自身的一个设计——Agent。Agent 本身是一个 Java 进程，它运行在日志收集节点（即日志服务器节点）之上。Agent 里面包含 3 个核心的组件：Source、Channel 和 Sink。Flume NG 架构如图 9-5 所示。

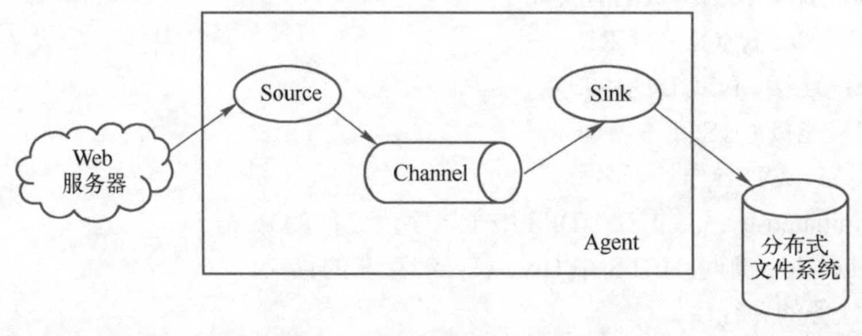

图 9-5　Flume NG 架构

Flume NG 数据采集的工作机制如下。

1）Source 可以接收外部源发送过来的数据。不同的 Source 可以接收不同的数据格式。例如，目录池（Spooling Directory）数据源可以监控指定文件夹中的新文件变化，如果目录中有新文件产生，就会立刻读取其内容。

2）Channel 是一个缓冲区，接收 Source 的输出，直到有 Sink 消费掉 Channel 中的数据。Channel 中的数据直到进入下一个 Agent 的 Channel 中或者进入终端系统才会被删除。当 Sink 写入失败后可以自动重启，不会造成数据丢失，因此很可靠。

3）Sink 会消费 Channel 中的数据，然后发送给外部源（如 HDFS、HBase）或下一个 Agent 的 Source。

接下来详细介绍 Flume NG 的核心功能模块。

1. Agent

Flume 被设计成一个灵活的分布式系统，可以很容易扩展，而且是高度可定制化的。一个配置正确的 Flume Agent 和相互连接的另一个 Flume Agent 创建的 Agent 管道，保证数据传输过程中不会丢失数据，提供持久的 Channel。

Flume 部署的最简单元是 Flume Agent。一个 Flume Agent 可以连接一个或多个其他 Agent。一个 Agent 也可以从一个或多个 Agent 接收数据。通过相互连接的 Agent，可以建立一个流作业。这个 Flume Agent 链条可以用于将数据从一个位置移动到另一个位置。

每个 Flume Agent 都有 3 个组件：Source、Channel 和 Sink。Source 负责获取 Event 到 Flume Agent，而 Sink 负责从 Agent 移走 Event 并转发它们到拓扑结构中的下一个 Agent，或者到 HDFS、HBase 等。Source 已经接收到的数据先存储在 Channel 缓冲区，直到 Sink 将数据成功写入下一个阶段或最终目的地。

实际上，一个 Flume Agent 中的数据流是通过以下方式运行的：采集到的数据源可以写入一个或多个 Channel，一个或多个 Sink 从 Channel 读取这些 Event，然后推送它们到下一个 Agent 或外部存储系统。

2. Source

Client 端操作消费数据的来源，可以将数据发送给 Flume Agent。Flume 支持多种数据源，如 Avro、Log4j、Syslog 和 HTTP。Flume 自带很多 Source 组件支持采集各种数据源，如 Avro Source、SyslogTcp Source；Flume 也可以自定义 Source 组件，以 IPC 或 RPC 的方式采集其他数据源。

Flume 开发成本最低的方式就是直接读取生成的日志文件，这样基本可以实现无缝对接，无需对现有的程序做任何改动。直接读取文件的 Source 有以下两种方式。

1）Exec Source：在启动时运行给定的 UNIX 命令，并期望进程在标准输出上产生连续的数据，UNIX 命令为“tail -F 文件名”。Exec Source 可以实现对日志的实时收集，但是在 Flume 不运行或者指令执行出错时，将无法收集到日志数据，无法保证日志数据的完整性。

2）Spool Source：监测配置目录下新增的文件，并采集文件中的数据。需要注意两点：复制到 spool 目录下的文件不可以再打开编辑；spool 目录下不可以包含相应的子目录。

Flume Source 支持的常用类型见表 9-1。

表 9-1　Flume Source 支持的常用类型

Source 类型	说　明
Avro Source	支持 Avro 协议，内置支持
Spooling Directory Source	监控指定目录内数据变更
Exec Source	监控指定文件内数据变更
Taildir Source	可以监控一个目录，并且使用正则表达式匹配该目录中的文件名进行实时收集
Kafka Source	采集 Kafka 消息系统数据
NetCat Source	监控某个端口，将流经端口的每一个文本行数据作为 Event 输入
Syslog Sources	读取 Syslog 数据，产生 Event，支持 UDP 和 TCP 两种协议
HTTP Source	基于 HTTP POST 或 GET 方式的数据源，支持 JSON、BLOB 表示形式

3. Channel

Channel 是中转 Event 的一个临时存储，保存由 Source 组件传递过来的 Event，目前比较常用的 Channel 有两种。

1）Memory Channel：Memory Channel 是一个不稳定的隧道，其原因是它在内存中存储所有 Event。如果 Java 进程挂掉，任何存储在内存的 Event 将会丢失。另外，内存的空间受到 RAM 大小的限制，而 File Channel 在这方面有优势，只要磁盘空间足够，它就可以将所有 Event 数据存储到磁盘上。

2）File Channel：File Channel 是一个持久化的隧道，它持久化所有的 Event，并将其存储到磁盘中。因此，即使 Java 虚拟机挂掉，或者操作系统崩溃、重启，再或者 Event 没有在管道中成功地传递到下一个 Agent，这一切都不会造成数据丢失。

Flume Channel 支持的常用类型见表 9-2。

表 9-2 **Flume Channel 支持的常用类型**

Channel 类型	说　明
Memory Channel	Event 数据存储在内存中
JDBC Channel	Event 数据持久化存储，当前 Flume Channel 内置支持 Derby
File Channel	Event 数据存储在磁盘文件中
Kafka Channel	Event 数据存储在 Kafka 集群中

4. Sink

Sink 在设置存储数据时，可以向文件系统、数据库、Hadoop 中存储数据。在日志数据较少时，可以将数据存储在文件系统中，并且设定一定的时间间隔来保存数据。在日志数据较多时，可以将相应的日志数据存储到 Hadoop 中，便于日后进行相应的数据分析。

Flume Sink 支持的常用类型见表 9-3。

表 9-3 **Flume Sink 支持的常用类型**

Sink 类型	说　明
HDFS Sink	数据写入 HDFS
Logger Sink	数据写入日志文件
Avro Sink	数据被转换成 Avro Event，然后发送到配置的 RPC 端口上
File Roll Sink	存储数据到本地文件系统
HBase Sink	数据写入 HBase 数据库
ElasticSearch Sink	数据发送到 ElasticSearch 搜索服务器
Kafka Sink	数据发送到 Kafka 集群

5. Event

Event 是 Flume 中数据的基本表现形式，每个 Event 包含 header 的一个 Map 集合和一个 body，它是用字节数组表示的有效负荷。为了深入了解 Event，需要熟悉 Event 内部编程接口，下列代码展示了所有 Event 接口。

```
package org.apache.flume
public interface Event {
        public Map<String,String> getHeaders();
        public void setHeaders(Map<String,String> headers);
        public byte[] getBody();
        public void setBody(byte[] body);
}
```

从以上代码可以看出，Event 接口不同实现类的数据内部表示也可能不同，只要其显示接口是指定格式的 header 和 body 即可。通常大多数应用程序使用 Flume 的 EventBuilder API 创建 Event。EventBuilder API 提供了几个静态方法来创建 Event。在任何情况下，API 本身不会对提交的数据进行修改，不论是 header 还是 body。EventBuilder API 提供了 4 个常用方法来创建 Event，具体方法如下。

```
public class EventBuilder{
    public static Event withBody(byte[] body,Map<String,String> headers);
    public static Event withBody(byte[] body);
    public static Event withBody(String body,Charset charset,Map<String,String> headers);
    public static Event withBody(String body, Charset charset);
}
```

第一个方法只是将 body 看作字节数组，将 header 看作 Map 集合。第二个方法将 body 看作字节数组，但是不设置 header。第三个和第四个方法可以用来创建 Java String 实例的 Event，使用提供的字符集转换为编码的字节数组，然后用作 Event 的 body。

9.2.3　Flume 安装部署

9.2.3　Flume
安装部署

Flume 的安装部署非常简单，其安装步骤如下。

1．下载并解压

到官网（地址为 http://archive.apache.org/dist/flume/）下载 Flume 安装包 apache-flume-1.9.0-bin.tar.gz，然后上传至 hadoop1 节点的/home/hadoop/app 目录下并解压，具体操作命令如下。

```
[hadoop@hadoop1 app]$ tar -zxvf apache-flume-1.9.0-bin.tar.gz
[hadoop@hadoop1 app]$ ln -s apache-flume-1.9.0-bin flume
```

2．修改配置文件

在 Flume 的 conf 目录下，修改 flume-conf.properties 配置文件，对 Source、Channel 和 Sink 的参数分别进行配置，具体操作命令如下。

```
[hadoop@hadoop1 app]$ cd flume/conf
[hadoop@hadoop1 conf]$ mv flume-conf.properties.template flume-conf.properties
[hadoop@hadoop1 conf]$ cat flume-conf.properties
#定义 Source、Channel、Sink
agent.sources = seqGenSrc
agent.channels = memoryChannel
agent.sinks = loggerSink
#默认配置 Source 类型为序列产生器
agent.sources.seqGenSrc.type = seq
agent.sources.seqGenSrc.channels = memoryChannel
#默认配置 Sink 类型为 logger
agent.sinks.loggerSink.type = logger
agent.sinks.loggerSink.channel = memoryChannel
#默认配置 Channel 类型为 memory
agent.channels.memoryChannel.type = memory
agent.channels.memoryChannel.capacity = 100
```

3．启动 Flume Agent

可以直接使用 Flume 默认配置启动 Agent，Source 类型为 Flume 自带的序列产生器，Channel 类型为内存，Sink 类型为日志类型，直接打印控制台，具体操作命令如下。

```
[hadoop@hadoop1 flume]$ bin/flume-ng agent -n agent -c conf -f conf/flume-conf.
properties -Dflume.root.logger=INFO,console
```

Flume 命令行参数解释如下。

flume-ng 脚本后面的 agent 代表启动 Flume 进程；-n 指定的是配置文件中 Agent 的名称；-c 指定配置文件所在目录；-f 指定具体的配置文件；-Dflume.root.logger=INFO,console 指的是控制台打印 INFO,console 级别的日志信息。

9.2.4 案例实践：Flume 集群搭建

9.2.4 案例实践：Flume 集群搭建

现在有这样一个需求，每天有海量的用户访问新闻网站，而新闻网站需要很多台 Web 服务器来分摊用户访问压力，而且用户访问新闻网站产生的日志数据会写入 Web 服务器。为了分析新闻网站用户行为，需要通过 Flume 将用户日志数据采集到大数据平台。每台 Web 服务器都需要部署 Flume 采集服务，因为采集的数据量比较大，如果每台 Flume 采集服务直接将数据写入大数据平台，会造成很大的 I/O 压力，所以需要增加 Flume 聚合层对来自采集节点的数据进行聚合，从而减少大数据平台的压力。Flume 的采集层和聚合层共同形成了 Flume 集群。

仍以 hadoop1、hadoop2 和 hadoop3 三个集群节点为例，为了完成新闻网站用户数据的采集和聚合，需要构建 Flume 集群，同时实现 Flume 聚合层的高可用（至少需要两个节点）。选择 hadoop1 作为 Flume 采集节点，用于采集 Web 服务器日志，选择 hadoop2 和 hadoop3 作为 Flume 聚合节点，用于聚合来自 hadoop1 节点采集的数据，要求 hadoop1 采集节点的数据负载均衡到 hadoop2 和 hadoop3 节点。

1．配置 Flume 采集服务

新闻网 Web 服务器有很多台，每台 Web 服务器都需要部署 Flume 采集服务，完成对用户日志的采集工作。每台 Flume 采集节点的配置是一样的，所以以 hadoop1 作为采集节点来配置即可。

在 hadoop1 节点上，进入 Flume 的 conf 目录，新建一个配置文件 taildir-file-selector-avro.properties，具体配置如下。

```
[hadoop@hadoop1 conf]$ vi taildir-file-selector-avro.properties
#定义 Source、Channel、Sink 的名称
agent1.sources = taildirSource
agent1.channels = fileChannel
agent1.sinkgroups = g1
agent1.sinks = k1 k2
#定义和配置一个 TAILDIR Source
agent1.sources.taildirSource.type = TAILDIR
agent1.sources.taildirSource.positionFile = /home/hadoop/data/flume/taildir_position.json
agent1.sources.taildirSource.filegroups = f1
agent1.sources.taildirSource.filegroups.f1 = /home/hadoop/data/flume/logs/sogou.log
agent1.sources.taildirSource.channels = fileChannel
#定义和配置一个 file channel
agent1.channels.fileChannel.type = file
agent1.channels.fileChannel.checkpointDir = /home/hadoop/data/flume/checkpointDir
agent1.channels.fileChannel.dataDirs = /home/hadoop/data/flume/dataDirs
#定义和配置一个 Sink 组
agent1.sinkgroups.g1.sinks = k1 k2
#为 Sink 组定义一个处理器，load_balance 表示负载均衡，failover 表示故障切换
agent1.sinkgroups.g1.processor.type = load_balance
agent1.sinkgroups.g1.processor.backoff = true
#定义处理器数据发送方式，round_robin 表示轮询发送  random 表示随机发送
```

```
agent1.sinkgroups.g1.processor.selector = round_robin
agent1.sinkgroups.g1.processor.selector.maxTimeOut=10000
#定义一个 Sink 将数据发送给 hadoop2 节点
agent1.sinks.k1.type = avro
agent1.sinks.k1.channel = fileChannel
agent1.sinks.k1.batchSize = 1
agent1.sinks.k1.hostname = hadoop2
agent1.sinks.k1.port = 1234
#定义另一个 Sink 将数据发送给 hadoop3 节点
agent1.sinks.k2.type = avro
agent1.sinks.k2.channel = fileChannel
agent1.sinks.k2.batchSize = 1
agent1.sinks.k2.hostname = hadoop3
agent1.sinks.k2.port = 1234
```

Flume 采集配置中，Source 类型选择 TAILDIR 类型实时采集文件的新增内容，Channel 类型选择 file 类型将采集的数据持久化到本地磁盘，Sink 选择 avro 类型将数据发送给聚合节点的 Flume 服务。

2．配置 Flume 聚合服务

Flume 采集完 hadoop1 节点的数据之后，需要配置 Flume 聚合服务来接收采集到的数据，而且两个聚合节点的 Flume 配置是一致的。分别在 hadoop2 和 hadoop3 节点上（hadoop2 和 hadoop3 节点也需要提前下载解压 Flume 安装包），进入 Flume 的 conf 目录新建配置文件 avro-file-selector-logger.properties，具体配置如下。

```
[hadoop@hadoop2 conf]$ vi avro-file-selector-logger.properties
[hadoop@hadoop3 conf]$ vi avro-file-selector-logger.properties
#定义 Source、Channel、Sink 的名称
agent1.sources = r1
agent1.channels = c1
agent1.sinks = k1
#定义和配置一个 Avro Source
agent1.sources.r1.type = avro
agent1.sources.r1.channels = c1
agent1.sources.r1.bind = 0.0.0.0
agent1.sources.r1.port = 1234
#定义和配置一个 File Channel
agent1.channels.c1.type = file
agent1.channels.c1.checkpointDir = /home/hadoop/data/flume/checkpointDir
agent1.channels.c1.dataDirs = /home/hadoop/data/flume/dataDirs
#定义和配置一个 Logger Sink
agent1.sinks.k1.type = logger
agent1.sinks.k1.channel = c1
```

Flume 聚合配置中，Source 选择 avro 类型接收发送过来的数据，Channel 选择 file 类型将接收的数据持久化到本地磁盘，Sink 选择 logger 类型将数据打印到控制台，用于测试、调试数据采集流程。

3．Flume 集群测试

接下来分别启动 Flume 聚合服务和采集服务，来测试 Flume 集群的可用性。

（1）启动 Flume 聚合服务

在 hadoop2 和 hadoop3 节点上，分别进入 Flume 安装目录启动 Flume 聚合服务，具体操作命令如下。

```
[hadoop@hadoop2 flume]$ bin/flume-ng agent -n agent1 -c conf -f conf/avro-file-selector-logger.properties -Dflume.root.logger=INFO,console
[hadoop@hadoop3 flume]$ bin/flume-ng agent -n agent1 -c conf -f conf/avro-file-selector-logger.properties -Dflume.root.logger=INFO,console
```

（2）启动 Flume 采集服务

在 hadoop1 节点上，进入 Flume 安装目录启动 Flume 采集服务，具体操作命令如下。

```
[hadoop@hadoop1 flume]$ bin/flume-ng agent -n agent1 -c conf -f conf/taildir-file-selector-avro.properties -Dflume.root.logger=INFO,console
```

（3）准备测试数据

进入 hadoop1 节点（跟 Web 服务器在相同节点）所在的/home/hadoop/data/flume/logs 目录，向监控日志 sogou.log 文件中添加新数据，具体操作命令如下。

```
[hadoop@hadoop1 logs]$echo '00:00:10 0971413028304674        [火炬传递路线时间]
 1 2   www.olympic.cn/news/beijing/2008-03-19/1417291.html' >> sogou.log
[hadoop@hadoop1 logs]$echo '00:00:11 19400215479348182       [天津工业大学\]
 1 65  www.tjpu.edu.cn/' >> sogou.log
```

通过命令不断往 sogou.log 文件新增数据，如果能在 hadoop2 和 hadoop3 节点的 Flume 服务控制台查看到均匀打印的用户日志，说明 Flume 集群构建成功。

9.3 Kafka 分布式消息系统

9.3.1 Kafka 概述

9.3.1 Kafka 概述

1. Kafka 定义

Kafka 是由 LinkedIn 开发的一个分布式消息系统，使用 Scala 语言编写，它以可水平扩展和高吞吐率的特点而被广泛使用。目前，越来越多的开源分布式处理系统（如 Spark、Flink）都支持与 Kafka 集成。例如，在一个实时日志分析系统中，Flume 采集数据通过接口传输到 Kafka 集群（由多台 Kafka 服务器组成的集群称为 Kafka 集群），然后 Flink 或 Spark 直接调用接口从 Kafka 实时读取数据并进行统计分析。

Kafka 主要设计目标如下。

1）以时间复杂度为 O（1）的方式提供消息持久化（Kafka）能力，即使对 TB 级以上数据也能保证常数时间的访问性能。持久化是将程序数据在持久状态和瞬时状态之间转换的机制。通俗地讲，就是瞬时数据（如内存中的数据是不能永久保存的）持久化为持久数据（如持久化至磁盘中能够长久保存）。

2）保证高吞吐率，即使在非常廉价的商用机器上，也能做到单机支持每秒 10 万条消息的传输速度。

3）支持 Kafka Server 间的消息分区，以及分布式消息消费，同时保证每个 Partition（分区）

内的消息顺序传输。

4）支持离线数据处理和实时数据处理。

2．Kafka 的特点

Kafka 如此受欢迎，而且越来越多的系统都支持与 Kafka 集成，主要是因为 Kafka 具有如下特性。

1）高吞吐率、低延迟：Kafka 每秒可以处理几十万条消息，它的延迟最低只有几毫秒。

2）可扩展性：Kafka 集群同 Hadoop 集群一样，支持横向扩展。

3）持久性、可靠性：Kafka 消息可以被持久化到本地磁盘，并且支持 Partition 数据备份，防止数据丢失。

4）容错性：允许 Kafka 集群中的节点失败，如果 Partition（分区）副本数量为 n，则最多允许 n-1 个节点失败。

5）高并发：单节点支持上千个客户端同时读写，每秒有上百 MB 的吞吐量，基本上达到了网卡的极限。

9.3.2　Kafka 架构设计

9.3.2　Kafka 架构设计

一个典型的 Kafka 集群包含若干个生产者（Producer）、若干 Kafka 集群节点（Broker）、若干消费者（Consumer）以及一个 ZooKeeper 集群。Kafka 通过 ZooKeeper 管理集群配置，选举 Leader 并在消费者发生变化时进行负载均衡。生产者使用推（Push）模式将消息发布到集群节点，而消费者使用拉（Pull）模式从集群节点中订阅并消费消息。Kafka 的整体架构如图 9-6 所示。

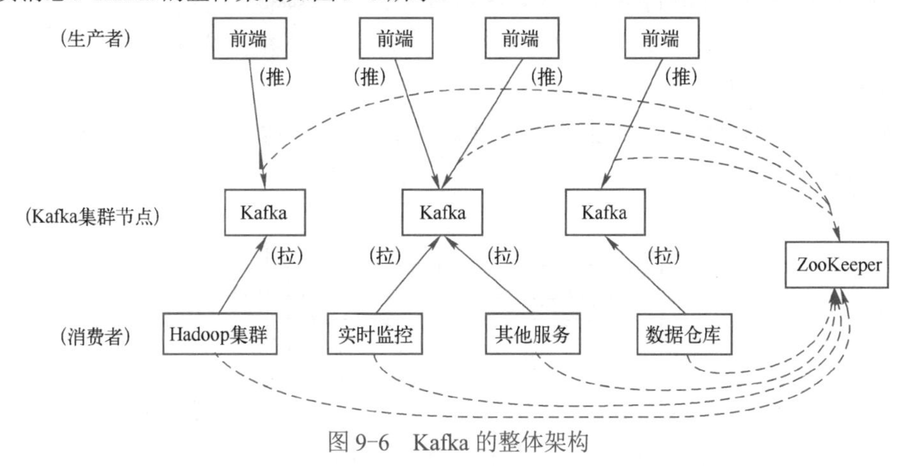

图 9-6　Kafka 的整体架构

从图 9-6 可以看出，Kafka 集群架构包含生产者、Kafka 集群和消费者三大部分内容，具体解释如下。

1）生产者：消息生产者，可以将消息发布到 Kafka 集群的终端或服务。

2）消费者：从 Kafka 集群中消费消息的终端或服务都属于消费者。

3）Kafka 集群：Kafka 集群可以接收生产者和消费者的请求，并把消息持久化到本地磁盘。每个 Kafka 集群会选举出一个集群节点来担任 Controller，负责处理 Partition 的 Leader 选举、协调 Partition 迁移等工作。

在进一步学习 Kafka 之前，需要掌握 Kafka 集群中的一些相关服务，具体如下。

1．Topic 和 Partition

Kafka 集群中的主题（Topic）和分区（Partition）示意结构如图 9-7 所示。

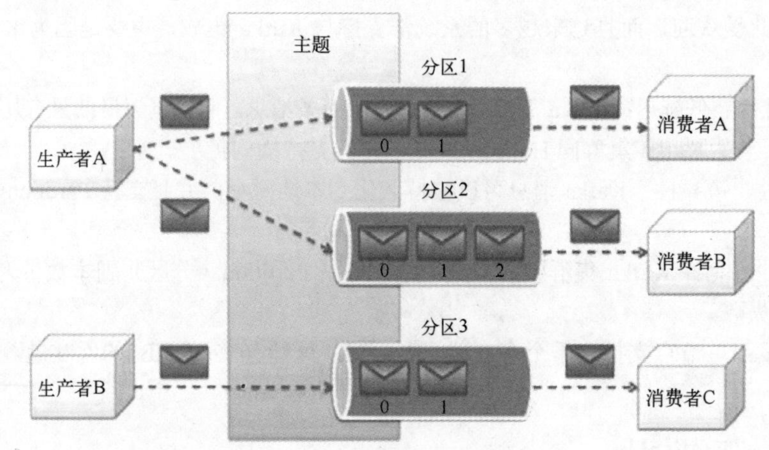

图 9-7　主题（Topic）和分区（Partition）示意结构

主题和分区的具体定义如下。

1）主题是生产者发布到 Kafka 集群的每条信息所属的类别，即 Kafka 是面向主题的，一个主题可以分布在多个节点上。

2）分区是 Kafka 集群横向扩展和一切并行化的基础，每个 Topic 可以被切分为一个或多个分区。一个分区只对应一个集群节点，每个分区的内部消息是强有序的。

3）Offset（偏移量）是消息在分区中的编号，每个分区中的编号是独立的。

2．消费者和消费者组

Kafka 集群（Kafka Cluster）中的消费者（Consumer）和消费者组（Consumer Group）示意结构如图 9-8 所示。

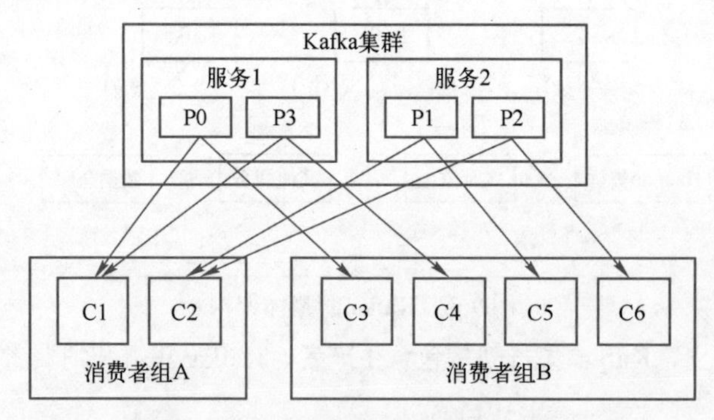

图 9-8　消费者和消费者组示意结构

消费者和消费者组的具体定义如下。

1）从 Kafka 集群中消费消息的终端或服务都属于消费者，消费者自己维护消费数据的 Offset，而 Offset 保存在 ZooKeeper 中（kafka 0.9 版本以后，Offset 存储在 Kafka 集群中），这就保证了它的高可用。每个消费者都有与自己相对应的消费者组。

2）消费者组内部是 Queue 队列消费模型，同一个消费者组中，每个消费者消费不同的分区。消费者组之间是发布/订阅消费模型，相互之间互不干扰，独立消费 Kafka 集群中的消息。

3．Replica

Replica 是分区的副本。Kafka 支持以分区为单位对 Message 进行冗余备份，每个分区都可以配置至少 1 个副本。围绕分区的副本还有几个需要掌握的概念，具体如下。

1）Leader：每个 Replica 集合中的分区都会选出一个唯一的 Leader，所有的读写请求都由 Leader 处理，其他副本从 Leader 处把数据更新同步到本地。

2）Follower：是副本中的另外一个角色，可以从 Leader 中复制数据。

3）ISR：Kafka 集群通过数据冗余来实现容错。每个分区都会有一个 Leader，以及零个或多个 Follower，Leader 加 Follower 就是副本因子。Follower 与 Leader 之间的数据同步是通过 Follower 主动拉取 Leader 上面的消息来实现的。所有的 Follower 不可能与 Leader 中的数据一直保持同步，那么与 Leader 数据保持同步的这些 Follower 称为 ISR（In Sync Replica）。ZooKeeper 维护着每个分区的 Leader 信息和 ISR 信息。

9.3.3 Kafka 分布式集群搭建

9.3.3 Kafka 分布式集群搭建

Kafka 使用 ZooKeeper 作为其分布式协调服务，能够很好地将消息生产、消息存储、消息消费的过程结合在一起。同时，借助 ZooKeeper，Kafka 能够将生产者、消费者和集群节点在内的所有组件，在无状态的情况下建立起生产者和消费者的订阅关系，并实现生产者与消费者的负载均衡。

由此可以看出 Kafka 集群依赖 ZooKeeper，Kafka 集群共享已经安装好的 ZooKeeper 集群即可，接下来可以直接进入 Kafka 集群的安装配置。

1．下载并解压 Kafka

到官网（地址为 https://kafka.apache.org/downloads）下载 Kafka 安装包 kafka_2.12-2.8.1.tgz，然后上传至 hadoop1 节点的/home/hadoop/app 目录下并解压，具体操作命令如下。

```
[hadoop@hadoop1 app]$ tar -zxvf  kafka_2.12-2.8.1.tgz
[hadoop@hadoop1 app]$ ln -s kafka_2.12-2.8.1 kafka
```

2．修改 Kafka 配置文件

从 Kafka 的整体架构可以看出，它包含生产者、消费者、ZooKeeper 和 Kafka 四个角色，所以只需要修改以下 4 个配置文件即可。

（1）修改 zookeeper.properties 配置文件

进入 Kafka 的 config 目录下，修改 zookeeper. properties 配置文件，具体操作命令如下。

```
[hadoop@hadoop1 config]$ vi zookeeper.properties
# 指定 ZooKeeper 数据目录
dataDir=/home/hadoop/data/zookeeper/zkdata
# 指定 ZooKeeper 端口号
clientPort=2181
```

（2）修改 consumer.properties 配置文件

进入 Kafka 的 config 目录下，修改 consumer. properties 配置文件，具体操作命令如下。

```
[hadoop@hadoop1 config]$ vi consumer.properties
#配置 Kafka 集群地址
bootstrap.servers=hadoop1:9092,hadoop2:9092,hadoop3:9092
```

（3）修改 producer.properties 配置文件

进入 Kafka 的 config 目录下，修改 producer. properties 配置文件，具体操作命令如下。

```
[hadoop@hadoop1 config]$ vi producer.properties
#配置 Kafka 集群地址
bootstrap.servers=hadoop1:9092,hadoop2:9092,hadoop3:9092
```

（4）修改 server.properties 配置文件

进入 Kafka 的 config 目录下，修改 server. properties 配置文件，具体操作命令如下。

```
[hadoop@hadoop1 config]$ vi server.properties
#指定 ZooKeeper 集群
zookeeper.connect=hadoop1:2181,hadoop2:2181,hadoop3:2181
```

3．Kafka 安装目录分发到集群其他节点

将 hadoop1 节点中配置好的 Kafka 安装目录分发给 hadoop2 和 hadoop3 节点，具体操作命令如下。

```
[hadoop@hadoop1 app]$scp -r kafka_2.12-2.8.1  hadoop@hadoop2:/home/hadoop/app/
[hadoop@hadoop1 app]$scp -r kafka_2.12-2.8.1  hadoop@hadoop3:/home/hadoop/app/
[hadoop@hadoop2 app]$ ln -s kafka_2.12-2.8.1 kafka
[hadoop@hadoop3 app]$ ln -s kafka_2.12-2.8.1 kafka
```

4．修改 server 编号

登录 hadoop1、hadoop2 和 hadoop3 节点，分别进入 Kafka 的 config 目录下，修改 server.properties 配置文件中的 broker.id 项，具体操作命令如下。

```
[hadoop@hadoop1 config]$ vi server.properties
#标识 hadoop1 节点
broker.id=1
[hadoop@hadoop2 config]$ vi server.properties
#标识 hadoop2 节点
broker.id=2
[hadoop@hadoop3 config]$ vi server.properties
#标识 hadoop3 节点
broker.id=3
```

5．启动 Kafka 集群

ZooKeeper 管理着 Kafka Broker 集群，同时 Kafka 将元数据信息保存在 ZooKeeper 中，说明 Kafka 集群依赖 ZooKeeper 提供协调服务，所以需要先启动 ZooKeeper 集群，再启动 Kafka 集群。

（1）启动 ZooKeeper 集群

在集群各个节点中进入 ZooKeeper 安装目录，使用如下命令启动 ZooKeeper 集群。

```
[hadoop@hadoop1 zookeeper]$ bin/zkServer.sh start
[hadoop@hadoop2 zookeeper]$ bin/zkServer.sh start
[hadoop@hadoop3 zookeeper]$ bin/zkServer.sh start
```

（2）启动 Kafka 集群

在集群各个节点中进入 Kafka 安装目录，使用如下命令启动 Kafka 集群。

```
[hadoop@hadoop1 zookeeper]$ bin/kafka-server-start.sh -daemon config/server.properties
[hadoop@hadoop2 zookeeper]$ bin/kafka-server-start.sh -daemon config/server.properties
[hadoop@hadoop3 zookeeper]$ bin/kafka-server-start.sh -daemon config/server.properties
```

在集群各个节点中，如果使用 jps 命令能查看到 Kafka 进程，则说明 Kafka 集群服务启动成功。

6．Kafka 集群测试

Kafka 自带很多种 Shell 脚本供用户使用，包含生产消息、消费消息、Topic 管理等功能。接下来利用 Kafka Shell 脚本测试使用 Kafka 集群。

（1）创建 Topic

使用 Kafka 的 bin 目录下的 kafka-topics.sh 脚本，通过 create 命令创建名为 test 的 Topic，具体操作命令如下。

```
[hadoop@hadoop1 kafka]$ bin/kafka-topics.sh --zookeeper localhost:2181 --create -
-topic test --replication-factor 3 --partitions 3
```

上述命令中，--zookeeper 指定 ZooKeeper 集群；--create 是创建 Topic 的命令；--topic 指定 Topic 名称；--replication-factor 指定副本数量；--partitions 指定分区个数。

（2）查看 Topic 列表

使用 list 命令可以查看 Kafka 的 Topic 列表，具体操作命令如下。

```
[hadoop@hadoop1 kafka]$ bin/kafka-topics.sh --zookeeper localhost:2181 --list
```

（3）查看 Topic 详情

使用 describe 命令查看 Topic 内部结构，具体操作命令如下。

```
[hadoop@hadoop1 kafka]$ bin/kafka-topics.sh --zookeeper localhost:2181 --describe
--topic test
Topic: test  TopicId:Ooke58YwSp29HO3dxUYSSQ  PartitionCount: 3  ReplicationFactor: 3 Configs:
Topic: test          Partition: 0          Leader: 2  Replicas: 2,1,3   Isr:2,1,3
Topic: test          Partition: 1          Leader: 3  Replicas: 3,2,1   Isr:3,2,1
Topic: test          Partition: 2          Leader: 1  Replicas: 1,3,2   Isr:1,3,2
```

从打印的信息可以看到 test 有 3 个副本和 3 个分区。

（4）消费者消费 Topic

在 hadoop1 节点上，通过 Kafka 自带的 kafka-console-consumer.sh 脚本，打开消费者消费 test 中的消息。

```
[hadoop@hadoop1 kafka]$ bin/kafka-console-consumer.sh --bootstrap-server localhost:
9092 --topic test
```

（5）生产者向 Topic 发送消息

在 hadoop1 节点上，通过 Kafka 自带的 kafka-console-producer.sh 脚本启动生产者，然后向 test 发送 3 条消息，具体操作命令如下。

```
[hadoop@hadoop1 kafka]$ bin/kafka-console-producer.sh --broker-list localhost:
9092 --topic test
>kafka
```

```
>kafka
>kafka
```

查看消费者控制台，如果成功消费了 3 条数据，说明 Kafka 集群可以正常对消息进行生产和消费。

9.3.4 案例实践：Flume 与 Kafka 集成

9.3.4 案例实践：Flume 与 Kafka 集成开发

通过 Flume 集群将用户行为数据采集到 Kafka 集群，因为前面已经构建好了 Flume 集群，这里只需要修改 Flume 聚合节点配置即可。

1．配置 Flume 聚合服务

在 hadoop2 和 hadoop3 节点上，分别进入 Flume 的 conf 目录，新建一个配置文件 avro-file-selector-kafka.properties，具体配置如下。

```
[hadoop@hadoop2 conf]$ vi avro-file-selector-kafka.properties
[hadoop@hadoop3 conf]$ vi avro-file-selector-kafka.properties
#定义 Source、Channel、Sink 的名称
agent1.sources = r1
agent1.channels = c1
agent1.sinks = k1
#定义和配置一个 Avro Source
agent1.sources.r1.type = avro
agent1.sources.r1.channels = c1
agent1.sources.r1.bind = 0.0.0.0
agent1.sources.r1.port = 1234
#定义和配置一个 File Channel
agent1.channels.c1.type = file
agent1.channels.c1.checkpointDir = /home/hadoop/data/flume/checkpointDir
agent1.channels.c1.dataDirs = /home/hadoop/data/flume/dataDirs
#定义和配置一个 Kafka Sink
agent1.sinks.k1.type = org.apache.flume.sink.kafka.KafkaSink
agent1.sinks.k1.topic = test
agent1.sinks.k1.brokerList = hadoop1:9092,hadoop2:9092,hadoop3:9092
agent1.sinks.k1.producer.acks = 1
agent1.sinks.k1.channel = c1
```

在 Flume 聚合配置中，Source 选择 avro 类型接收发送过来的数据，Channel 选择 file 类型将接收的数据持久化到本地磁盘，Sink 选择 KafkaSink 类型将数据写入 Kafka 集群。

2．Flume 与 Kafka 集成测试

分别启动 Flume 聚合服务和采集服务，测试 Flume 采集的数据是否能发送到 Kafka 集群。

（1）启动 Flume 聚合服务

在 hadoop2 和 hadoop3 节点，分别进入 Flume 安装目录启动 Flume 聚合服务，具体操作命令如下。

```
[hadoop@hadoop2 flume]$ bin/flume-ng agent -n agent1 -c conf -f conf/avro-file-selector-kafka.properties -Dflume.root.logger=INFO,console
[hadoop@hadoop3 flume]$ bin/flume-ng agent -n agent1 -c conf -f conf/avro-file-selector-kafka.properties -Dflume.root.logger=INFO,console
```

（2）启动 Flume 采集服务

在 hadoop1 节点，进入 Flume 安装目录启动 Flume 采集服务，具体操作命令如下。

```
[hadoop@hadoop1 flume]$ bin/flume-ng agent -n agent1 -c conf -f conf/taildir-file-selector-avro.properties -Dflume.root.logger=INFO,console
```

（3）启动 Kafka 消费者服务

在 hadoop1 节点，进入 Kafka 安装目录启动 Kafka 消费者，具体操作命令如下。

```
[hadoop@hadoop1 kafka]$ bin/kafka-console-consumer.sh --bootstrap-server localhost:9092 --topic test
```

（4）准备测试数据

进入 hadoop1 节点所在的/home/hadoop/data/flume/logs 目录，向监控日志 sogou.log 文件添加新数据，具体操作命令如下。

```
[hadoop@hadoop1 logs]$echo '00:00:10 0971413028304674 [火炬传递路线时间]
  1 2   www.olympic.cn/news/beijing/2008-03-19/1417291.html' >> sogou.log
[hadoop@hadoop1 logs]$echo '00:00:11 19400215479348182 [天津工业大学\]
  1 65   www.tjpu.edu.cn/' >> sogou.log
```

通过命令不断向 sogou.log 文件新增数据，如果在 hadoop1 节点上启动 Kafka 消费者能打印出采集的数据，说明 Flume 成功采集用户行为数据并写入 Kafka 集群。

9.4 Spark 实时分析系统

9.4.1 Spark 概述

9.4.1 Spark 快速入门

1．Spark 概述

MapReduce 计算框架的出现解决了离线计算问题，而 Spark 计算框架的出现则解决了实时计算问题，接下来先初步认识 Spark 内存计算框架。

Spark 是基于内存计算的大数据并行计算框架。在实际项目应用中，绝大多数公司都会选择 Spark 技术。Spark 之所以这么受欢迎，主要因为它与其他大数据平台有不同的特点，具有运行速度快、易用性、支持复杂查询、实时的流处理、容错性等特点。

2．Spark 最简安装

Spark 最简安装方式非常简单，直接对 Spark 安装包解压即可。

（1）下载并解压 Spark

到官网（地址为 https://archive.apache.org/dist/spark）下载 Spark 安装包 spark-2.4.8-bin-hadoop2.7.tgz，然后上传至 hadoop1 节点的/home/hadoop/app 目录下并解压，具体操作命令如下。

```
[hadoop@hadoop1 app]$ tar -zxvf spark-2.4.8-bin-hadoop2.7.tgz
[hadoop@hadoop1 app]$ ln -s spark-2.4.8-bin-hadoop2.7 spark
```

（2）测试运行 Spark

Spark 本地环境配置非常简单，开箱即用。为了测试 Spark 环境的可用性，接下来准备少量数据集，测试运行 Spark 入门程序。

1）准备测试数据集。在 Spark 安装目录下，创建一个日志文件 words.log，具体内容如下。

```
[hadoop@hadoop1 spark]$ vi words.log
hadoop hadpp hadoop
spark spark spark
flink flink flink
```

2）统计单词词频。在 Spark 安装目录下，使用 spark-shell 脚本启动 Spark 服务，具体操作命令如下。

```
[hadoop@hadoop1 spark]$ bin/spark-shell
```

在 Spark Shell 控制台测试运行 WordCount 程序，完成单词词频统计分析，具体操作命令如下。

```
#读取本地文件
scala> val line=sc.textFile("/home/hadoop/app/spark/words.log")
#WordCount 统计并打印
scala>line.flatMap(_.split("\\s+")).map((_,1)).reduceByKey(_+_).collect().foreach
(println)
(spark,3)
(hadoop,3)
(flink,3)
```

3. Spark 实现 WordCount

在 bigdata 项目的 Java 同级目录下创建 scala 目录，并右击 scala 目录，在弹出的快捷菜单中选择“Mark Directory as”→“Sources Root”选项，然后在 IDEA 工具中选择“File”→“Project Structure”→“Modules”→“+”→“Scala”选项，在弹出的对话框中添加已经安装的 Scala 库，最后一直单击“ok”按钮即可。

（1）引入 Spark 依赖

由于需要通过 Scala 语言开发 Spark 版本的 WordCount，所以首先需要在 bigdata 项目的 pom.xml 文件中添加 Spark 相关依赖，添加内容如下。

```
<dependency>
    <groupId>org.apache.spark</groupId>
    <artifactId>spark-core_2.11</artifactId>
    <version>2.4.8</version>
</dependency>
```

（2）通过 Scala 开发 WordCount 程序

首先在 bigdata 项目中的 scala 目录下创建 com.bigdata 包名，然后新建一个 MyScalaWordCount 实现 Spark 版本的 WordCount，核心代码如下。

```
import org.apache.spark.{SparkConf, SparkContext}
object MyScalaWordCount {
  def main(args: Array[String]): Unit = {
    //参数检查
    if (args.length < 2) {
      System.err.println("Usage: MyWordCout <input> <output> ")
      System.exit(1)
```

```
        }
        //获取参数
        val input=args(0)
        val output=args(1)
        //创建 Scala 版本的 SparkContext
        val conf=new SparkConf().setAppName("myWordCount")
        val sc=new SparkContext(conf)
        //读取数据
        val lines=sc.textFile(input)
        //进行相关计算
        val resultRdd=lines.flatMap(_.split("\\s+")).map((_,1)).reduceByKey(_+_)
        //保存结果
        resultRdd.saveAsTextFile(output)
        sc.stop()
    }}
```

（3）通过 IDEA 运行 WordCount

1）在本地 G:\study\data 目录下创建文件 words.log，并添加如下内容。

```
hadoop hadoop hadoop
spark spark spark
flink flink flink
```

2）在 IDEA 工具中，选择“Run”→“Edit Configurations”选项打开对话框，在对话框中选择要执行的 MyScalaWordCount 类，在“Program arguments”对话框中输入 MyScalaWordCount 应用的输入路径（如 G:\study\data\words.log）和输出路径（如 G:\study\data\out）。

3）右键单击 MyScalaWordCount 程序，选择“Run”选项即可运行 Scala 版本的 WordCount 应用。

4）打开运行 MyScalaWordCount 程序的 G:\study\data\out 输出目录，查看作业的运行结果如下。

```
(spark,3)
(hadoop,3)
(flink,3)
```

如果程序输出结果跟预想结果一致，那么说明成功通过 Spark 实现了 WordCount。

9.4.2　Spark Core 的核心功能

Spark Core 实现了 Spark 框架的基本功能，包含任务调度、内存管理、错误恢复、与存储系统交互等模块。Spark Core 中还包含对弹性分布式数据集 RDD 的 API 定义。RDD 表示分布在多个计算节点上可以并行操作的元素集合，是 Spark 主要的编程抽象。Spark Core 提供了创建和操作这些集合的多个 API。

9.4.2　Spark Core 的核心功能

1．Spark 的工作原理

Spark 架构采用了分布式计算中的 Master/Slave 模型。Master 是对应集群中含有 Master 进程的节点，Slave 是集群中含有 Worker 进程的节点。Master 作为整个集群的控制器，负责整个集群的正常运行；Worker 是计算节点，接收主节点命令并进行状态汇报；Executor 负责任务的执行。

Spark 集群整体架构如图 9-9 所示。

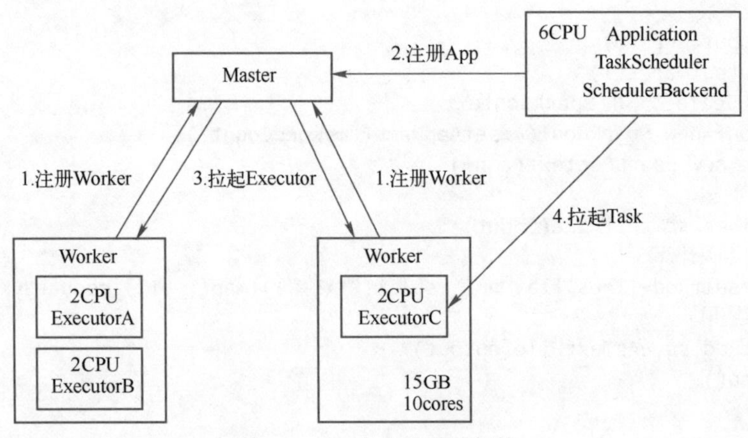

图 9-9　Spark 集群整体架构

从图 9-9 可以看出 Spark 的工作原理：首先 Worker 节点启动之后会向 Master 节点注册，此时 Master 就能知晓哪些 Worker 节点处于工作状态；当客户端提交 Application 时，会向 Master 注册 App，此时 Master 会根据 Application 的需要向 Spark 集群申请所需要的 CPU；接着 Master 节点会在 Worker 节点上启动 Executor 进程，比如左侧 Worker 节点启动两个 Executor，分别分配到两个 CPU，右侧 Worker 节点启动一个 Executor，分配到两个 CPU；最后客户端中的 Driver（驱动）跟 Worker 通信，在各个 Worker 节点中启动 Task 任务。

2．弹性分布式数据集 RDD

接下来介绍 Spark 对数据的核心抽象 RDD，RDD 其实就是分布式的元素集合。在 Spark 中，对数据的所有操作不外乎创建 RDD、转换已有 RDD 以及调用 RDD 操作进行求值。而这一切背后，Spark 会自动将 RDD 中的数据分发到集群上，并将操作并行化执行。

（1）RDD 简介

RDD 全名为弹性分布式数据集（Resilient Distributed DataSet）。Spark 的核心数据模型是 RDD，Spark 将常用的大数据操作都转换为 RDD 的子类（RDD 是个抽象类，具体操作由各子类实现，如 MappedRDD、ShuffledRDD）。可以从以下 3 点来理解 RDD。

1）数据集：抽象地说，RDD 就是一种元素集合。单从逻辑上的表现来看，RDD 就是一个数据集合。可以简单地将 RDD 理解为 Java 里面的 List 集合或数据库中的一张表。

2）分布式：RDD 是可以分区的，每个分区可以分布在集群的不同节点上，从而对 RDD 中的数据进行并行操作。

3）弹性的：RDD 默认情况下存放在内存中，但是当内存中的资源不足时，Spark 会自动将 RDD 数据写入磁盘进行保存。对于用户来说，不必知道 RDD 的数据是存储在内存还是存储在磁盘，因为这些都是 Spark 底层的任务，用户只需要针对 RDD 进行计算和处理即可。RDD 的这种自动在内存和磁盘之间进行权衡和切换的机制就是 RDD 的弹性特点所在。

（2）RDD 的两种创建方式

Spark 提供了两种创建 RDD 的方式，即读取外部数据集以及从已有的 RDD 数据集进行转换。

1）可以从 Hadoop 文件系统（或与 Hadoop 兼容的其他持久化存储系统，如 Hive、

Cassandra、HBase）的输入来创建 RDD。

2）可以从父 RDD 转换得到新的 RDD。

（3）RDD 的两种操作算子

RDD 有两种计算操作算子，即 Transformation（变换）与 Action（行动）。

1）Transformation 算子。Transformation 操作是延迟计算的，也就是说从一个 RDD 转换生成另一个 RDD 的操作不是马上执行，需要等到有 Action 操作时才真正触发运算。

2）Action 算子。Action 算子会触发 Spark 提交作业（Job），并将数据输入 Spark 系统。

（4）RDD 是 Spark 数据存储的核心

Spark 数据存储的核心是 RDD。RDD 可以被抽象地理解为一个大的数组（Array），但是这个数组是分布在集群上的。逻辑上，RDD 的每个分区叫作 Partition。

在 Spark 的执行过程中，RDD 经历了一个个的 Transformation 算子运算之后，最后通过 Action 算子进行触发操作。逻辑上每经历一次变换，就会将 RDD 转换为一个新的 RDD，RDD 之间通过 Lineage（血统）机制产生依赖关系，这个关系在容错中有很重要的作用。经过变换操作的 RDD，其输入和输出还是 RDD。RDD 会被划分成很多的分区分布到集群的多个节点中。分区是个逻辑概念，变换前后的新旧分区物理上可能是在同一块内存中存储。这是很重要的优化，可以防止函数式数据不变性（Immutable）导致的内存需求无限扩张。有些 RDD 是计算的中间结果，其分区并不一定有相应的内存或磁盘数据与之对应，如果要迭代使用数据，可以调用 cache 函数缓存数据。

接下来通过图 9-10 来了解 RDD 的数据存储模型。

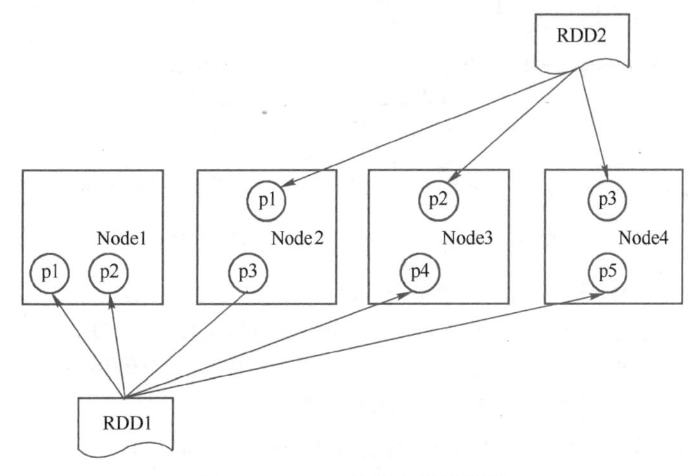

图 9-10　RDD 的数据存储模型

从图 9-10 可以看出，RDD1 含有 5 个分区（p1、p2、p3、p4、p5），分别存储在 4 个节点（Node1、Node2、Node3、Node4）中。RDD2 含有 3 个分区（p1、p2、p3），分布在 3 个节点（Node2、Node3、Node4）中。

在物理上，RDD 对象实质上是一个元数据结构，存储着 Block 与节点的映射关系，以及其他的元数据信息。一个 RDD 就是一组分区，在物理数据存储上，RDD 的每个分区对应的就是一个 Block，Block 可以存储在内存，当内存不够时可以存储到磁盘上。

每个 Block 中存储着 RDD 所有数据项的一个子集，呈现给用户的可以是一个 Block 的迭代器（例如，用户可以通过 mapPartitions 获得分区迭代器进行操作），也可以是一个数据项（例如，通过 map 函数对每个数据项进行并行计算）。

3．Spark 算子

RDD 主要支持转换（Transformation）操作和行动（Action）操作。RDD 的转换操作是返回一个新的 RDD 的操作，如 map()和 filter()；而行动操作则是向驱动器程序返回结果或者把结果写入外部系统的操作，会触发实际的计算，如 count()和 first()。

（1）算子的作用

算子是 RDD 中定义的函数，可以对 RDD 中的数据进行转换和操作。图 9-11 描述了 Spark 的输入、运行转换和输出，在运行转换中通过算子对 RDD 进行转换。

1）输入：在 Spark 程序运行过程中，数据从外部数据空间输入 Spark，进入 Spark 运行时数据空间，转换为 Spark 中的数据块，通过 BlockManager 进行管理。

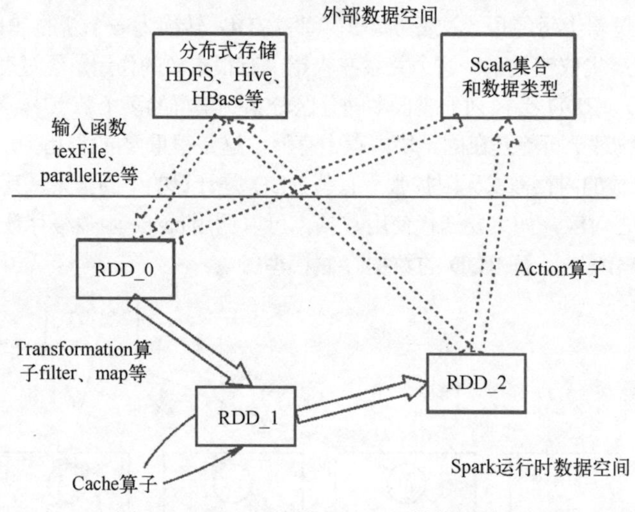

图 9-11　Spark 的输入、运行转换和输出

2）运行转换：在 Spark 输入数据形成 RDD_0 之后，便可以通过 Transformation 算子（如 filter、map 等）对数据进行操作，并将 RDD_0 转换为新的 RDD_1，RDD_1 通过其他转换操作转换为 RDD_2，最后通过 Action 算子对 RDD_2 进行操作，从而触发 Spark 提交作业。如果 RDD_1 需要复用，可以通过 Cache 算子将 RDD_1 缓存到内存。

3）输出：程序运行结束后，数据会输出到外部数据空间，如 Scala 集合或分布式存储 HDFS、Hive、HBase 等。

（2）算子的分类

Spark 算子大致可以分为以下两类。

1）Transformation 变换/转换算子。Transformation 算子是延迟计算的，这种变换并不触发提交作业，只是完成作业中间过程处理。

接下来介绍一下常用的 Transformation 变换/转换算子。

① map：map 对 RDD 中的每个元素都执行一个指定的函数来产生一个新的 RDD。任何原来 RDD 中的元素在新 RDD 中都有且只有一个元素与之对应。

② flatMap：flatMap 与 map 类似，区别是原 RDD 中的元素经 map 处理后只能生成一个元

素，而原 RDD 中的元素经 flatMap 处理后可以生成多个元素来构建新 RDD。

③ filter：filter 的功能是对元素进行过滤，对每个元素应用传入的函数，返回值为 true 的元素在 RDD 中保留，返回为 false 的将过滤掉。

④ distinct：distinct 将 RDD 中的元素进行去重操作。

⑤ union：union 可以对两个 RDD 进行合并，但并不对两个 RDD 中的数据进行去重操作，它会保存所有数据。此外，union 做合并时要求两个 RDD 的数据类型必须相同。

⑥ reduceBykey：reduceBykey 就是在 RDD 中对元素为 KV 键值对的 Key 相同的 Value 值进行聚合，因此，Key 相同的多个元素的值被聚合为一个值，然后与原 RDD 中的 Key 组成一个新的 KV 键值对。

2）Action 行动算子。在 Action 算子中，本质上是通过 SparkContext 执行提交作业的 runJob 操作，触发了 RDD DAG 的执行。触发并提交 Job 作业的算子就是 Action 算子。

接下来介绍一下常用的 Action 行动算子。

① foreach：foreach 对 RDD 中的每个元素都应用传入的函数进行操作，不返回 RDD 和 Array，而是返回 Uint。

② saveAsTextFile：saveAsTextFile 将数据输出，存储到 HDFS 的指定目录中。

③ collect：collect 相当于 toArray（toArray 已经过时不推荐使用），将分布式的 RDD 返回为一个单机的 Scala Array 数组。在这个数组上运用 Scala 的函数式操作。

④ count：count 返回整个 RDD 的元素个数。

⑤ top：top 表示从按降序排列的 RDD 中获取前几个元素，例如，top(5)表示获取前 5 个元素。

⑥ reduce：reduce 将 RDD 中的两个元素传递给输入函数，同时产生一个新的值，新产生的值与 RDD 中的下一个元素再被传递给输入函数，直到最后只有一个值为止。

4．Pair RDD 及算子

Pair RDD（即键值对 RDD）是 Spark 中许多操作所需要的常见数据类型。Pair RDD 通常用来进行聚合计算，一般先通过一些初始 ETL 操作来将数据转换为键值对形式。接下来简单介绍 Pair RDD 的定义以及常用的算子。

（1）Pair RDD 的定义

包含键值对类型的 RDD 被称作 Pair RDD，它由普通 RDD 做 ETL 转换而来。下面通过 3 种语言分别展示数据集由 RDD 转换为 Pair RDD。

1）Python 语言实现数据集由 RDD 转换为 Pair RDD，具体操作命令如下。

```
pairs = lines.map(lambda x: (x.split(" ")[0], x))
```

2）Scala 语言实现数据集由 RDD 转换为 Pair RDD，具体操作命令如下。

```
val pairs = lines.map(x => (x.split(" ")(0), x))
```

3）Java 语言实现数据集由 RDD 转换为 Pair RDD，具体操作命令如下。

```
PairFunction<String, String, String> keyData =
    new PairFunction<String, String, String>() {
    public Tuple2<String, String> call(String x) {
        return new Tuple2(x.split(" ")[0], x);
    }
```

```
};
JavaPairRDD<String, String> pairs = lines.mapToPair(keyData);
```

（2）Pair RDD 算子

Pair RDD 可以使用所有标准 RDD 上的转换操作，还提供了特有的转换操作，例如，reduceByKey、groupByKey、sortByKey 等。另外，所有基于 RDD 支持的行动操作也都在 PairRDD 上可用。

9.4.3 Spark 分布式集群搭建

9.4.3 Spark 分布式集群搭建

本小节首先介绍 Spark 的各种运行模式，然后详细介绍基于 Standalone 模式构建 Spark 分布式集群的步骤，最后介绍 Spark on YANR 部署模式，该模式可以将 Spark 作业提交到 Hadoop 集群上运行。

1．Spark 运行模式

Spark 的运行模式有很多种，它支持的各种运行模式见表 9-4。

表 9-4 Spark 运行模式

运行模式	说 明
Local[N]模式	本地模式，使用 N 个线程
Local Cluster 模式	伪分布式模式
Standalone 模式	需要启动 Spark 自己的运行时环境
Mesos 模式	需要部署 Spark 和 Mesos 到相关节点
YARN cluster 模式	需要部署 YARN、Driver 运行在 APPMaster
YARN client 模式	需要部署 YARN、Driver 运行在本地

虽然 Spark 支持很多种运行模式，但是在工作中常用以下 3 种模式。

（1）Local 模式

Local 模式是最简单的一种 Spark 运行模式，它采用单节点多线程方式运行。Local 模式是一种开箱即用的方式，只需要在 spark-env.sh 中配置 JAVA_HOME 环境变量，无须其他任何配置即可使用，因而常用于开发和学习。

（2）Standalone 模式

Spark 可以通过部署与 YARN 架构类似的框架来提供自己的集群模式，该集群模式的架构设计与 HDFS 和 YARN 相似，都是由一个主节点和多个从节点组成，在 Spark 的 Standalone 模式中，master 节点为主，worker 节点为从。

（3）Spark on YARN 模式

Spark on YARN 模式（YARN cluster 模式和 YARN client 模式同属 Spark on YARN 模式）就是将 Spark 应用程序跑在 YARN 集群之上，通过 YARN 资源调度系统将 Executor 启动在 Container 中，从而完成 Driver 端分发给 Executor 的各个任务。将 Spark 作业跑在 YARN 之上，首先需要启动 YARN 集群，然后通过 spark-shell 或 spark-submit 的方式将作业提交到 YARN 上运行。

2．搭建 Spark Standalone 模式的集群

（1）下载并解压 Spark

到官网下载 Spark 安装包，然后上传至 hadoop1 节点的/home/hadoop/app 目录下并解压，具体操作命令如下。

```
[hadoop@hadoop1 app]$ tar -zxvf spark-2.4.8-bin-hadoop2.7.tgz
[hadoop@hadoop1 app]$ ln -s spark-2.4.8-bin-hadoop2.7 spark
```

（2）配置 spark-env.sh

进入 Spark 根目录下的 conf 文件夹中，修改 spark-env.sh 配置文件，添加内容如下。

```
[hadoop@hadoop1 conf]$ mv spark-env.sh.template spark-env.sh
[hadoop@hadoop1 conf]$ vi spark-env.sh
#jdk 安装目录
export JAVA_HOME=/home/hadoop/app/jdk
#Hadoop 配置文件目录
export HADOOP_CONF_DIR=/home/hadoop/app/hadoop/etc/hadoop
#Hadoop 根目录
export HADOOP_HOME=/home/hadoop/app/hadoop
#Spark Web UI 端口号
SPARK_MASTER_WEBUI_PORT=8888
#配置 ZooKeeper 地址和 Spark 在 ZooKeeper 的节点目录
SPARK_DAEMON_JAVA_OPTS="-Dspark.deploy.recoveryMode=ZOOKEEPER -
Dspark.deploy.zookeeper.url=hadoop1:2181,hadoop2:2181,hadoop3:2181
Dspark.deploy.zookeeper.dir=/myspark"
```

（3）配置 slaves

进入 Spark 根目录下的 conf 文件夹中，修改 slaves 配置文件，添加内容如下。

```
[hadoop@hadoop1 conf]$ mv slaves.template slaves
[hadoop@hadoop1 conf]$ vi slaves
hadoop1
hadoop2
hadoop3
```

（4）Spark 安装目录分发到集群其他节点

将 hadoop1 节点中配置好的 Spark 安装目录分发给 hadoop2 和 hadoop3 节点，因为 Spark 集群配置都是一样的。这里使用 Linux 远程命令进行分发，具体操作命令如下。

```
[hadoop@hadoop1 app]$scp -r spark-2.4.8-bin-hadoop2.7  hadoop@hadoop2:/home/hadoop/app/
[hadoop@hadoop1 app]$scp -r spark-2.4.8-bin-hadoop2.7  hadoop@hadoop3:/home/hadoop/app/
```

（5）创建软连接

分别到 hadoop2 和 hadoop3 节点上为 Spark 安装目录创建软连接，具体操作命令如下。

```
[hadoop@hadoop2 app]$ ln -s spark-2.4.8-bin-hadoop2.7 spark
[hadoop@hadoop3 app]$ ln -s spark-2.4.8-bin-hadoop2.7 spark
```

（6）启动集群

在启动 Spark 集群之前，首先要确保 ZooKeeper 集群已经启动，因为 Spark 集群中的 Master 高可用选举依赖于 ZooKeeper 集群。

1）在 hadoop1 节点一键启动 Spark 集群，具体操作命令如下。

```
[hadoop@hadoop1 spark]$ sbin/start-all.sh
```

2）在 hadoop2 节点启动 Spark 的另外一个 Master 进程，具体操作命令如下。

```
[hadoop@hadoop2 spark]$ sbin/start-master.sh
```

（7）查看集群状态

在 hadoop1 和 hadoop2 节点分别通过 Web 界面查看 Spark 集群的健康状况，此时访问端口号为 8888。

hadoop1 节点为 ALIVE 状态，如图 9-12 所示。

图 9-12　hadoop1 节点状态

hadoop2 节点为 STANDBY 状态，如图 9-13 所示。

图 9-13　hadoop2 节点信息

如果上述操作结果没有问题，说明 Spark 集群已经搭建成功。

（8）测试运行 Spark 集群

在 IDEA 的 Terminal 控制台中，使用 mvn clean package 命令对 bigdata 项目进行编译打包，然后将编译好的 bigdata-1.0-SNAPSHOT.jar 包上传至 hadoop1 节点的/home/hadoop/shell/lib 目录下，最后在 Spark 的安装目录下通过 spark-submit 脚本将 MyScalaWordCount 应用提交到 Spark 集群运行，提交作业的具体操作命令如下。

```
[hadoop@hadoop1 spark]$ bin/spark-submit --master spark://hadoop1:7077, hadoop2:7077 --class com.bigdata.MyScalaWordCount/home/hadoop/shell/lib/bigdata-1.0-SNAPSHOT.jar /test/words.log /test/out
```

MyScalaWordCount 程序运行完毕之后，使用 HDFS 的 cat 命令查看输出结果，具体操作命令如下。

```
[hadoop@hadoop1 hadoop]$ bin/hdfs dfs -cat /test/out/*
(spark,3)
(hadoop,3)
(flink,3)
```

3．Spark on YARN 模式集群搭建

前面已经介绍过，Spark on YARN 模式就是将 Spark 应用程序跑在 YARN 集群之上，其实并不需要 Spark 启动任何进程服务，只需要选择一个节点安装 Spark 作为客户端，能将 Spark 作业提交到 YARN 集群运行即可，所以 Spark on YARN 模式的安装非常简单。

（1）下载并解压 Spark

选择 hadoop1 节点作为 Spark on YARN 客户端，下载 Spark 安装包然后上传至 hadoop1 节点的/home/hadoop/app 目录下并解压，具体操作命令如下。

```
[hadoop@hadoop1 app]$ tar -zxvf spark-2.4.8-bin-hadoop2.7.tgz
[hadoop@hadoop1 app]$ mv spark-2.4.8-bin-hadoop2.7 spark-on-yarn
```

（2）修改 spark-env.sh 配置文件

进入 Spark 安装目录下的 conf 文件夹中，修改 spark-env.sh 配置文件，添加 HADOOP_CONF_DIR 或 YARN_CONF_DIR 环境变量，让 Spark 知道 YARN 的配置信息即可，具体操作命令如下。

```
[hadoop@hadoop1 conf]$ mv spark-env.sh.template spark-env.sh
[hadoop@hadoop1 conf]$ vi spark-env.sh
#添加 Hadoop 配置文件目录
HADOOP_CONF_DIR=/home/hadoop/app/hadoop/etc/hadoop
```

（3）测试运行

在测试运行 Spark on YARN 模式之前，需要依次启动 ZooKeeper 集群、HDFS 集群、YARN 集群。然后在 hadoop1 客户端节点，通过 spark-submit 脚本将 MyScalaWordCount 程序提交到 YARN 集群运行，具体操作命令如下。

```
[hadoop@hadoop1 spark-on-yarn]$ bin/spark-submit --master yarn --class com.
bigdata.MyScalaWordCount /home/hadoop/shell/lib/bigdata-1.0-SNAPSHOT.jar /test/words.
log /test/out
```

MyScalaWordCount 程序运行完毕之后，使用 HDFS 的 cat 命令查看输出结果，具体操作命令如下。

```
[hadoop@hadoop1 hadoop]$ bin/hdfs dfs -cat /test/out/*
(spark,3)
(hadoop,3)
(flink,3)
```

9.4.4　Spark Streaming 实时计算

9.4.4　Spark Streaming 实时计算

1．Spark Streaming 概述

随着用户对实时性要求越来越高，许多应用需要实时处理接收到的数据。Spark Streaming 是 Spark 为这些实时应用而设计的模型，接下来介绍 Spark Streaming 的定义和特点。

（1）Spark Streaming 定义

Spark Streaming 是构建在 Spark 上的实时计算框架，且是对 Spark Core API 的一个扩展，它能够实现对流数据的实时处理，并具有很好的可扩展性、高吞吐量和容错性。

（2）Spark Streaming 的特点

Spark Streaming 具有如下显著特点。

1）易用性。Spark Streaming 支持 Java、Python、Scala 等编程语言，可以像编写批处理程序一样编写实时计算程序。

2）容错性。Spark Streaming 在没有额外代码和配置的情况下，可以恢复丢失的数据。对于实时计算来说，容错性至关重要。首先要明确一下 Spark 中 RDD 的容错机制，即每一个 RDD 都是不可变的分布式可重算的数据集，它记录着确定性的操作继承关系（Lineage），所以只要输入数据是可容错的，那么任意一个 RDD 的分区在（Partition）出错或不可用时，都可以使用原始输入数据经过转换操作重新计算得到。

3）易整合性。Spark Streaming 可以在 Spark 集群上运行，并且还允许重复使用相同的代码进行批处理。也就是说，实时处理可以与离线处理相结合，实现交互式的查询操作。

2．Spark Streaming 运行原理

和批处理不同的是，Spark Streaming 需要全天候不间断运行。为了使用 Spark Streaming 进行实时应用开发，首先需要理解其运行原理。

（1）Spark Streaming 工作原理

Spark Streaming 支持从多种数据源获取数据，包括 Kafka、Flume、Twitter、ZeroMQ、Kinesis 以及 TCP Sockets 等数据源。当 Spark Streaming 从数据源获取数据之后，可以使用 map、reduce、join 和 window 等高级函数进行复杂的计算处理，最后将处理的结果存储到分布式文件系统、数据库中，最终利用仪表盘（Dashboard）对数据进行可视化。Spark Streaming 支持的输入、输出源如图 9-14 所示。

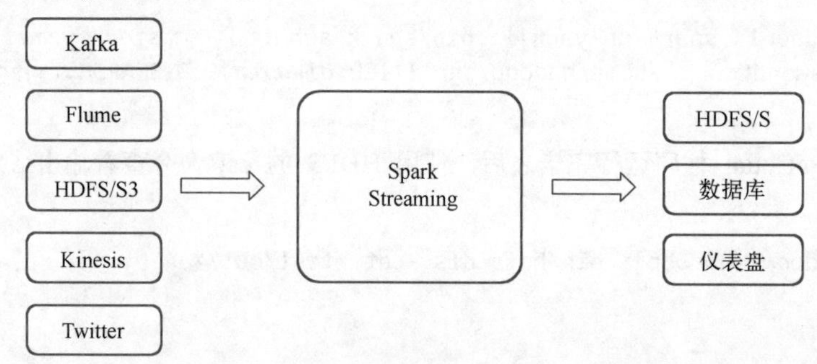

图 9-14　Spark Streaming 支持的输入、输出源

Spark Streaming 工作原理如图 9-15 所示，Spark Streaming 先接收实时输入的数据流，并且将数据按照一定的时间间隔分成一批批的数据，每一段数据都转变成 Spark 中的 RDD，接着交由 Spark 引擎进行处理，最后将数据处理结果输出到外部存储系统。

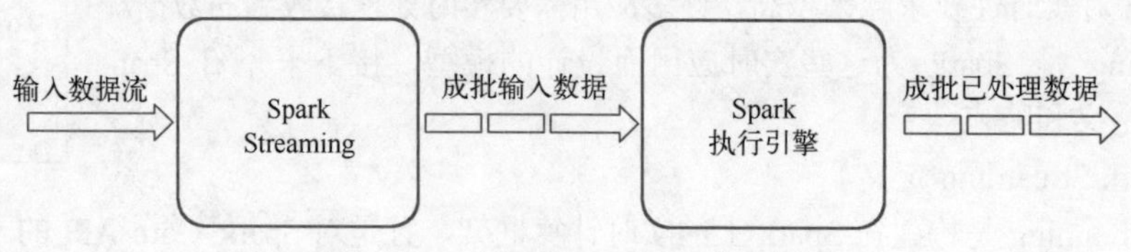

图 9-15　Spark Streaming 工作原理

（2）DStream

DStream 全称为 Discretized Stream（离散流），是 Spark Streaming 提供的一种高级抽象，代表了一个持续不断的数据流；DStream 可以通过输入数据源来创建，如 Kafka、Flume；也可以通过其他 DStream 应用高阶函数来创建，如 map、reduce、join、window 等。

DStream 的内部其实是一系列持续不断产生的 RDD，即不可变的、分布式的数据集。

DStream 中的每个 RDD 都包含一个时间段内的数据。如图 9-16 所示，0～1 这段时间的数据累积构成了第一个 RDD，1～2 这段时间的数据累积构成了第二个 RDD，以此类推。

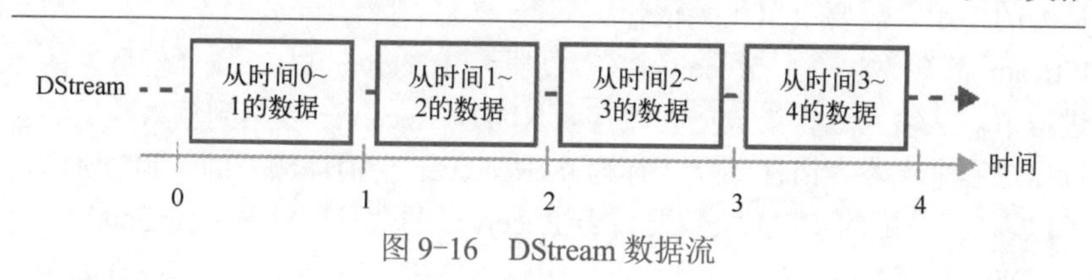

图 9-16　DStream 数据流

（3）DStream 与 RDD 的对比

DStream 与 RDD 之间的关系如图 9-17 所示。

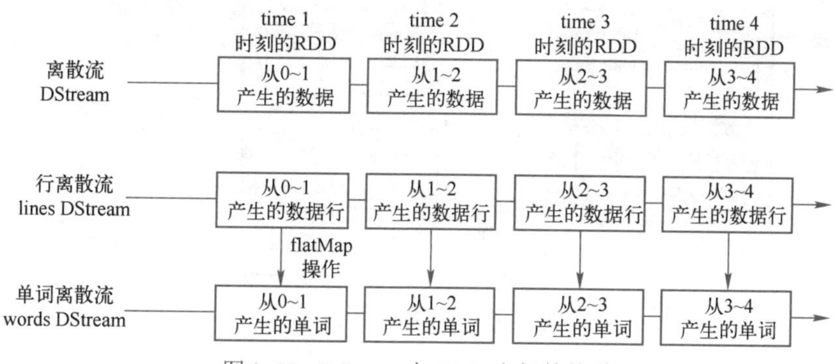

图 9-17　DStream 与 RDD 之间的关系

对 DStream 应用的算子，其实在底层会被翻译为对 DStream 中每个 RDD 的操作。例如，对一个 DStream 执行一个 Map 操作，会产生一个新的 DStream。其底层原理为：对输入 DStream 中的每个时间段的 RDD，都应用一遍 Map 操作，然后生成的 RDD 即作为新的 DStream 中的那个时间段的一个 RDD；底层 RDD 的 Transformation 操作由 Spark Core 的计算引擎来实现，Spark Streaming 对 Spark Core 进行一层封装，隐藏了细节，然后对开发人员提供方便易用的高层次 API。

（4）Batch Duration

Spark Streaming 按照设定的 Batch Duration（批次）来累积数据，周期结束时把周期内的数据作为一个 RDD，并将任务提交给 Spark 计算引擎。Batch Duration 的大小决定了 Spark Streaming 提交作业的频率和处理延迟。Batch Duration 的大小设定取决于用户的需求，一般不会太大。如下代码表示，Spark Streaming 每个批次的大小为 10s，即每 10s 提交一次作业。

```
val ssc = new StreamingContext(sparkConf, Seconds(10))
```

3. Spark Streaming 编程模型

Spark Streaming 编程模型可以看成是一个批处理 Spark Core 的编程模型，除了 API 是调用 Spark

Streaming 的 API 之外，它也包含输入 DStream、有状态和无状态转换和 DStream 输出 3 个部分。

（1）输入 DStream

输入的 DStream 可以从 Spark 内置的数据源转换而来，Spark Streaming 提供了两种内置的数据源支持。

1）基础数据源：StreamingContext API 中直接提供了对这些数据源的支持，例如，文件、socket、Akka Actor 等。

2）高级数据源：诸如 Kafka、Flume、Kinesis、Twitter 等数据源，通过第三方工具类提供支持。这些数据源的使用，需要引用相关依赖。

输入 DStream 都会关联一个 Receiver（接收器），Receiver 以 Task（任务）的形式运行在应用的执行器进程中，从输入源收集数据并保存为 RDD。Receiver 收集到输入数据后会把数据复制到另一个执行器进程来保障容错性（默认行为）。Receiver 会消耗额外的 CPU 资源，所以要注意分配更多的 CPU 核，分配的 CPU 核数要大于 Receiver 的数量。StreamingContext 会周期性地运行 Task 来处理 DStream 输入，然后在每个批次中输出结果。Receiver 工作原理如图 9-18 所示。

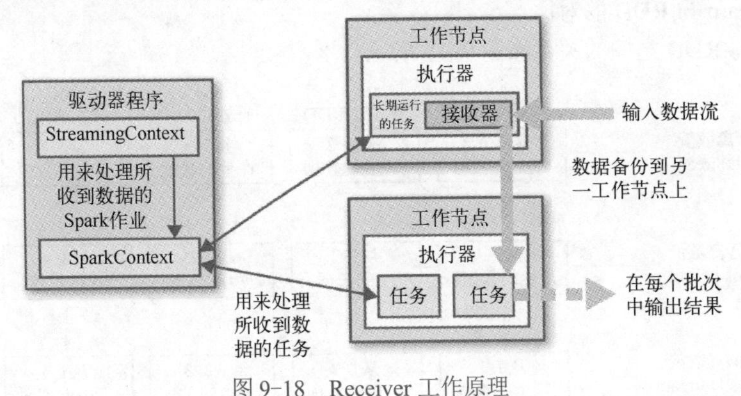

图 9-18　Receiver 工作原理

（2）有状态和无状态转换

输入 DStream 的转换操作可以分为无状态的（Stateless）转换和有状态的（Stateful）的转换两种。

1）无状态转换。和 Spark Core 的语义一致，无状态转换操作就是把简单的 RDD 转换操作应用到每个批次上。Spark Streaming 的无状态转换操作，也就是对 DStream 的操作会映射到每个批次的 RDD 上。无状态转换操作不会跨多个批次的 RDD 去执行，即每个批次的 RDD 结果不能累加。

2）有状态转换。

① updateStateByKey 函数。

有时需要在 DStream 中跨所有批次维护状态（如跟踪用户访问网站的会话）。针对这种情况，updateStateByKey()提供了对一个状态变量的访问，用于键值对形式的 DStream。使用 updateStateByKey 需要完成以下两步工作。

第一步：定义状态，状态可以是任意数据类型。

第二步：定义状态更新函数——update(events, oldState)。

update(events, oldState)的参数解释如下。

- events：是在当前批次中收到的事件列表（可能为空）。
- oldState：是一个可选的状态对象，存放在 Option 内；如果一个键没有之前的状态，这个值可以空缺。
- newState：由函数返回，以 Option 形式存在；可以返回一个空的 Option 来表示想要删除该状态。

② windows 函数。windows 函数也是一种有状态操作，基于 windows 的操作会在一个比 StreamingContext 的批次间隔更长的时间范围内，通过整合多个批次的结果计算出整个窗口的结果。

所有基于窗口的操作都需要两个参数，分别为 windowDuration 以及 slideDuration，两者都必须是 StreamingContext 的批次间隔的整数倍。windowDuration 表示窗口框住的批次个数，slideDuration 表示每次窗口移动的距离（批次个数）。windows 函数具体使用方式如下。

```
val ssc = new StreamingContext(sparkConf, Seconds(10))
…
val accessLogsWindow = accessLogsDStream.window(Seconds(30), Seconds(10))
val windowCounts = accessLogsWindow.count()
```

（3）DStream 输出

输出操作指定了对流数据经转换操作得到的数据所要执行的操作，如把结果输出到外部数据库或打印到控制台上。

Spark Streaming 常见的 DStream 输出操作如下。

1）print：在运行流程序的驱动节点上，打印 DStream 中每一批次数据的最开始 10 个元素，主要用于开发和调试。

2）saveAsTextFiles：以 Text 文件形式存储 DStream 中的数据。

3）saveAsObjectFiles：以 Java 对象序列化的方式将 DStream 中的数据保存为 SequenceFiles。

4）saveAsHadoopFiles：将 DStream 中的数据保存为 Hadoop Files。

5）foreachRDD：这是最通用的输出操作，即将函数 func 应用于 DStream 的每一个 RDD。其中，参数传入的函数 func 能够将每一个 RDD 中数据推送到外部系统，如将 RDD 存入文件或者通过网络写入数据库。

9.4.5　案例实践：广告点击实时分析

9.4.5.1　项目需求分析与架构设计

1．项目需求

某电商平台设定了很多广告位来接收广告的投放，当用户点击广告的时候会产生广告日志。为了实时看到广告的投放效果，现在需要实现一个广告实时点击分析系统，为广告更大规模的投入和调整打下坚实的基础，从而为公司带来最大的经济回报。

广告点击实时分析系统的核心需求如下。

1）实时统计各广告点击量的 Topn。

2）实时统计各省份广告点击量的 Topn。

3）实时统计各城市广告点击量的 Topn。

2．数据集准备

数据集的文件名为 ad.log，里面包含某电商平台的广告点击日志，数据的第一列为点击时间，第二列为省份 ID，第三列为城市 ID，第四列为用户 ID，第五列为广告 ID。具体样本数据如下。

```
1516609143869 1 3 33 6
1516609143869 6 2 97 21
1516609143869 5 2 95 24
1516609143869 8 9 73 11
1516609143869 4 8 62 15
```

3．业务建表

9.4.5.2 业务建表

根据项目的需求可以了解到最终统计的结果数据集比较小，所以选择 MySQL 数据库存储业务指标即可。为了便于操作，这里选择使用已经安装好的 Hive 的 MySQL 元数据库。

（1）MySQL 建库

在 hadoop1 节点，使用 hive 用户登录 MySQL，并创建 advertise 数据库，具体操作命令如下。

```
[root@hadoop1 ~]# mysql -h hadoop1 -u hive -phive
mysql> create database advertise;
```

（2）MySQL 建表

在 advertise 数据库中，创建 adversisecount 表存储每个广告的点击量，具体操作命令如下。

```
mysql> use advertise;
mysql> create table adversisecount(
    -> adname varchar(20) not null,
    -> count int(11) not null
    -> );
```

在 advertise 数据库中，创建 provincecount 表存储每个省份的广告点击量，具体操作命令如下。

```
mysql> create table provincecount(
    -> province varchar(20) not null,
    -> count int(11) not null
    -> );
```

在 advertise 数据库中，创建 citycount 表存储每个城市的广告点击量，具体操作命令如下。

```
mysql> create table citycount(
    -> city varchar(20) not null,
    -> count int(11) not null
    -> );
```

4．模拟生成数据

9.4.5.3 模拟生成数据

为了模拟数据实时产生的效果，使用 Java 语言编写应用程序实时产生广告点击日志。

（1）编写模拟程序

在 IDEA 工具中打开 bigdata 项目，新建 AnalogData 类编写代码模拟产生数据，核心代码如下。

```
public class AnalogData {
public static void readData(String inputFile,String outputFile){
    FileInputStream fis = new FileInputStream(inputFile);
    InputStreamReader isr = new InputStreamReader(fis,"GBK");
    BufferedReader br = new BufferedReader(isr);
    String tmp=null;
    //计数器
    int counter=1;
    //按行读取文件数据
    while ((tmp = br.readLine()) != null) {
        System.out.println("第"+counter+"行: "+tmp);
        //读取的每行数据写入目标文件
        writeData(outputFile,tmp);
        counter++;
        //控制数据产生速度
        Thread.sleep(1000);
    }
    isr.close();
}
public static void writeData(String outputFile, String line) {
    BufferedWriter out=new BufferedWriter(new OutputStreamWriter(
            new FileOutputStream(outputFile, true)));
    out.write("\n");
    out.write(line);
}
public static void main(String args[]){
    readData(args[0],args[1]);
}}
```

（2）项目打包编译

在 IDEA 的 Terminal 控制台中，使用 mvn clean package 命令对 bigdata 项目进行编译打包，然后将编译好的 bigdata-1.0-SNAPSHOT.jar 包上传至 hadoop1 节点的/home/hadoop/shell/lib 目录下。

（3）编写 Shell 脚本

将准备好的广告点击日志文件 ad.log 上传至 hadoop1 节点的/home/hadoop/shell/data 目录下，然后编写 ad.sh 脚本模拟实时产生广告点击数据，具体内容如下。

```
[hadoop@hadoop1 bin]$ vi ad.sh
#!/bin/sh
if [ $# -lt 2 ]
then
  echo "Usage: ./ad.sh srcFile descFile"
  exit
fi
home=$(cd `dirname $0`; cd ..; pwd)
. ${home}/bin/common.sh
echo "start analog data ****************"
```

```
java -cp ${lib_home}/bigdata-1.0-SNAPSHOT.jar com.bigdata.spark.AnalogData  $1 $2
```

其中，common.sh 脚本存储的是公共参数，具体内容如下。

```
[hadoop@hadoop1 bin]$ vi common.sh
#!/bin/sh
env=$1
#切换到当前目录的父目录
home=$(cd `dirname $0`; cd ..; pwd)
bin_home=$home/bin
conf_home=$home/conf
logs_home=$home/logs
data_home=$home/data
lib_home=$home/lib
```

最后为 ad.sh 脚本添加可执行权限，具体操作命令如下。

```
[hadoop@hadoop1 bin]$ chmod u+x ad.sh
```

5．业务代码实现

9.4.5.4 广告点击实时分析业务代码实现

在 IDEA 工具中，打开 bigdata 项目开发 Spark Streaming 应用程序，具体步骤如下。

（1）引入项目依赖

由于 Spark Streaming 应用需要读取 Kafka 数据源并将最终结果写入 MySQL，所以需要在项目的 pom.xml 文件中添加相关依赖，添加内容如下。

```
<dependency>
  <groupId>mysql</groupId>
  <artifactId>mysql-connector-java</artifactId>
  <version>5.1.38</version>
</dependency>
<dependency>
  <groupId>org.apache.spark</groupId>
  <artifactId>spark-streaming_2.11</artifactId>
  <version>2.4.8</version>
</dependency>
<dependency>
  <groupId>org.apache.spark</groupId>
  <artifactId>spark-streaming-kafka-0-10_2.11</artifactId>
  <version>2.4.8</version>
</dependency>
```

（2）开发 Spark Streaming 应用程序

根据项目业务需求，首先通过 Spark Streaming 消费 Kafka 中的数据，然后统计业务需求中的各种指标，最后将统计结果保存到 MySQL 数据库，业务逻辑的核心实现代码如下。

```
object kafka_sparkStreaming_mysql {
  def main(args: Array[String]): Unit = {
    val sparkConf = new SparkConf().setAppName("advertise").setMaster("local[2]")
    val ssc = new StreamingContext(sparkConf, Seconds(1))
```

```
    //设置 Kafka 连接参数
    val kafkaParams = Map[String, Object](
      "bootstrap.servers" -> "hadoop1:9092,hadoop2:9092,hadoop3:9092",
      "key.deserializer" -> classOf[StringDeserializer],
      "value.deserializer" -> classOf[StringDeserializer],
      "group.id" -> "advertise",
      "auto.offset.reset" -> "earliest",
      "enable.auto.commit" -> (true: java.lang.Boolean)
    )
    val topics = Array("advertise")
    //读取 Kafka 数据
    val stream = KafkaUtils.createDirectStream[String, String](
      ssc,
      PreferConsistent,
      Subscribe[String, String](topics, kafkaParams)
    )
    val lines = stream.map(record =>  record.value)
    //过滤无效数据
    val filter = lines.map(_.split("\\s+")).filter(_.length==5)
    //统计各广告点击量
    val adCounts = filter.map(x => (x(4), 1)).reduceByKey(_ + _)
    adCounts.foreachRDD(rdd => {
      //分区并行执行
      rdd.foreachPartition(myFun)
    })
    //统计各省份广告点击量
    val provinceCounts = filter.map(x => (x(1), 1)).reduceByKey(_ + _)
    provinceCounts.foreachRDD(rdd =>{
      rdd.foreachPartition(myFun2)
    })
    //统计各城市广告点击量
    val cityCounts = filter.map(x => (x(2), 1)).reduceByKey(_ + _)
    cityCounts.foreachRDD(rdd =>{
      rdd.foreachPartition(myFun3)
    })
    ssc.start()
    ssc.awaitTermination()
  }}
```

6．打通整个项目流程

（1）启动 MySQL 服务

9.4.5.5　广告点击实时分析打通整个项目流程

由于统计的业务指标最终需要保存到 MySQL 数据库，所以首先需要在 hadoop1 节点启动 MySQL 服务，具体操作命令如下。

```
[root@hadoop1 ~]# service mysqld start
```

（2）启动 ZooKeeper 集群

分别进入 hadoop1、hadoop2 和 hadoop3 节点的 ZooKeeper 安装目录，使

用如下命令启动 ZooKeeper 集群。

```
[hadoop@hadoop1 zookeeper]$ bin/zkServer.sh start
[hadoop@hadoop2 zookeeper]$ bin/zkServer.sh start
[hadoop@hadoop3 zookeeper]$ bin/zkServer.sh start
```

（3）启动 Kafka 集群

分别进入 hadoop1、hadoop2 和 hadoop3 节点的 Kafka 安装目录，使用如下命令启动 Kafka 集群。

```
[hadoop@hadoop1 kafka]$ bin/kafka-server-start.sh config/server.properties
[hadoop@hadoop2 kafka]$ bin/kafka-server-start.sh config/server.properties
[hadoop@hadoop3 kafka]$ bin/kafka-server-start.sh config/server.properties
```

Kafka 集群启动之后，在 hadoop1 节点上使用 kafka-topics.sh 脚本提前创建 Kafka Topic，具体操作命令如下。

```
[hadoop@hadoop1 kafka]$ bin/kafka-topics.sh --zookeeper localhost:2181 --create --topic advertise --replication-factor 3 --partitions 3
```

（4）启动 Spark Streaming

为了测试方便，直接在 IDEA 工具中右键单击项目中的 kafka_sparkStreaming_mysql 应用程序，在弹出的快捷菜单中选择“Run”选项即可在本地运行 Spark Streaming。当然在生产环境中，读者可以通过 mvn clean package 命令对 bigdata 项目进行编译打包，然后将作业提交到 Spark 集群运行。

（5）启动 Flume 聚合服务

分别在 hadoop2 和 hadoop3 节点进入 Flume 安装目录，修改前面的 avro-file-selector-kafka.properties 配置文件，将写入 Kafka 的 topic 名称由 test 修改为 advertise 即可，最后使用如下命令启动 Flume 聚合服务。

```
[hadoop@hadoop2 flume]$ bin/flume-ng agent -n agent1 -c conf -f conf/avro-file-selector-kafka.properties -Dflume.root.logger=INFO,console
[hadoop@hadoop3 flume]$ bin/flume-ng agent -n agent1 -c conf -f conf/avro-file-selector-kafka.properties -Dflume.root.logger=INFO,console
```

（6）启动 Flume 采集服务

在 hadoop1 节点进入 Flume 安装目录，修改 9.3.4 节的 taildir-file-selector-avro.properties 配置文件，将监控的日志文件名称替换为 ad.log 即可，最后使用如下命令启动 Flume 采集服务。

```
[hadoop@hadoop1 flume]$ bin/flume-ng agent -n agent1 -c conf -f conf/taildir-file-selector-avro.properties -Dflume.root.logger=INFO,console
```

（7）模拟产生数据

在 hadoop1 节点上执行 ad.sh 脚本读取/home/hadoop/shell/data/ad.log 数据源，并将数据写入/home/hadoop/data/flume/logs/ad.log 文件，模拟广告实时点击日志，具体操作命令如下。

```
[hadoop@hadoop1 shell]$ bin/ad.sh /home/hadoop/shell/data/ad.log /home/hadoop/data/flume/logs/ad.log
```

（8）查询统计结果

在 advertise 数据库中，使用 select 语句查看业务需求的各种指标，具体操作命令如下。

```
mysql> select * from adversisecount order by count desc limit 10;
mysql> select * from provincecount order by count desc limit 10;
mysql> select * from citycount order by count desc limit 10;
```

如果从 MySQL 中能查看到相关的指标数据，说明整个项目流程已经打通，成功完成了广告点击实时分析系统。

9.5 Flink 实时分析系统

9.5.1.1 Flink 概述

9.5.1 Flink 快速入门

1．Flink 概述

（1）Flink 定义

Apache Flink 是一个开源的分布式、高性能、高可用的大数据处理引擎，支持实时流（Stream）处理和批（Batch）处理，可部署在各种集群环境（如 K8s、YARN、Mesos）中，对各种大小的数据规模进行快速计算。

（2）Flink 特性

Flink 主要有以下特性。

1）有状态计算的 Exactly-Once 语义。状态是指 Flink 能够维护数据在时序上的聚类和聚合，同时它的 CheckPoint 机制可以方便快捷地做出失败重试。

2）支持带有事件时间（Event Time）语义的流处理和窗口处理。事件时间的语义使流计算的结果更加精确，尤其是在事件到达无序或延迟的情况下。

3）支持高度灵活的窗口（Window）操作，包括基于 time、count、session 以及 data-driven 的窗口操作，能够很好地对现实环境中创建的数据进行建模。

4）轻量的容错处理（Fault Tolerance）。它使得系统既能保持高的吞吐率又能保证 Exactly-Once 的一致性。通过轻量的 State Snapshots 实现。

5）支持高吞吐、低延迟、高性能的流处理。

6）支持 Savepoints 机制，即可以将应用的运行状态保存下来；在升级应用或处理历史数据时能够做到无状态丢失和最小停机时间。

7）支持大规模的集群模式，支持 YARN、Mesos 等运行模型，可运行在成千上万个节点上。

8）支持具有 Backpressure（背压）功能的持续流模型。

9）Flink 在 JVM 内部实现了自己的内存管理。

10）支持迭代计算。

11）支持程序自动优化：避免特定情况下 Shuffle、排序等昂贵操作，并对中间结果进行缓存。

（3）Flink 分层结构

Flink 框架是一款真正意义上的流数据分布式处理引擎，它利用流处理技术来进行批处理，即批处理只是流处理的一个特例。Flink 从整体结构上来说，包含了流处理的方方面面。Flink 分层结构如图 9-19 所示。

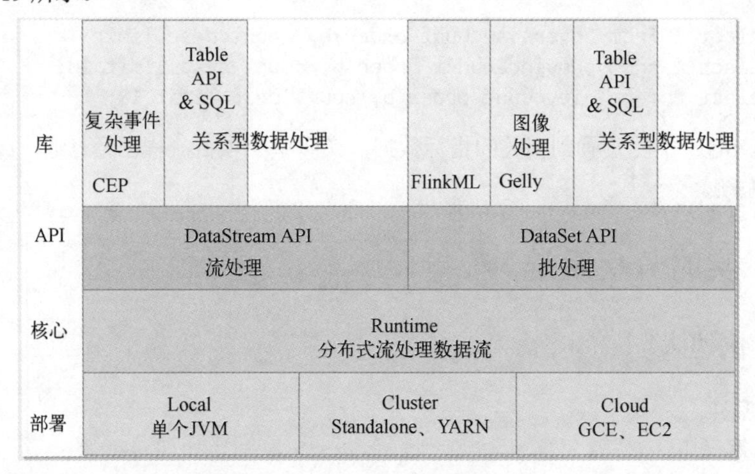

图 9-19　Flink 分层结构

从图 9-19 可以看出，Flink 整体结构分为四层。

1）部署。Flink 提供了专门的部署组件，支持多种部署方式，比如本地（Local）模式、集群模式（Standalone、YARN）和云（GCE、EC2）模式等。

2）核心。Flink 的核心组件是运行时（Runtime）组件，它提供统一的分布式流式数据处理引擎，运行时组件对于流数据处理和批数据处理是一致的，都是以流处理方式来处理，这意味着事件数据是一个一个地被处理。

3）API。Flink API 组件提供了两套 API 来分别处理流数据和批数据。其中，DataStream API 主要处理流数据，DataSet API 专门处理批数据。

4）库。Flink 在 DataStream API 和 DataSet API 基础上提供了一些实用的类库，比如基于 DataStream API，提供了复杂事件处理 CEP 库和 Table API 处理关系型数据。基于 DataSet API 提供了机器学习 FlinkML 库、图像处理 Gelly 库以及关系型数据处理的 Table API。

（4）Flink 与 Spark 的对比

通过前面的学习可以了解到，Spark 和 Flink 都支持批处理和流处理，接下来对这两种流行的数据处理框架在各方面进行对比。

1）API 支持。Flink 和 Spark 对大部分不同类别的 API 都支持，Flink 还支持 CEP（复杂事件处理）。Flink 与 Spark 支持的 API 如图 9-20 所示。

API	Spark	Flink
底层API	RDD	Process Function
核心API	DataFrame/DataSet/Structured Streaming	DataStream/DataSet
SQL	Spark SQL	Table API & SQL
机器学习	MLlib	Flink ML
图计算	GraphX	Gelly
其他		CEP

图 9-20　Flink 与 Spark 支持的 API 对比

2）语言支持。Spark 源码是用 Scala 来实现的，它提供了 Java、Python、R 和 SQL 的编程接口。Flink 源码是用 Java 来实现的，同样提供了 Scala、Python、SQL 的编程接口，只不过对 R 语言的支持需要第三方依赖。Flink 与 Spark 支持的语言如图 9-21 所示。

支持语言	Spark	Flink
Java	✔□	✔□
Scala	✔□	✔□
Python	✔□	✔□
R	✔□	第三方
SQL	✔□	✔□

图 9-21 Flink 与 Spark 支持的语言对比

3）Connectors 支持。Flink 和 Spark 都能对接大部分比较常用的系统，即使有些系统暂时还不支持，也可以自定义开发 Connectors 来支持。Flink 与 Spark 支持的 Connectors 如图 9-22 所示。

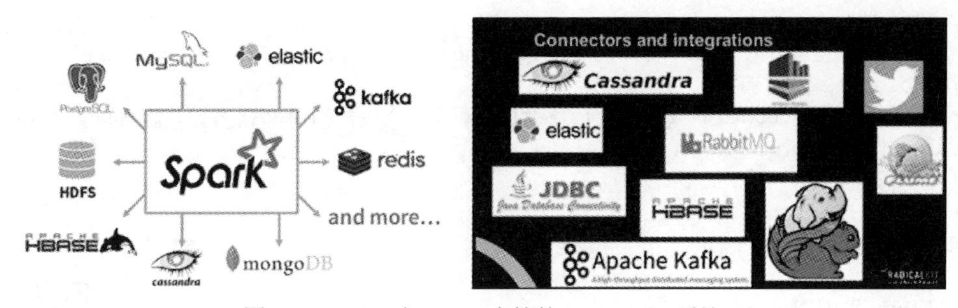

图 9-22 Flink 与 Spark 支持的 Connectors 对比

4）运行环境支持。Flink 与 Spark 都能部署到目前的主流环境中，具体支持的部署环境如图 9-23 所示。

部署环境	Spark	Flink
Local(Single JVM)	✔□	✔□
Standalone Cluster	✔□	✔□
Yarn	✔□	✔□
Mesos	✔□	✔□
Kubernetes	✔□	✔□

图 9-23 Flink 与 Spark 支持的部署环境对比

2．Flink 最简安装

9.5.1.2 Flink 最简安装

Flink 的最简安装方式非常简单，直接对 Flink 安装包解压即可。

（1）下载并解压 Flink

到官网（地址为 https://archive.apache.org/dist/flink）下载 Flink 安装包 flink-1.13.5-bin-scala_2.11.tgz，然后上传至 hadoop1 节点的/home/hadoop/app 目录下并解压，具体操作命令如下。

```
[hadoop@hadoop1 app]$ tar -zxvf flink-1.13.5-bin-scala_2.11.tgz
[hadoop@hadoop1 app]$ ln -s flink-1.13.5 flink
```

（2）测试运行

Flink 以最简方式在本地解压安装完成之后，接下来通过 WordCount 案例测试运行 Flink。

1）准备测试数据集。在 Flink 安装目录下，创建一个日志文件 words.log，具体内容如下。

```
[hadoop@hadoop1 flink]$ vi words.log
hadoop hadoop hadoop
spark spark spark
flink flink flink
```

2）统计单词词频。在 Flink 安装目录下，使用 start-scala-shell.sh 脚本以本地模式启动 Flink 服务，具体操作命令如下。

```
[hadoop@hadoop1 flink]$ bin/start-scala-shell.sh local
scala>
```

在 Flink Shell 控制台测试运行 WordCount 程序，统计 words.log 文件中的单词词频，具体操作命令如下。

```
//读取本地文件
scala> val lines = benv.readTextFile("/home/hadoop/app/flink/words.log");
//WordCount 统计并打印
scala> val wordcounts = lines.flatMap(_.split("\\s+")).map{(_,1)}.groupBy(0).sum(1)
scala> wordcounts.print()
(flink,3)
(hadoop,3)
(spark,3)
```

3. Flink 实现 WordCount

9.5.1.3 Flink 实现 WordCount

通过 WordCount 案例统计单词词频，快速掌握 Flink 编程思路。

（1）引入 Flink 依赖

在 IDEA 工具中打开 bigdata 项目，在 pom.xml 文件中引入 Flink 依赖包。

```
<dependency>
    <groupId>org.apache.flink</groupId>
    <artifactId>flink-java</artifactId>
    <version>1.13.5</version>
</dependency>
<dependency>
  <groupId>org.apache.flink</groupId>
  <artifactId>flink-clients_2.11</artifactId>
  <version>1.13.5</version>
</dependency>
<dependency>
  <groupId>org.apache.commons</groupId>
  <artifactId>commons-compress</artifactId>
  <version>1.21</version>
</dependency>
```

（2）Flink 开发 WordCount 程序

在 bigdata 项目中，新建 WordCount 类实现单词词频统计的功能，其核心代码如下。

```
public class WordCount {
public static void main(String[] args) throws Exception {
//启动执行环境
final ExecutionEnvironment env = ExecutionEnvironment.getExecutionEnvironment();
//读取数据
DataSet<String> text = env.readTextFile(args[0]);
DataSet<Tuple2<String, Integer>> counts =
//解析数据，并转换为键值对
text.flatMap(new Tokenizer())
//对 key(等同下标 0)进行分组，对 value(等同下标 1)求和
.groupBy(0)
.sum(1);
//输出结果
counts.writeAsCsv(args[1], "\n", ",");
//执行项目
env.execute("WordCount Example");
}}
```

（3）测试运行 WordCount

1）在本地 G:\study\data 目录下创建文件 words.log，添加内容如下。

```
hadoop hadoop hadoop
spark spark spark
flink flink flink
```

2）在 IDEA 工具中，选择“Run”→“Edit Configurations”选项打开对话框，选择要执行的 WordCount 类，在“Program arguments”对话框中输入 WordCount 应用的输入路径（如 G:\study\data\ words.log）和输出路径（如 G:\study\data\out）。

3）鼠标右键单击 WordCount 程序，在弹出的快捷菜单中选择“Run”选项即可运行 WordCount 应用。

4）打开运行 WordCount 程序的 G:\study\data\out 输出目录，查看作业的运行结果如下。

```
spark,3
hadoop,3
flink,3
```

如果程序输出结果跟预想结果一致，那么说明成功通过 Flink 实现了 WordCount。

9.5.2 Flink 分布式集群搭建

9.5.2.1 Flink 运行模式和架构原理

1. Flink 的运行模式

Flink 的运行模式有很多种，但是常用的模式有以下 3 种。

（1）Local 模式

Flink 可以运行在 Linux、macOS X 和 Windows 系统上，Local 模式是最简单的一种 Flink 运行模式，只需要提前安装好 JDK 即可使用。Local 模式会启动 Single JVM，主要用于调试代码。

（2）Standalone 模式

Flink 可以通过部署与 YARN 架构类似的框架来提供自己的集群模式，该集群模式的架构设

计与 HDFS 和 YARN 相似，都是由一个主节点和多个从节点组成，在 Flink 的 Standalone 模式中，JobManager 节点为主，TaskManager 节点为从。

（3）Flink on YARN 模式

Flink on YARN 模式也是将 Flink 应用程序跑在 YARN 集群之上。不过 Flink on YARN 的 Job 运行模式大致分为以下两类。

1）在 YARN 中，初始化一个 Flink 集群开辟指定的资源，之后提交的 Flink Job 都在 Flink yarn-session 中，不管提交多少个 Job，都会共享初始化时在 YARN 中申请的资源。在这种模式下，除非手动停止 Flink 集群，否则 Flink 集群会常驻在 YARN 集群中。

2）在 YARN 中，每次提交 Job 都会创建一个新的 Flink 集群，任务之间相互独立、互不影响并且方便管理，任务执行完成之后创建的集群也会消失。

2．Flink 架构原理

Flink 仍然采用 Master-Slave 架构，一般来说，在 Flink 集群中至少有一个节点作为 Master，其他多个节点作为 Slave。其中，Master 主要负责任务分派和调度，而 Slave 主要负责作业的执行。Flink 主从架构如图 9-24 所示。

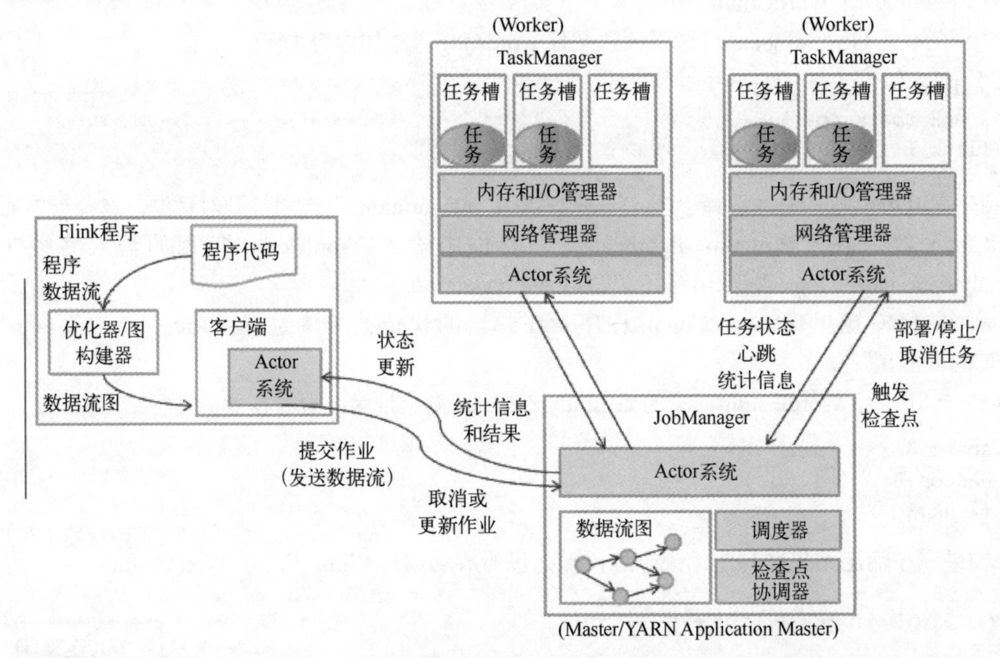

图 9-24　Flink 主从架构

如图 9-24 所示，JobManager 作为 Master 角色，是 Flink 集群当中的主节点。TaskManager 作为 Slave 角色，是 Flink 集群上实际进行数据处理的工作节点。当 Flink 程序通过客户端（Client）将任务 Job 提交到 JobManager 主节点后，JobManager 会通过任务调度器进行调度，并分配到从节点 TaskManager 上执行。

Client、JobManager 和 TaskManager 之间通过 Actor 系统实现通信。Actor 模型是一种并发模型，其中基于 Actor 系统中的线程（或进程）通过消息传递的方式进行通信，而这些线程（或进程）称为 Actor。

Client 可以提交 Job，也可以根据需要取消 Job。而 JobManager 可以将状态信息（Status Updates）、统计（Statistics）和结果（Results）信息发送给 Client，从而让 Client 知道当前作业执行的情况。

3．搭建 Flink Standalone 模式的集群

9.5.2.2　搭建 Flink Standalone 模式的集群

Flink Standalone 模式是一种最简单的部署方式，不依赖于其他的组件。但如果想实现 Flink 集群的高可用，需要依赖于 ZooKeeper 和 HDFS。前面章节中已经完成了 ZooKeeper 和 HDFS 集群的部署，接下来直接安装配置 Flink Standalone 高可用集群即可。

（1）下载并解压 Flink

到官网下载 Flink 安装包，然后上传至 hadoop1 节点的/home/hadoop/app 目录下并解压，具体操作命令如下。

```
[hadoop@hadoop1 app]$ tar -zxvf flink-1.13.5-bin-scala_2.11.tgz
[hadoop@hadoop1 app]$ ln -s flink-1.13.5 flink
```

（2）修改 flink-conf.yaml 文件

在 hadoop1 节点，进入 Flink 安装目录下的 conf 文件夹中，修改 flink-conf.yaml 配置文件，具体内容如下。

```
[hadoop@hadoop1 conf]$ vi flink-conf.yaml
#JobManager 地址
jobmanager.rpc.address: hadoop1
#槽位配置为 3（可以默认不配置）
taskmanager.numberOfTaskSlots: 3
#设置并行度为 3（可以默认不配置）
parallelism.default: 3
#高可用模式，必须为 ZooKeeper
high-availability: zookeeper
#配置独立 ZooKeeper 集群地址
high-availability.zookeeper.quorum: hadoop1:2181,hadoop2:2181,hadoop3:2181
#添加 ZooKeeper 根节点，在该节点下放置所有集群节点
high-availability.zookeeper.path.root: /flink
#添加 ZooKeeper 的 cluster-id 节点，在该节点下放置集群的所有相关数据
high-availability.cluster-id: /cluster_one
#JobManager 的元数据持久化保存的位置，hdfs://mycluster 为 HDFS NN 高可用地址
high-availability.storageDir: hdfs://mycluster/flink/ha/
```

（3）修改 masters 文件

在 hadoop1 节点，进入 Flink 安装目录下的 conf 文件夹中，修改 masters 配置文件，具体内容如下。

```
[hadoop@hadoop1 conf]$ vi masters
#启动 JobManagers 的所有主机以及 Web 用户界面绑定的端口
hadoop1:8081
#增加 JobManager 备用节点
hadoop2:8081
```

（4）修改 workers 文件

在 hadoop1 节点，进入 Flink 安装目录下的 conf 文件夹中，修改 workers 配置文件，具体内

容如下。

```
[hadoop@hadoop1 conf]$ vi workers
#配置 worker 节点
hadoop1
hadoop2
hadoop3
```

（5）添加 Hadoop 依赖包

如果打算将 Flink 与 Hadoop 一起使用（如在 YARN 上运行 Flink、Flink 连接到 HDFS、Flink 连接到 HBase 等），那么还需要下载 Flink 对应 Hadoop 版本的 shaded 包，这个 Flink 预编译好的 shaded 包已经处理好了依赖冲突，读者可以根据自己的 Hadoop 版本来选择，这里选择 flink-shaded-hadoop-2-uber-2.8.3-10.0.jar 版本（下载地址为 https://flink.apache.org/downloads.html#flink-shaded）。

为了让 Flink 识别 flink-shaded-hadoop 包，有以下两种方式。

1）把 flink-shaded-hadoop-2-uber-2.8.3-10.0.jar 包放在 Flink 的 lib 目录下。

2）把 flink-shaded-hadoop-2-uber-2.8.3-10.0.jar 添加到 Hadoop 环境变量中。

（6）向其他节点远程复制 Flink 安装目录

将 hadoop1 节点中配置好的 Flink 安装目录分发给 hadoop2 和 hadoop3 节点，因为 Flink 集群配置都是一样的。这里使用 Linux 远程命令进行分发，具体操作命令如下。

```
[hadoop@hadoop1 app]$ scp -r flink-1.13.5  hadoop@hadoop2:/home/hadoop/app/
[hadoop@hadoop1 app]$ scp -r flink-1.13.5  hadoop@hadoop3:/home/hadoop/app/
```

分别到 hadoop2 和 hadoop3 节点上为 Flink 安装目录创建软连接，具体操作命令如下。

```
[hadoop@hadoop2 app]$ ln -s flink-1.13.5 flink
[hadoop@hadoop3 app]$ ln -s flink-1.13.5 flink
```

（7）修改备用节点 flink-conf.yaml 文件

在 hadoop2 节点，进入 Flink 安装目录下的 conf 文件夹中，修改 flink-conf.yaml 配置文件，具体操作命令如下。

```
[hadoop@hadoop2 conf]$ vi flink-conf.yaml
jobmanager.rpc.address: hadoop2
```

（8）启动 Flink Standalone 集群

1）在启动 Flink 集群之前，首先确保 ZooKeeper 集群已经启动，因为 Flink 集群中的 JobManager 高可用选举依赖于 ZooKeeper，ZooKeeper 集群启动命令如下。

```
[hadoop@hadoop1 zookeeper]$ bin/zkServer.sh start
[hadoop@hadoop2 zookeeper]$ bin/zkServer.sh start
[hadoop@hadoop3 zookeeper]$ bin/zkServer.sh start
```

2）由于 Flink JobManager 的元数据需要保存到 HDFS，所以还需要启动 HDFS 集群，具体操作命令如下。

```
[hadoop@hadoop1 hadoop]$ sbin/start-dfs.sh
```

3）在 hadoop1 节点，进入 Flink 安装目录，通过如下命令启动 Flink 集群即可。

```
[hadoop@hadoop1 flink]$ bin/start-cluster.sh
```

注意：启动 Flink 集群之前一定要确保已经配置好 Hadoop 环境变量，否则 Flink 集群启动时无法识别配置路径 hdfs://mycluster/flink/ha/中的 mycluster。

（9）Web 界面查看 Flink

输入网址 http://hadoop1:8081/，可以通过 Web 界面查看 Flink 的集群状况，结果如图 9-25 所示。

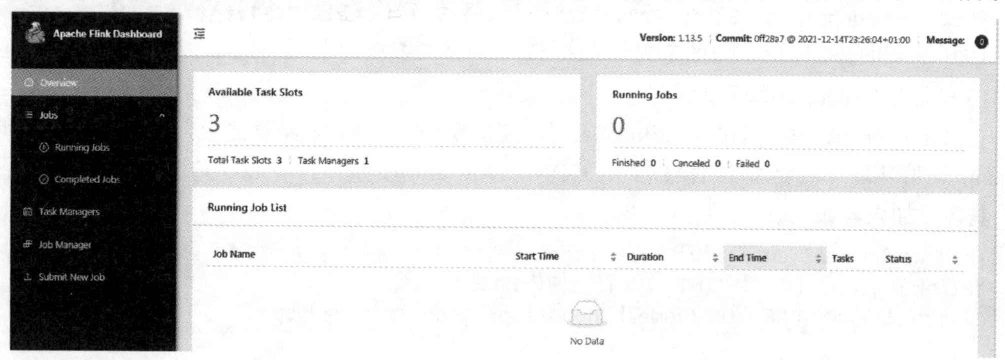

图 9-25　通过 Web 界面查看 Flink 的集群状况

（10）测试运行 Flink 集群

为了验证 Flink Standalone 集群是否可用，可以通过 Flink 自带的 WordCount 案例来测试运行，具体步骤如下。

1）准备数据源。可以运行 Spark 程序的数据文件 words.log，在 HDFS Shell 中使用 cat 命令查看文件内容如下。

```
[hadoop@hadoop1 hadoop]$ bin/hdfs dfs -cat /test/words.log
hadoop hadoop hadoop
spark spark spark
flink flink flink
```

2）测试运行 WordCount 程序。通过 Flink 脚本将 WordCount 程序提交到 Flink Standalone 集群运行，具体操作命令如下。

```
[hadoop@hadoop1 flink]$ bin/flink run -c org.apache.flink.examples.java.wordcount.WordCount examples/batch/WordCount.jar --input hdfs://mycluster/test/words.log --output hdfs://mycluster/test/out
```

WordCount 程序运行完毕之后，使用 cat 命令查看输出结果，具体操作命令如下。

```
[hadoop@hadoop1 hadoop]$ bin/hdfs dfs -cat /test/out/*
flink 3
hadoop 3
spark 3
```

如果上述操作没有异常，说明 Flink Standalone 集群搭建成功。

4．搭建 Flink on YARN 模式的集群

9.5.2.3　搭建 Flink on YARN 模式的集群

虽然 Flink 的 Standalone 和 on YARN 模式都属于集群运行模式，但在实际生产环境中，使用 Flink on YARN 模式居多。因为在集群运行时，可能会有很多集群实例（如 Spark、Flink 等），如果它们都能运行在 YARN 中，就可以对资源进行统一的调度与分配，减少单个实例集群的危害，提高集群的利用率。Flink on YARN 模式的安装部署比较简单，接下来详细介绍搭建过程。

（1）下载并解压 Flink

选择 hadoop1 节点作为 Flink on YARN 客户端，到官网下载 Flink 安装包，然后上传至 hadoop1 节点的/home/hadoop/app 目录下并解压，具体操作命令如下。

```
[hadoop@hadoop1 app]$ tar -zxvf flink-1.13.5-bin-scala_2.11.tgz
[hadoop@hadoop1 app]$ mv flink-1.13.5  flink-on-yarn
```

（2）配置 Hadoop 环境变量

在 Flink on YARN 模式下，Flink 应用程序需要跑在 YARN 集群之上，因此 Flink 依赖于 Hadoop 集群环境，需要添加 HADOOP_CONF_DIR 环境变量，让 Flink 知道 YARN 的配置信息，具体添加内容如下。

```
[hadoop@hadoop1 conf]$ vi ~/.bashrc
#Flink 默认通过 HADOOP_CONF_DIR 目录加载 Hadoop 配置
export HADOOP_CONF_DIR=/home/hadoop/app/hadoop/etc/hadoop
```

（3）添加 Hadoop 依赖包

与 Flink Standalone 模式类似，Flink on YARN 模式需要下载 flink-shaded-hadoop-2-uber-2.8.3-10.0.jar 依赖包，然后将该依赖包放在 Flink 的 lib 目录下。

（4）测试运行

在测试运行 Flink on YARN 模式之前，需要依次启动 ZooKeeper 集群、HDFS 集群、YARN 集群。然后在 hadoop1 客户端节点，分别使用如下两种模式利用 Flink 脚本将 WordCount 程序提交到 YARN 集群运行。

1）第一种模式利用多 Job 共享 yarn session 方式，在 YARN 中，初始化一个 Flink 集群开辟指定的资源，然后将作业都提交到该 Flink 集群，这个 Flink 集群常驻在 YARN 集群中，除非手动停止它。

① 创建 yarn session。首先在 hadoop1 节点的 YARN 客户端上，通过命令行创建 yarn session，具体操作命令如下。

```
[hadoop@hadoop1 flink-on-yarn]$ bin/yarn-session.sh -n 2 -s 2 -jm 1024 -tm 1024 -nm test_flink_cluster
```

yarn session 启动参数说明见表 9-5。

表 9-5　yarn session 启动参数说明

参数缩写	参　数	说　明
-n	--container	TaskManager 的数量
-s	--slots	每个 TaskManager 的 slot 数量
-jm	--jobManagerMemory	JobManager 的内存（单位为 MB）
-tm	--taskManagerMemory	每个 TaskManager 的内存（单位为 MB）
-nm	--name	应用的名称
-d	--detached	以分离模式运行
-qu	--queue	指定 YARN 的队列

② 查看 Flink 启动进程。以客户端模式运行 yarn session，在 hadoop1 节点上会运行 FlinkYarnSessionCli 和 YarnSessionClusterEntrypoint 两个进程，通过 jps 命令查看进程如下。

```
[hadoop@hadoop1 ~]$ jps
8312 FlinkYarnSessionCli
8702 YarnSessionClusterEntrypoint
```

在 yarn session 提交的主机上必然运行着 FlinkYarnSessionCli 进程，该进程代表本节点可以以命令方式提交 Job。YarnSessionClusterEntrypoint 进程代表 yarn session 的集群入口，实际上代表 JobManager。

③ 提交 Job 给指定的 yarn session。hadoop1 节点上，在 Hadoop 安装目录下，通过如下命令查看 yarn session 对应应用的 ID。

```
[hadoop@hadoop1 hadoop]$ bin/yarn application -list|grep Flink | awk '{print $1}'
application_1641615507236_0001
```

从运行结果可以看出，应用的 ID 为 application_1641615507236_0001。

然后使用 Flink 脚本通过-yid 参数将 WordCount 程序提交给指定的 yarn session，具体操作命令如下。

```
[hadoop@hadoop1 flink-on-yarn]$ bin/flink run -yid application_1641615507236_0001
-c org.apache.flink.examples.java.wordcount.WordCount examples/batch/WordCount.jar --
input hdfs://mycluster/test/words.log  --output hdfs://mycluster/test/out
```

Flink 作业提交给 yarn session 运行的常用参数见表 9-6。

表 9-6　Flink 作业提交给 yarn session 运行的参数说明

参数缩写	参　数	说　明
-c	--class	指定 main class
-C	--classpath	指定 class path
-d	--detached	后台执行
-p	--parallelism	指定并行度
-yid	--yarnapplicationId	指定把 Job 提供给哪个 yarn session 运行

WordCount 程序运行完毕，使用 HDFS 命令查看输出结果，具体操作命令如下。

```
[hadoop@hadoop1 hadoop]$ bin/hdfs dfs -cat  /test/out
flink 3
hadoop 3
spark 3
```

2）第二种模式通过 flink run 命令直接将 Flink 作业提交给 YARN 运行，每次提交作业都会创建一个新的 Flink 集群，任务之间相互独立、互不影响且方便管理，任务执行完成之后创建的集群也会消失，具体操作命令如下。

```
[hadoop@hadoop1 flink-on-yarn]$ bin/flink run -m yarn-cluster -p 2  -ys 2 -yjm
1024 -ytm 1024  -c org.apache.flink.examples.java.wordcount.WordCount  examples/ batch/
WordCount.jar  --input  hdfs://mycluster/test/words.log   --output  hdfs://mycluster/
test/out
```

Flink 作业直接提交给 YARN 运行的常用参数见表 9-7。

表 9-7　Flink 作业提交给 YARN 运行的参数说明

参数缩写	参　数	说　明
-c	--class	指定 main class
-C	--classpath	指定 class path
-m	--JobManager	指定提交 job 给哪个 JobManager，这里提交给 yarn 即 yarn-cluster
-ys	--yarnslots	每个 TaskManager 的 slot 数量
-yjm	--yarnjobManagerMemory	运行 JobManager 的 container 内存（单位为 MB）
-ytm	--yarntaskManagerMemory	运行每个 TaskManager 的 container 内存（单位为 MB）
-ynm	--yarnname	应用名称
-d	--detached	后台执行
-yqu	--yarnqueue	指定 yarn 队列
-p	--parallelism	指定并行度

WordCount 程序运行结束之后，使用 HDFS Shell 的 cat 命令查看输出结果，具体操作命令如下。

```
[hadoop@hadoop1 hadoop]$ bin/hdfs dfs -cat  /test/out/*
flink 3
hadoop 3
spark 3
```

如果上述两种模式的操作没有异常，说明 Flink on YARN 集群搭建成功。

9.5.3　Flink DataStream 实时计算

9.5.3　Flink DataStream 实时计算

1．Flink DataStream 运行原理

与 Spark Streaming 类似，Flink DataStream 也支持流式计算。Flink 在流式计算上有明显的优势，核心架构和模型也更透彻和灵活一些。本小节会通过 Flink DataStream 执行计划来介绍流式处理的内部机制。

（1）Flink API 抽象级别

Flink 提供了 4 种抽象级别来开发流式/批量的数据应用，如图 9-26 所示。

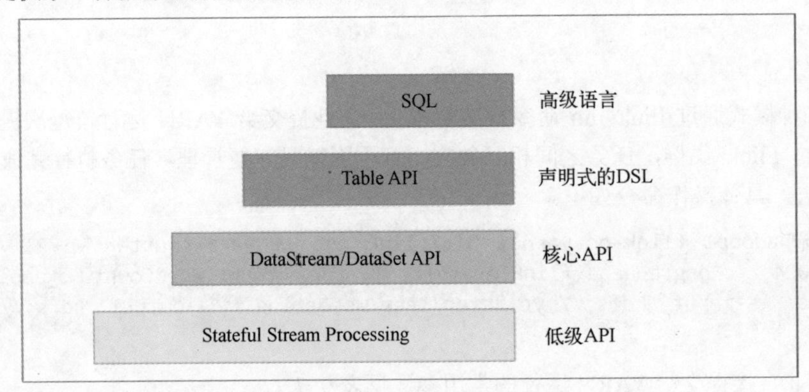

图 9-26　Flink API 抽象级别

1）低级 API。低级 API 提供了有状态的流式操作。它是通过处理函数嵌入到 DataStream API，允许用户自由地处理一个或多个数据流中的事件，并且使用一致、容错的状态。此外，用户可以注册回调事件时间和处理时间，允许程序实现复杂的计算。

2）核心 API。实际上，大多数应用不需要低级 API，而是需要核心 API，如 DataStream API（有边界和无边界的数据流）和 DataSet API（有边界的数据集）。核心 API 主要提供了针对流数据和离线数据的处理，对低级 API 进行了一些封装，提供了 filter、sum、max、min 等高级函数，简单易用，应用比较广泛。

3）声明式的 DSL。Table API 是一种声明式的 DSL 环绕表，它可能会被动态地改变（当处理数据流的时候）。Table API 遵循扩展模型：Table 有一个附加模式（类似于关系型数据库表），并且 API 提供了类似的操作，如 select、project、join、groupby、aggregate 等。Table API 声明式地定义了逻辑操作应该怎么做，而不是确切地指定操作的代码。尽管 Table API 是可扩展的自定义函数，它的表现还是不如核心 API，但是用起来更加简洁（写更少的代码）。此外，Table API 还可以执行一个优化器，适合在优化规则之前执行。

4）高级语言。Flink 最高级别的抽象是 SQL。Flink 的 SQL 集成是基于 Apache Calcite 的，Apache Calcite 实现了标准的 SQL，使用起来比其他 API 更灵活，因为可以直接使用 SQL 语句，Table API 和 SQL 可以很容易地结合在一起使用，它们都返回 Table 对象。

（2）Flink DataStream 定义

DataStream 是 Flink 提供给用户使用的进行流计算和批处理的 API，是对底层流式计算模型的 API 封装，便于用户编程。DataStream API 是 Flink 的核心 API，DataStream 类用于表示 Flink 程序中的一组数据，可以将它们视为可包含重复项的不可变数据集合。这些数据可以是有限的，也可以是无限的，用于处理它们的 API 是相同的。

就用法而言，DataStream 与常规 Java 集合类似，但在一些关键方面有很大不同。DataStream 是不可变的，这意味着一旦创建就不能添加或删除元素，但可以使用 DataStream API 对它们进行操作，这些操作也称为转换。

（3）Flink DataStream 运行原理

Flink DataStream 的执行计划如图 9-27 所示。

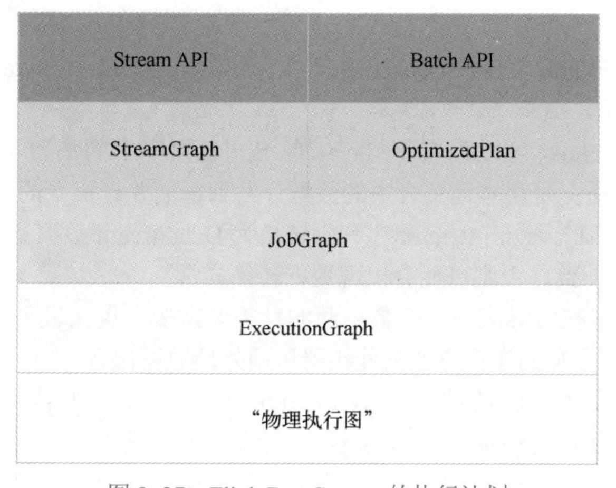

图 9-27　Flink DataStream 的执行计划

如图 9-27 左侧所示，在 Flink 流处理中，会根据用户通过 Stream API 编写的代码生成 StreamGraph，StreamGraph 用于表示流的拓扑结构的数据结构，它包含生成 JobGraph 的必要信息。StreamGraph 经过优化后生成了 JobGraph，JobGraph 是提交给 JobManager 的数据结构。JobManager 根据 JobGraph 生成 ExecutionGraph，ExecutionGraph 是 JobGraph 的并行化版本，是调度层最核心的数据结构。JobManager 根据 ExecutionGraph 对 Job 进行调度后，在各个 TaskManager 上部署 Task 后形成了“物理执行图”。

如图 9-27 右侧所示，在 Flink 批处理中，首先会根据用户通过 Batch API 编写的代码生成计划，然后由优化器对其进行优化并生成优化后的计划（OptimizedPlan），最后再依次生成 JobGraph、ExecutionGraph 和“物理执行图”。

2．Flink DataStream 编程模型

Flink 中定义了 DataStream API 让用户灵活且高效地编写 Flink 流式应用。DataStream API 主要可分为 3 个部分：DataSource 模块、Transformation 模块以及 DataSink 模块。其中，DataSource 模块定义了数据接入功能，主要是将各种外部数据接入至 Flink 系统中，并将接入数据转换成对应的 DataStream 数据集。Transformation 模块定义了对 DataStream 数据集的各种转换操作，如进行 map、filter、windows 等操作。最后，将结果数据通过 DataSink 模块写到外部存储介质中，如将数据输出到文件系统或 Kafka 消息队列等。

（1）DataSource 数据输入

DataSource 模块定义了 DataStream API 中的数据输入操作，Flink 将数据源分为内置数据源和第三方数据源两种类型。

1）内置数据源。Flink DataStream 提供了 3 种内置数据源，分别是文件数据源、socket 数据源和集合数据源。Flink DataStream API 直接提供了接口访问内置数据源，不依赖第三方包。

① 文件数据源。基于文件创建 DataStream 主要有两种方式：readTextFile 和 readFile。可以使用 readTextFile 方法直接读取文件，readTextFile 提供了两个重载方法。

readTextFile(String filePath)：逐行读取指定文件来创建 DataStream，使用系统默认字符编码读取。

readTextFile(String filePath,String charsetName)：逐行读取文件来创建 DataStream，使用 charsetName 编码读取。

② socket 数据源。Flink 支持从 Socket 端口中接入数据，在 StreamExecutionEnvironment 中调用 socketTextStream 方法。

③ 集合数据源。Flink 可以直接将 Java 或 Scala 程序中的集合类（Collection）转换为 DataStream 数据集，本质上是将本地集合中的数据分发到远端并行执行的节点中。目前，Flink 支持从 java.util.Collection 和 java.util.Iterator 序列中转换为 DataStream 数据集。需要注意的是，集合中的数据结构类型必须一致，否则可能会出现数据转换异常。

2）第三方数据源。在实际应用中，数据源的种类非常多，也比较复杂，内置的数据源很难满足需求，Flink 提供了丰富的第三方数据连接器访问外部数据源。

① 数据源连接器。Flink 通过实现 SourceFunction 定义了非常丰富的第三方数据连接器，基本覆盖了大部分的高性能存储介质以及中间件等，其中一部分连接器仅支持读取数据，如 Twitter Streaming API、Netty 等；另外一部分连接器仅支持数据输出（Sink），不支持数据输入（Source），如 Apache Cassandra、Elasticsearch、Hadoop FileSystem 等。还有一

部分连接器既支持数据输入，又支持数据输出，如 Apache Kafka、Amazon Kinesis、RabbitMQ 等连接器。

② 自定义数据源连接器。Flink 中已经实现了大多数主流的数据源连接器，但 Flink 的整体架构非常开放，用户可以自己定义连接器来满足不同数据源的接入需求，还可以通过 SourceFunction 定义单个线程接入的数据接入器，也可以通过 ParallelSourceFunction 接口或继承 RichParallelSourceFuntion 类定义并发数据源接入器。DataSources 定义完成后，通过 StreamExecutionEnvironment 的 addSources() 方法添加数据源，这样就可以将外部系统中的数据转换成 DataStream[T]数据集合，其中 T 类型是 SourceFuntion 返回值类型。

（2）DataStream 的 Transformation

数据处理的核心就是对数据进行各种 Transformation（转换操作），Flink 流处理数据的 Transformation 是将一个或多个 DataStream 转换成一个或多个新的 DataStream，程序可以将多个 Transformation 组合成一个复杂的拓扑结构。

Flink DataStream 常用的 Transformation 算子如下。

1）map 算子。输入一个元素，然后返回一个元素，中间可以做一些清洗转换等操作。

2）flatmap 算子。输入一个元素，可以返回零个、一个或多个元素。

3）filter 算子。过滤函数，对传入的数据进行判断，符合条件的数据会被留下。

4）keyBy 算子。根据指定的 Key 进行分组，Key 相同的数据会进入同一个分区。

5）reduce 算子。对数据进行聚合操作，结合当前元素和上一次 reduce 返回的值进行聚合操作，然后返回一个新的值。

6）union 算子。合并多个流，新的流会包含所有流中的数据，但是 union 有一个限制，就是所有合并的流类型必须是一致的。

（3）DataSink 数据输出

Flink 中将 DataStream 数据输出到外部系统的过程被称为 DataSink 操作。在 Flink 内部定义的第三方系统连接器中，支持数据输出的有 Apache Kafka、Apache Cassandra、ElasticSearch、Hadoop FileSystem、RabbitMQ、NiFi 等。Flink DataStream 数据输出包含基本数据输出和第三方数据输出。

1）基本数据输出。基本数据输出包含文件输出、客户端输出、Socket 网络端口等。以下代码可以将 DataStream 数据集分别输出到本地文件系统和 Socket 网络端口。

```
    val user = env.fromElements(("zhangshan", 28), ("lisi", 18))
    user.writeAsCsv("file:///path/to/user.csv", WriteMode.OVERWRITE)
    user.writeToSocket(outputHost, outputPort, new SimpleStringSchema())
```

2）第三方数据输出。Flink 中提供了 DataSink 类操作算子来专门处理数据的输出，所有的数据输出都可以基于 SinkFunction 来实现。例如，在 Flink 中定义了 FlinkKafkaProducer 类来完成将数据输出到 Kafka 的操作，具体操作命令如下。

```
    val userStream = env.fromElements("zhangshan", "lisi", "wangwu")
    val  kafkaProducer  =  new  FlinkKafkaProducer[string]("hadoop1:9092",  "sogoulogs",
new SimpleStringSchema)
    userStream.addSink(kafkaProducer)
```

9.5.4 案例实践：新闻热搜实时分析

9.5.4.1 项目需求分析与架构设计

1．项目需求

某新闻网站每天会报道很多新闻话题，当用户浏览网站的新闻时会产生大量的访问日志。为了更好地分析用户行为，并对舆情进行监控，现在需要实现一个新闻热搜实时分析系统。新闻热搜实时分析系统的核心需求如下。

1）采集搜狗新闻网站用户浏览日志信息。

2）统计分析搜狗排名最高的前 10 个新闻话题。

3）统计分析每天哪些时段用户浏览新闻量最高。

4）统计分析每天报道的搜狗新闻话题总量。

9.5.4.2 数据集准备、业务建表

2．数据集准备

数据集的文件名为 sogou.log，里面包含某新闻网站用户的访问日志，数据的第一列为用户访问时间，第二列为用户 ID，第三列为新闻话题，第四列为新闻 URL 在返回结果中的排名，第五列为用户点击的顺序号，第六列为新闻话题 URI。具体样本数据如下。

```
00:00:00，9975666857142764，[计算机创业]，2，2，ks.cn.yahoo.com/question/1307120203719.html
00:00:01，14918066497166943，[欧洲冠军联赛决赛]，4，1，s.sohu.com/20080220/n255256097.shtml
00:00:05，6185822016522959，[姚明年薪工资]，4，1，zhidao.baidu.com/question/43224630
```

3．业务建表

为了便于操作，这里仍然选择 Hive 的元数据库 MySQL 来存储业务指标数据。

（1）MySQL 建库

在 hadoop1 节点，使用 hive 用户登录 MySQL，并创建 news 数据库，具体操作命令如下。

```
[root@hadoop1 ~]# mysql -h hadoop1 -u hive -phive
mysql> CREATE DATABASE `news` CHARACTER SET utf8 COLLATE utf8_general_ci;
```

（2）MySQL 建表

在 news 数据库中，创建 newscount 表存储每个新闻话题的用户访问量，具体操作命令如下。

```
mysql> use news;
mysql> create table newscount(
    -> name varchar(50) not null,
    -> count int(11) not null
    -> );
```

在 news 数据库中，创建 periodcount 表存储每个时间段的新闻话题总量，具体操作命令如下。

```
mysql> create table periodcount(
    -> logtime varchar(50) not null,
    -> count int(11) not null
    -> );
```

9.5.4.3　新闻热搜实时分析业务代码实现

4．业务代码实现

在 IDEA 工具中，打开 bigdata 项目开发 Flink Streaming 应用程序，具体步骤如下。

（1）引入项目依赖

由于 Flink Streaming 应用需要读取 Kafka 数据源并将最终结果写入 MySQL 数据库，所以需要在项目的 pom.xml 文件中添加相关依赖，添加内容如下。

```
<dependency>
    <groupId>org.apache.flink</groupId>
    <artifactId>flink-connector-kafka_2.11</artifactId>
    <version>1.13.5</version>
</dependency>
<dependency>
    <groupId>org.apache.flink</groupId>
    <artifactId>flink-jdbc_2.11</artifactId>
    <version>1.10.3</version>
</dependency>
<dependency>
    <groupId>org.apache.flink</groupId>
    <artifactId>flink-streaming-java_2.11</artifactId>
    <version>1.13.5</version>
</dependency>
```

（2）开发 Flink 应用程序

根据项目业务需求，首先通过 Flink Streaming 消费 Kafka 中的数据，然后统计业务需求中的各种指标，最后将统计结果保存到 MySQL 数据库，业务逻辑的核心实现代码如下。

```
public class KafkaFlinkMySQL {
    public static void main(String[] args) throws Exception {
        //获取 Flink 的运行环境
        StreamExecutionEnvironment env=StreamExecutionEnvironment.getExecutionEnvironment();
        //Kafka 配置参数
        Properties properties = new Properties();
        properties.setProperty("bootstrap.servers",
"hadoop1:9092,hadoop2:9092,hadoop3:9092");
        properties.setProperty("group.id", "sogoulogs");
        //Kafka 消费者
        FlinkKafkaConsumer<String> myConsumer = new FlinkKafkaConsumer<>("sogoulogs",
new SimpleStringSchema(), properties);
        DataStream<String> stream = env.addSource(myConsumer);
        //对数据进行过滤
        DataStream<String>filter=stream.filter((value)->value.split(",").length==6);
        DataStream<Tuple2<String,Integer>>newsCounts = filter.flatMap(new LineSplitter()).
keyBy(new KeySelector<Tuple2<String, Integer>, String>() {
                @Override
                public String getKey(Tuple2<String, Integer> t) throws Exception {
                    return t.f0;
                }
            }).sum(1);
```

```
        //自定义 MySQL sink
        newsCounts.addSink(new MySQLSink());
        DataStream<Tuple2<String,Integer>>periodCounts=filter.flatMap(new LineSplitter2()).
keyBy(new KeySelector<Tuple2<String, Integer>, String>() {
                    @Override
                    public String getKey(Tuple2<String, Integer> t) throws Exception {
                        return t.f0;
                    }
                }).sum(1);
        //自定义 MySQL sink
        periodCounts.addSink(new MySQLSink2());
        // 执行 Flink 程序
        env.execute("FlinkMySQL");
    }}
```

5. 打通整个项目流程

9.5.4.4 新闻热搜实时分析打通整个项目流程

（1）启动 MySQL 服务

由于统计的业务指标最终要保存到 MySQL 数据库，所以在 hadoop1 节点启动 MySQL 服务，具体操作命令如下。

```
[root@hadoop1 ~]# service mysqld start
```

（2）启动 ZooKeeper 集群

分别进入 hadoop1、hadoop2 和 hadoop3 节点的 ZooKeeper 安装目录，使用如下命令启动 ZooKeeper 集群。

```
[hadoop@hadoop1 zookeeper]$ bin/zkServer.sh start
[hadoop@hadoop2 zookeeper]$ bin/zkServer.sh start
[hadoop@hadoop3 zookeeper]$ bin/zkServer.sh start
```

（3）启动 Kafka 集群

分别进入 hadoop1、hadoop2 和 hadoop3 节点的 Kafka 安装目录，使用如下命令启动 Kafka 集群。

```
[hadoop@hadoop1 kafka]$ bin/kafka-server-start.sh config/server.properties
[hadoop@hadoop2 kafka]$ bin/kafka-server-start.sh config/server.properties
[hadoop@hadoop3 kafka]$ bin/kafka-server-start.sh config/server.properties
```

Kafka 集群启动之后，在 hadoop1 节点上使用 kafka-topics.sh 脚本提前创建 Kafka Topic，具体操作命令如下。

```
[hadoop@hadoop1 kafka]$ bin/kafka-topics.sh --zookeeper localhost:2181 --create -
-topic sogoulogs --replication-factor 3 --partitions 3
```

（4）启动 Flink Streaming

为了测试方便，直接在 IDEA 工具中右键单击项目中的 KafkaFlinkMySQL 应用程序，在弹出的快捷菜单中选择“Run”选项即可在本地运行 Flink Streaming。在生产环境中，可以通过 mvn clean package 命令对 bigdata 项目进行编译打包，然后将作业提交到 Flink 集群运行。

（5）启动 Flume 聚合服务

分别在 hadoop2 和 hadoop3 节点进入 Flume 安装目录，修改 9.3.4 节创建的 avro-file-selector-kafka.properties 配置文件，将写入 Kafka 的 topic 名称由 advertise 修改为 sogoulogs 即可，最后使用如下命令启动 Flume 聚合服务。

```
    [hadoop@hadoop2 flume]$ bin/flume-ng agent -n agent1 -c conf -f conf/avro-file-selector-kafka.properties -Dflume.root.logger=INFO,console
    [hadoop@hadoop3 flume]$ bin/flume-ng agent -n agent1 -c conf -f conf/avro-file-selector-kafka.properties -Dflume.root.logger=INFO,console
```

（6）启动 Flume 采集服务

在 hadoop1 节点进入 Flume 安装目录，修改 9.2.4 节创建的 taildir-file-selector-avro.properties 配置文件，将监控的日志文件名称替换为 sogou.log 即可，最后使用如下命令启动 Flume 采集服务。

```
    [hadoop@hadoop1 flume]$ bin/flume-ng agent -n agent1 -c conf -f conf/taildir-file-selector-avro.properties -Dflume.root.logger=INFO,console
```

（7）模拟产生数据

在 hadoop1 节点上，可以共享 ad.sh 脚本读取/home/hadoop/shell/data/sogou.log 数据源，并将数据写入/home/hadoop/data/flume/logs/sogou.log 文件，模拟新闻网站产生的用户访问日志，具体操作命令如下。

```
    [hadoop@hadoop1 shell]$ bin/ad.sh /home/hadoop/shell/data/sogou.log /home/hadoop/data/flume/logs/sogou.log
```

（8）查询统计结果

在 news 数据库中，使用 select 语句查看业务需求的各种指标，具体操作命令如下。

```
    #统计新闻话题总曝光量
    mysql> select count(*) from newscount;
    #统计新闻话题搜索最高的前 10 条记录
    mysql> select name,count from newscount order by count desc limit 10;
    #统计某个时段新闻话题搜索最高的前 10 条记录
    mysql> select logtime,count from periodcount order by count desc limit 10;
```

如果从 MySQL 中能够查看相关的指标数据，说明整个项目流程已经打通，成功完成了新闻热搜实时分析系统。

9.6 Davinci 大数据可视化分析

9.6.1 Davinci 架构设计

9.6.1　Davinci 架构设计

1．Davinci 定义

Davinci 是一个 DVaaS（Data Visualization as a Service）平台解决方案，面向业务人员、数据工程师、数据分析师、数据科学家，致力于提供一站式数据可视化解决方案。Davinci 既可作为公有云或私有云独立部署使用，也可作为可视化插件集成到第三方系统。用户只需在可视化 UI 上简单配置即可服务多种数据可视化应用，并支持高级交互、行业分析、模式探索、社交智能等可视化功能。

2．Davinci 架构设计

Davinci 的架构主要由 Source、View、Widget 和 Visualization 四个模块组成，其整体架构如

图 9-28 所示。

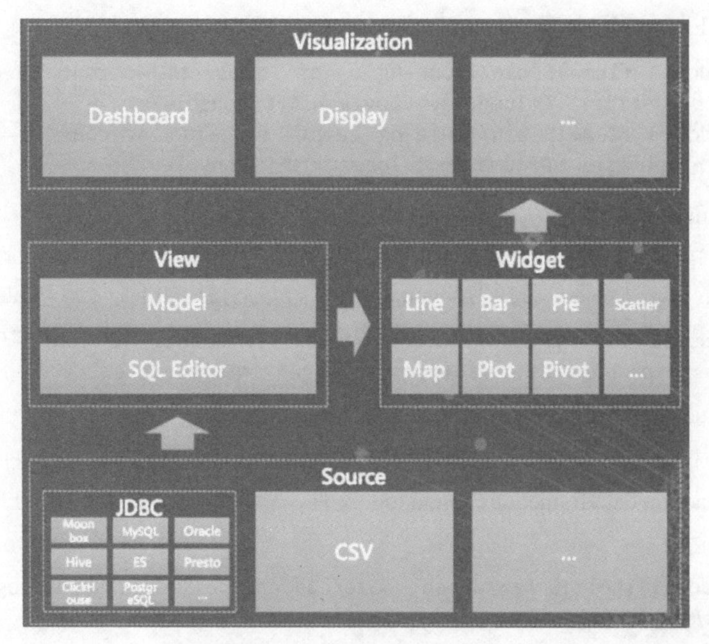

图 9-28　Davinci 整体架构

如图 9-28 所示，Source 模块用于添加各种外部数据源，如 CSV、MySQL 等。View 模块可用于可视化建模，所有图表上展示的数据都可以通过 SQL 来获取。Widget 模块由一系列可视化组件组成，可用于对获取的数据进行可视化，同一个数据视图可以被多个可视化组件使用，并用不同的图形展示。Visualization 模块用于业务数据展示，包含 Dashboard 和 Display 等组件。Dashboard 添加定义好的各种 Widget 之后，可以自由拖拽生成数据仪表盘。Display 支持用户将 Widget 以自定义布局和背景的方式放置到画布中，同时 Display 本身也支持自定义尺寸和背景，在多种搭配之下用户可以打造多样化的可视化应用。

3．Davinci 设计理念

Davinci 包含两大核心设计理念。

（1）围绕 View（数据视图）与 Widget（可视化组件）两个核心概念设计

1）View 是数据的结构化形态，一切逻辑、权限、服务等都是从 View 展开的。

2）Widget 是数据的可视化形态，一切展示、交互、引导等都是从 Widget 展开的。

3）作为数据的两种不同形态，两者相辅相成，让用户拥有一致的体验和认识。

（2）强化集成定制能力和智能社交能力

1）集成定制能力是指无缝集成到第三方系统，并提供强大的定制化能力，使其和第三方系统融为一体。

2）智能社交能力是指共享优秀的数据可视化思想，激发用户对数据可视化表达能力和艺术美感的追求，同时也使 Davinci 能够更加智能地引导和提高用户的数据可视化能力。

3）在数据可视化领域里，Davinci 重视基础的交互能力和多种多样的图表选择能力，同时更加重视集成定制能力和智能社交能力。

4．Davinci 的功能特性

Davinci 作为一款国产开源的数据可视化工具，之所以受到大数据开发者的欢迎，主要是因为它具有以下功能特性。

（1）数据源

1）支持多种 JDBC 数据源。

2）支持 CSV 数据文件上传。

（2）数据模型

1）支持友好 SQL 编辑器进行数据处理和转换。

2）支持自动和自定义数据模型设计和共享。

（3）可视化组件

1）支持基于数据模型拖拽智能生成可视化组件。

2）支持各种可视化组件样式配置。

3）支持自由分析能力。

（4）数据门户

1）支持基于可视化组件创建可视化仪表板。

2）支持可视化组件自动布局。

3）支持可视化组件全屏显示、本地控制器、高级过滤器、组件间联动、群控控制器可视化组件。

4）支持可视化组件大数据量展示分页和滑块。

5）支持可视化组件 CSV 数据下载、公共分享授权分享以及可视化仪表板的公共分享和授权分享。

6）支持基于可视化仪表板创建数据门户。

（5）数据大屏

1）支持可视化组件自由布局。

2）支持图层、透明度设置、边框、背景色、对齐、标签等更丰富的大屏美化功能。

3）支持多种荧幕自适应方式。

（6）用户体系

1）支持多租户用户体系。

2）支持每个用户自建一整套组织架构层级结构。

3）支持浅社交能力。

（7）安全权限

1）支持 LDAP 登录认证。

2）支持动态 Token 鉴权。

3）支持细粒度操作权限矩阵配置。

4）支持数据列权限、行权限。

（8）集成能力

1）支持安全 URL 嵌入式集成。

2）支持 JS 融入式集成。

（9）多屏自适应

支持大屏、PC、Pad、手机移动端等多屏自适应。

5．Davinci 应用场景

Davinci 功能比较强大，针对不同的业务需求，支持以下不同的应用场景。

（1）安全多样自助交互式报表

一次配置即可实现可视组件高级过滤、高级控制、联动、钻取、下载、分享等，帮助业务人员快速完成对比、地理分析、分布、趋势以及聚类等分析和决策。自动布局的 Dashboard（仪表板），适用于大多数通过快速配置即可查看和分享的可视化报表。自由布局的 Display（大屏），适用于一些特定的、需要添加额外修饰元素的、长时间查看的场景，通常配置这类场景需要花一定的时间和精力，如“双 11”大屏。

（2）实时运营监控

实时观察运营状态，衔接各个环节流程，对比检测异常情况，处理关键环节问题。有透视驱动与图表驱动两种图表配置模式，可以满足不同的应用场景需求。

（3）快速集成

分享链接、IFRAME 或调用开发接口，方便快捷地集成到第三方系统，并能够支撑二次开发与功能拓展，充分适应不同业务人员的个性化需求，快速打造属于自己的数据可视化平台。

9.6.2 Davinci 安装部署

9.6.2 Davinci 安装部署

Davinci 作为数据可视化工具，只需要选择一个节点安装即可。Davinci 的安装环境所依赖的 Java 环境和 MySQL 数据库在前面章节已经完成，这里就不再赘述。

1．Phantomjs 安装

由于 Phantomjs 可用于 Davinci 的广告牌导出与邮件发送，所以需要提前在 hadoop1 节点下载安装 Phantomjs，具体操作命令如下。

```
[hadoop@hadoop1 app]$ wget https://bitbucket.org/ariya/phantomjs/downloads/phantomjs-2.1.1-linux-x86_64.tar.bz2
[hadoop@hadoop1 app]$ tar -jxvf phantomjs-2.1.1-linux-x86_64.tar.bz2
[hadoop@hadoop1 app]$ ln -s phantomjs-2.1.1-linux-x86_64 phantomjs
```

注意：使用 tar 命令解压 Phantomjs 安装包时，如果报错信息为 tar（child）: lbzip2: Cannot exec: No such file or directory，需要在 root 用户下使用 yum 安装 bzip2，即 yum -y install bzip2。

2．Davinci 安装

（1）下载并解压 Davinci

在 hadoop1 节点下载并解压 Davinci，具体操作命令如下。

```
[hadoop@hadoop1 app]$ wget https://github.com/edp963/davinci/releases/download/v0.3.0-beta.9/davinci-assembly_3.0.1-0.3.1-SNAPSHOT-dist-beta.9.zip
[hadoop@hadoop1 app]$ mkdir davinci
[hadoop@hadoop1 app]$ cd davinci
[hadoop@hadoop1 davinci]$ mv ../davinci-assembly_3.0.1-0.3.1-SNAPSHOT-dist-beta.9.zip .
[hadoop@hadoop1 davinci]$ unzip davinci-assembly_3.0.1-0.3.1-SNAPSHOT-dist-beta.9.zip
```

（2）配置 Davinci 环境变量

在 hadoop1 节点配置 Davinci 环境变量，具体操作命令如下。

```
[hadoop@hadoop1 davinci]$ vi  ~/.bashrc
export DAVINCI3_HOME=/home/hadoop/app/davinci
export PATH=$DAVINCI3_HOME/bin:$PATH
```

然后使用 source ~/.bashrc 命令执行配置文件，才能让 Davinci 环境变量立即生效。

（3）初始化数据库

Davinci 选择使用 MySQL 数据库来保存数据可视化状态信息，所以需要提前安装好 MySQL 数据库，这里选择共享 Hive 的元数据库 MySQL 即可。

1）创建数据库及用户。在 hadoop1 节点登录已经安装好的 MySQL 数据库，然后创建新数据库和新用户，具体操作命令如下。

```
[hadoop@hadoop1 davinci]$ mysql -h hadoop1 -u root -p
#创建新数据库
mysql>CREATE  DATABASE  IF  NOT  EXISTS  davinci  DEFAULT  CHARSET  utf8  COLLATE
utf8_general_ci;
#创建新用户 davinci
mysql>CREATE USER 'davinci'@'%' IDENTIFIED BY 'davinci';
#授予当前节点 davinci 用户权限
mysql>grant all on *.* to 'davinci'@'hadoop1' identified by 'davinci';
#授予当前节点 davinci 用户远程访问权限
mysql>grant all on *.* to 'davinci'@'%' identified by 'davinci';
#授予当前节点 root 用户权限
mysql>grant all on *.* to 'root'@'hadoop1' identified by 'root';
#授予 root 用户远程访问权限
mysql>GRANT ALL PRIVILEGES ON *.* TO 'root'@'%' IDENTIFIED BY 'root';
mysql>flush privileges;
```

2）创建表。在 Davinci 安装目录下执行 initdb.sh 脚本初始化 Davinci 所需要的表，具体操作命令如下。

```
#修改 initdb.sh 脚本配置
[hadoop@hadoop1 ~]$ cd app/davinci/bin/
[hadoop@hadoop1 bin]$ vi initdb.sh
#!/bin/bash
mysql -P 3306 -h hadoop01 -u root -proot davinci < $DAVINCI3_HOME/bin/davinci.sql
#给 initdb.sh 脚本增加执行权限
[hadoop@hadoop1 bin]$ chmod u+x initdb.sh
#执行 initdb.sh 脚本初始化表
[hadoop@hadoop1 bin]$ sh initdb.sh
```

注意：如果 initdb.sh 脚本执行报错，需要打开 davinci.sql 文件，首先将所有数据库文件编码 utf8mb4 修改成 utf8，然后将文件中包含 ON UPDATE CURRENT_TIMESTAMP 的语句删除即可。

（4）修改配置文件

在 hadoop1 节点，进入 Davinci 安装目录下的 config 目录，修改 application.yml 配置文件，修改的核心配置如下。

```
[hadoop@hadoop1 ~]$ cd app/davinci/config/
[hadoop@hadoop1 config]$ mv application.yml.example application.yml
[hadoop@hadoop1 config]$ vi application.yml
server:
  protocol: http
  address: hadoop1
  port: 8080
datasource:
    url: jdbc:mysql://hadoop1:3306/davinci?useUnicode=true&characterEncoding=UTF-
8&zeroDateTimeBehavior=convertToNull&allowMultiQueries=true
    username: davinci
    password: davinci
    driver-class-name: com.mysql.jdbc.Driver
mail:
    host: smtp.qq.com
    port: 25
    username: 364150803@qq.com
    fromAddress:
    password: ovaejgpeiylvbghe
    nickname: Davinci
screenshot:
  default_browser: PHANTOMJS
  timeout_second: 600
  phantomjs_path: /home/hadoop/app/phantomjs
  chromedriver_path: $your_chromedriver_path$
```

3. Davinci 注册

（1）启动 Davinci

在 hadoop1 节点，进入 Davinci 的安装目录启动 Davinci 服务，具体操作命令如下。

```
[hadoop@hadoop1 davinci]$ bin/start-server.sh
```

（2）注册 Davinci

在浏览器中输入地址 http://hadoop1:8080/，进入 Davinci 登录界面，如图 9-29 所示。

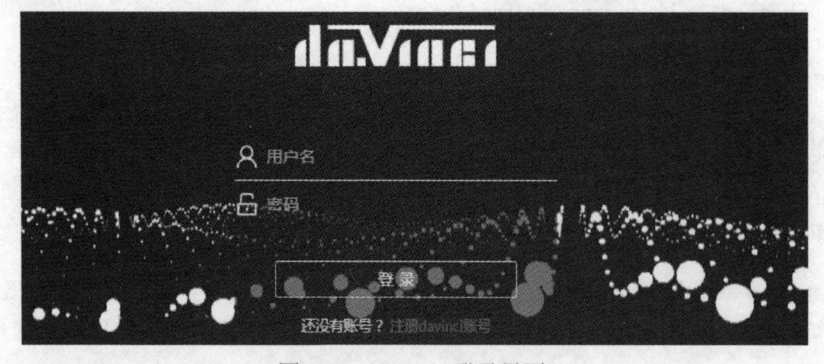

图 9-29　Davinci 登录界面

如果还没有 Davinci 账号，单击“注册 davinci 账号”按钮进入注册界面，然后填写注册信息，如图 9-30 所示。

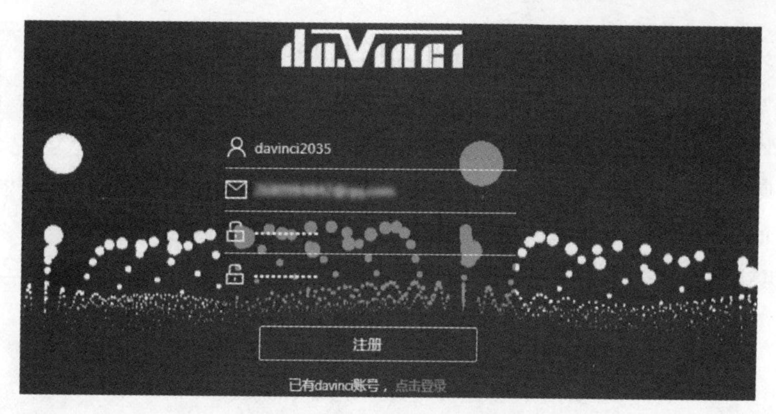

图 9-30　Davinci 注册界面

在单击“注册”按钮之后，会向注册邮箱发送一封电子邮件，登录注册邮箱打开邮件，如图 9-31 所示。

图 9-31　Davinci 注册邮件内容

最后在邮件中单击“激活 davinci”按钮，即可完成 Davinci 账号的注册。

（3）登录 Davinci

在浏览器中输入地址 http://hadoop1:8080/，再次进入 Davinci 登录界面，输入用户名和密码并单击“登录”按钮即可进入 Davinci 主界面，如图 9-32 所示。

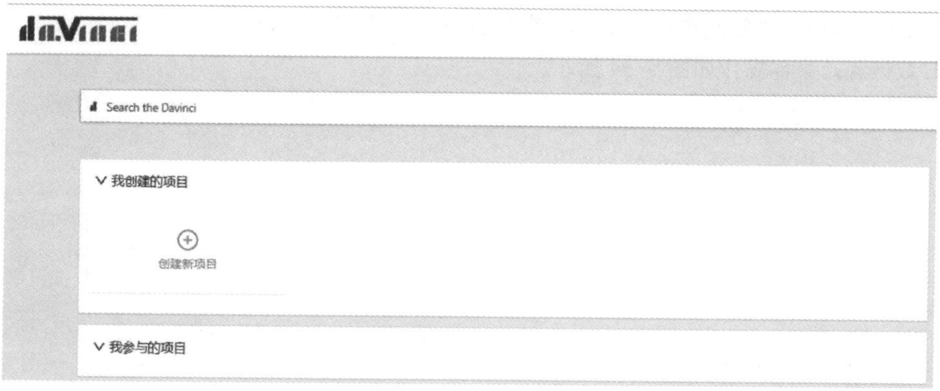

图 9-32　Davinci 主界面

9.6.3　案例实践：Davinci 制作数据可视化大屏

9.6.3　Davinci 制作数据可视化大屏

为了快速掌握 Davinci 的使用，以新闻热搜为例，使用 Davinci 制作新闻热搜数据可视化大屏，具体操作步骤如下。

1．创建项目

打开 Davinci 主界面，在“我创建的项目”栏目下，单击“创建新项目”按钮创建 Davinci 新项目，填写的具体信息如图 9-33 所示。

创建项目
项目属于组织，可以在项目中连接数据源，生成可视化图表
* 组织:
davinci2035's Organization
* 名称:
新闻热搜
描述:
新闻热搜
可见:
公开
保存

图 9-33　创建 Davinci 项目

最后单击“保存”按钮，即可完成 Davinci 项目的创建。

2．添加数据源

进入刚刚创建的“新闻热搜”项目，单击 Source 界面右上角的“+”，在 Source List 里新增 MySQL 数据源，具体操作如图 9-34 所示。

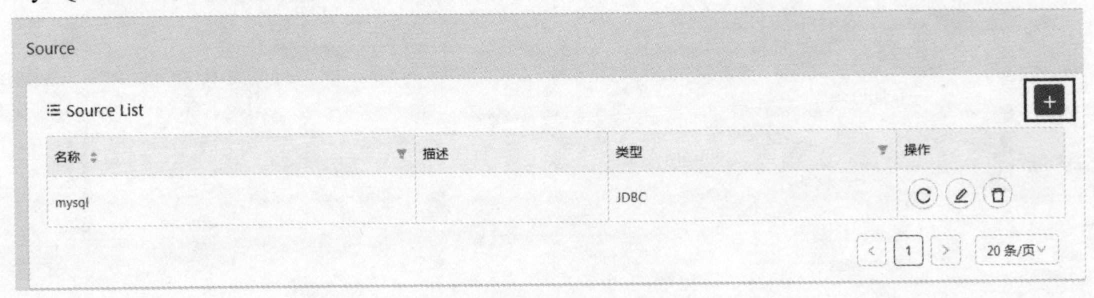

图 9-34　新增 MySQL 数据源

在“新增 Source”界面中，填写完新闻热搜项目的 MySQL 数据源的相关配置后，单击“点击测试”按钮，如果显示测试成功，则表明 MySQL 数据源可用。最后单击“保存”按钮，即可在 Source List 中看到刚刚添加的 news 数据源。

3．添加 View

单击 View 界面右上角的“+”，选择“news”数据源，编写 SQL 语句统计新闻话题总量，如图 9-35 所示。

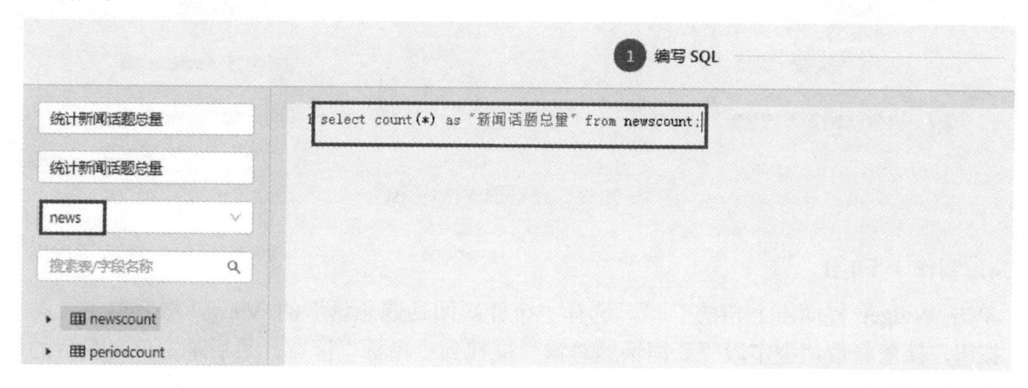

图 9-35　编写 SQL 语句

单击“执行”按钮，如果得到预期的执行结果，单击“下一步”按钮，编辑数据模型，将“数据类型”设置为“指标”，将“可视化类型”设置为“数字”，如图 9-36 所示。

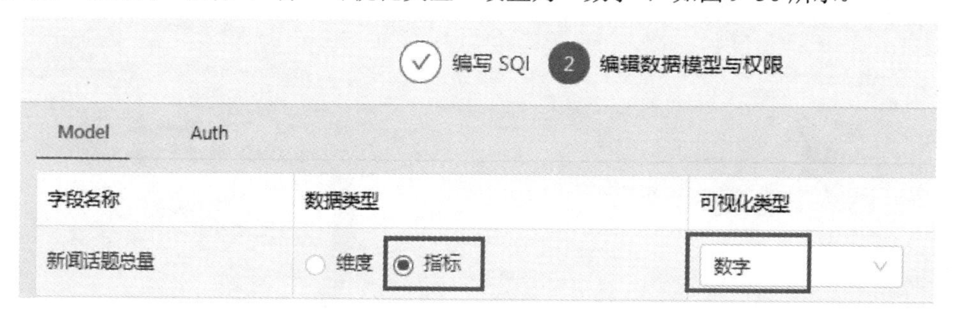

图 9-36　编辑数据模型

单击“保存”按钮，即可完成 View 的添加。

然后以同样的方式，在“编辑 SQL”界面中编写 SQL 语句，统计每个新闻话题的曝光量以及每个时间段的新闻话题总量，完整的 SQL 语句如下。

统计每个新闻话题的曝光量：select * from newscount order by count desc limit 10;

统计每个时间段的新闻话题总量：select substr(logtime,1,5) as logtime,sum(count) as count from periodcount group by substr(logtime,1,5) order by sum(count) desc limit 10;

接着在“编辑数据模型与权限”界面中，将新闻话题和新闻时段等字段的“数据类型”设置为“维度”，“可视化类型”设置为“字符”。将数值字段的“数据类型”设置为“指标”，“可视化类型”设置为“数字”。

最后单击“保存”按钮，完成所有 View 的添加，完整的 View List 如图 9-37 所示。

View

☰ View List

名称	描述
统计新闻话题总量	统计新闻话题总量
统计每个新闻话题的曝光量	统计每个新闻话题的曝光量
每个时间段的新闻话题总量	每个时间段的新闻话题总量

图 9-37　完整的 View List

4．制作 Widget

单击 Widget 界面右上角的“+”，选择“统计新闻话题总量”的 View，然后单击“图表驱动”按钮，接着将数值型字段“新闻话题总量”拖拽到“指标”区域，最后单击仪表盘后的可视化效果，如图 9-38 所示。

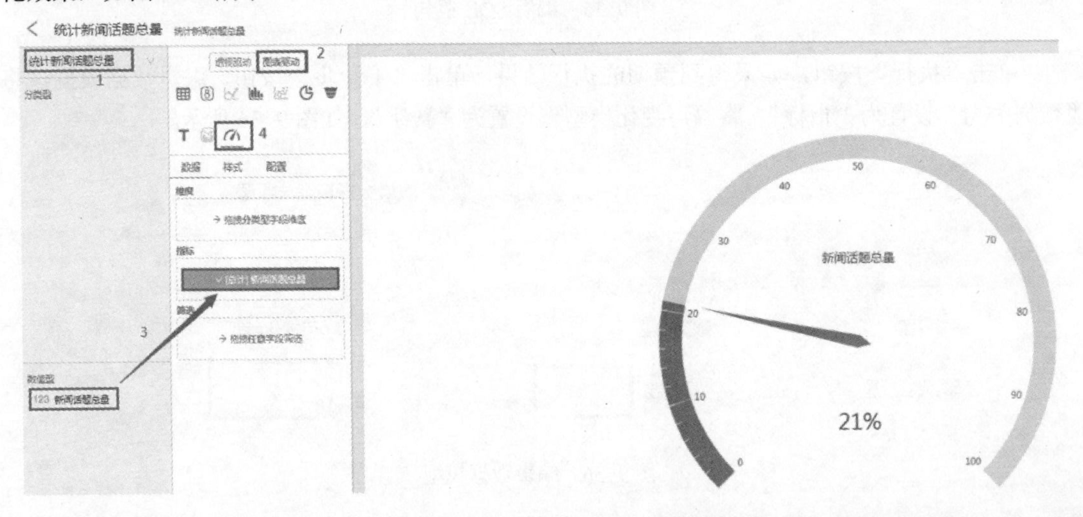

图 9-38　新建第一个 Widget

再单击 Widget 界面右上角的“+”，选择“统计每个新闻话题的曝光量”的 View，然后单击“图表驱动”按钮，接着将数值型字段“count”拖拽到“指标”区域，将分类型字段“name”拖拽到“维度”区域，最后单击饼图后的可视化效果，如图 9-39 所示。

单击 Widget 界面右上角的“+”，选择“统计每个时间段的新闻话题总量”的 View，然后单击“图表驱动”按钮，接着将数值型字段“count”拖拽到“指标”区域，将分类型字段“logtime”拖拽到“维度”区域，最后单击柱状图后的可视化效果，如图 9-40 所示。

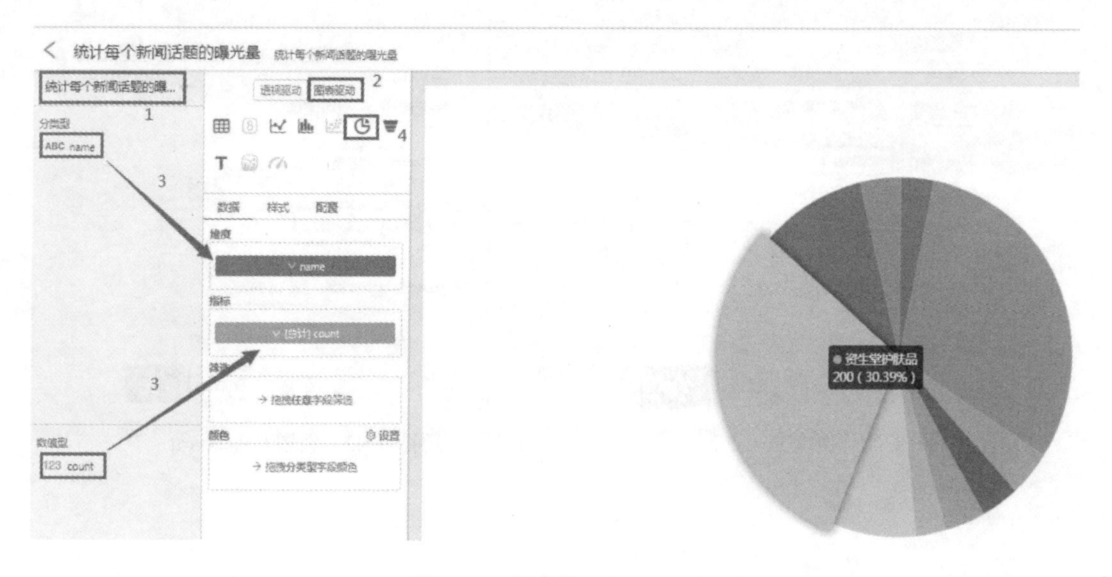

图 9-39　新建第二个 Widget

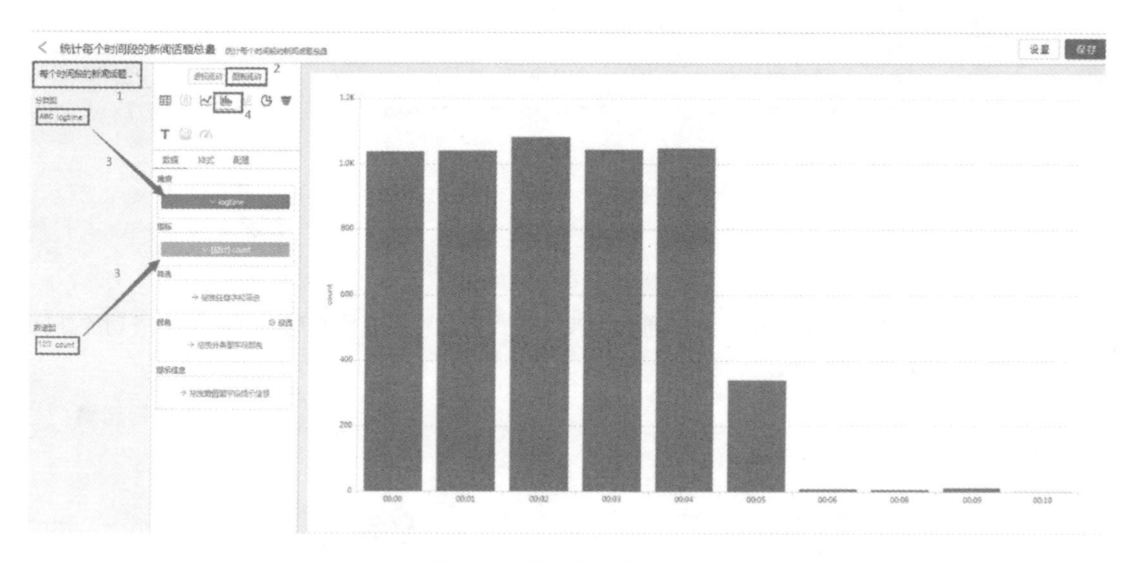

图 9-40　新建第三个 Widget

5．添加 Dashboard

单击 Dashboard 界面的“+”，在“新增 Portal”界面中完善基本信息，如图 9-41 所示，然后单击“保存”按钮即可。

在刚刚新增的 Portal 中，单击“+”创建 Dashboard，在“新增”界面中完善基本信息，如图 9-42 所示，然后单击“保存”按钮即可。

单击 Dashboard 界面右上角的“+”，勾选所需的 Widget，如图 9-43 所示，然后单击“下一步”按钮，选择数据刷新模式为“手动刷新”，最后单击“保存”按钮即可。

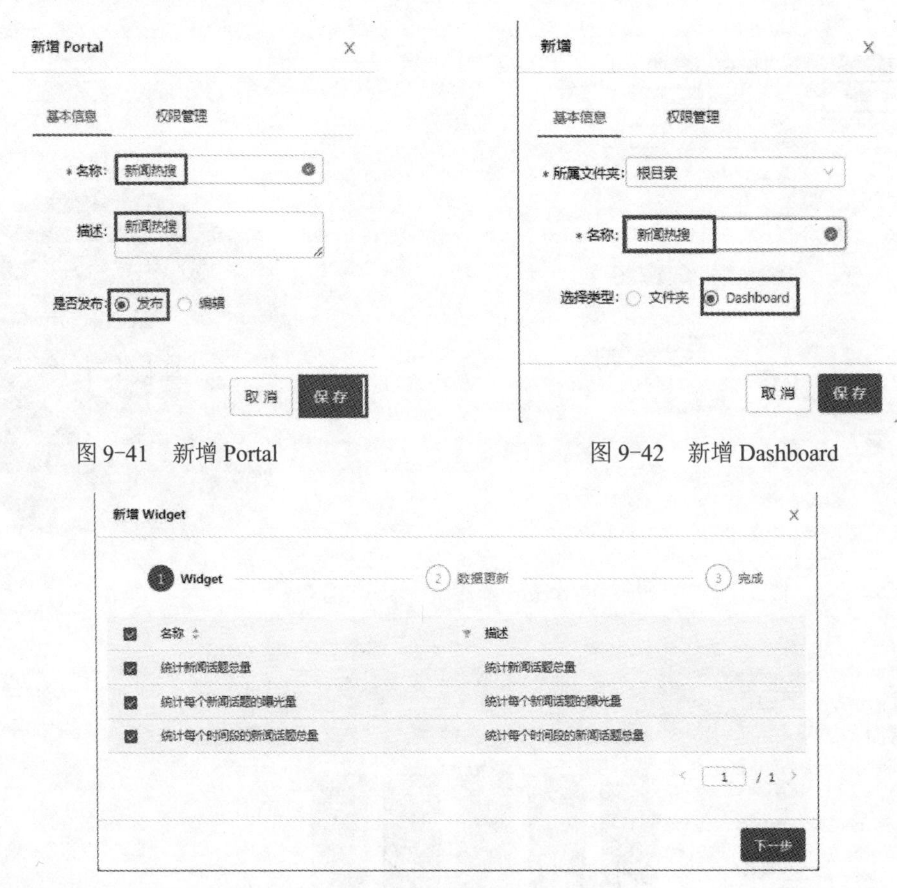

图 9-41　新增 Portal

图 9-42　新增 Dashboard

图 9-43　新增 Widget

在生成的 Dashboard 界面中，可以通过拖拽的方式来调整图表的布局，最终制作成功的新闻热搜数据大屏如图 9-44 所示。

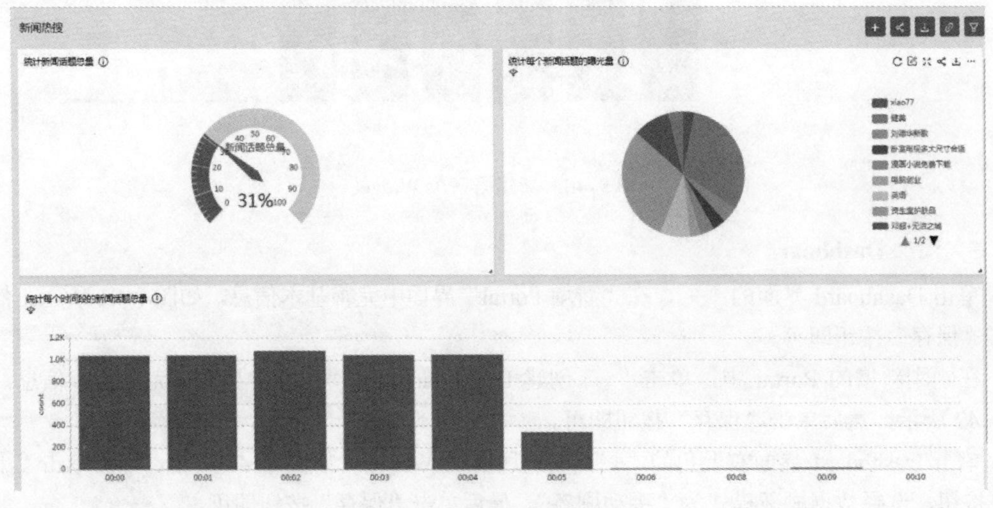

图 9-44　新闻热搜数据大屏

9.7　本章小结

本章首先介绍了两种不同类型的数据采集工具，Sqoop 主要用于数据库采集，Flume 主要用于日志文件采集。然后介绍了 Kafka 分布式消息队列，Kafka 主要用作实时计算的数据源。接着介绍了目前主流的实时计算框架 Spark 和 Flink，两者都适用于大数据实时计算的应用场景。最后介绍了 Davinci 可视化技术，可以对统计结果进行可视化分析。

9.8　习题

1. 如何提高 Sqoop 导入导出的并发度？
2. Flume 如何保证数据不丢失？
3. Kafka 的 Partition 为什么需要副本?
4. 简述 Kafka 的优势。
5. 假设日志数据如下，格式为网站 ID、访客 ID、访问时间。

```
site1,user1,2021-10-20 02:12:22
site1,user2,2021-10-28 04:41:23
site1,user3,2021-10-20 11:46:32
site1,user3,2021-10-23 11:02:11
site2,user4,2021-10-20 15:25:22
site3,user5,2021-10-29 08:32:54
site3,user6,2021-10-22 08:08:26
site4,user7,2021-10-20 10:35:37
site4,user7,2021-10-24 11:54:58
```

现在要对最近 7 天的日志进行统计，统计结果格式如下。

Key:（Date（日期），Hour（时段），Site（网站））。

Value:（PV（访问次数），UV（独立访问人数，相同访客 ID 去重））。

分别使用 Spark 和 Flink 编写执行代码，并将统计结果保存到 HBase 数据库。

第 10 章 项目实战——互联网金融项目离线分析

学习目标

- 掌握大数据离线计算项目架构设计。
- 掌握大数据离线计算项目数据流程设计。
- 掌握大数据离线计算项目开发流程。

本章以互联网金融项目为例，着重介绍大数据离线项目开发流程，从项目需求、系统架构设计、数据流程设计、系统集群规划以及项目开发步骤进行全流程介绍。希望读者通过本项目案例的学习，能够加深对离线项目所需技术组件的理解，同时提高离线项目的实战经验。

10.1 项目需求分析

某互联网金融公司提供了大量贷款用户的基本身份、银行卡账单、信用卡账单等数据信息，需要大数据分析人员基于公司现有的数据，对用户特征和用户行为进行分析，从而控制风险、改善运营，实现服务创新、产品创新和精准营销。互联网金融的项目需求如下。

1）信用卡持卡用户特征分析。

2）信用卡用户消费行为分析。

3）信用卡管理行为分析。

10.2 系统架构设计

一个完备的大数据离线计算平台的架构涵盖数据采集、批处理、数据服务和数据展示等若干个重要环节，结合互联网金融项目的业务场景，绘制出的系统架构如图 10-1 所示。

系统架构从左至右，第一层是数据源，互联网金融项目的数据源为 MySQL 数据库。第二层是数据采集，可以选择使用 Sqoop 工具离线采集 MySQL 数据库。第三层是批处理，数据采集至文件系统之后，可以使用 MapReduce、Hive、Spark SQL 等框架做离线计算。第四层是数据服务，可以将离线计算结果存入报表数据库或 OLAP 引擎对外提供数据查询服务。第五层是数据展示，离线计算的统计结果可以利用移动应用、Web 应用、BI 工具进行可视化分析。

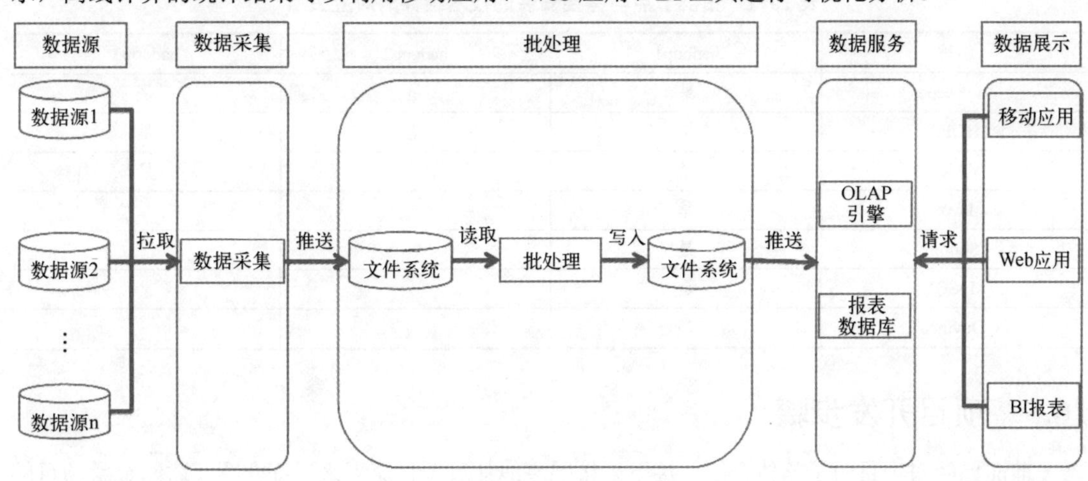

图 10-1　离线计算平台的系统架构

10.3　数据流程设计

结合系统架构设计，互联网金融项目的数据流程设计如图 10-2 所示。

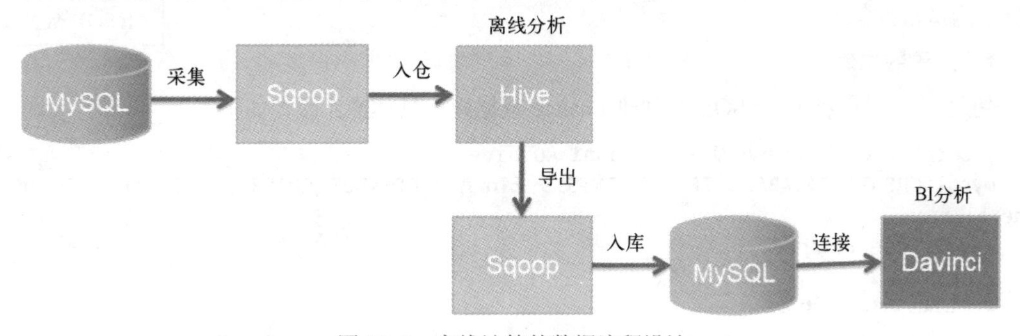

图 10-2　离线计算的数据流程设计

在离线计算的数据流程中，Sqoop 离线采集 MySQL 中的数据并导入 Hive 数据仓库，然后使用 Hive 对结构化数据进行离线分析，接着通过 Sqoop 工具将分析结果导出到报表数据库，最后通过 Davinci 连接 MySQL 对统计结果进行可视化分析。

10.4　系统集群规划

为了方便操作，仍然使用 hadoop1、hadoop2 和 hadoop3 这三个节点来构建互联网金融项目的离线计算平台。离线计算平台的集群环境在前面章节都已经安装过，接下来介绍集群节点的角色规划，集群节点与需要安装的技术组件的对应关系见表 10-1。表格中的值为“是”代表当前节点需要安装该组件，否则表示不需要安装该组件。

表 10-1　集群节点与需要安装的技术组件的对应关系

组件	hadoop1	hadoop2	hadoop3
ZooKeeper	是	是	是
HDFS	是	是	是
YARN	是	是	是
Hive	是		
Sqoop	是		
MySQL	是		
Davinci	是		

10.5　项目开发步骤

前面已经对项目做了整体介绍，接下来按照离线计算项目流程来详细介绍互联网金融项目的开发步骤。

10.5.1　准备 MySQL 数据源

10.5.1　准备 MySQL 数据源

为了方便操作，以 Hive 的元数据库 MySQL 作为数据源。为了对不同业务数据进行区别管理，首先需要创建 finance 数据库，然后再创建相关业务表并导入测试数据集。

1．创建数据库

使用 hive 用户登录 MySQL 并创建 finance 数据库，具体操作命令如下。

```
[root@hadoop1 ~]# mysql -h hadoop1 -u hive -p
mysql>CREATE DATABASE IF NOT EXISTS finance DEFAULT CHARSET utf8 COLLATE utf8_general_ci;
mysql> use finance;
```

2．创建 user_info 表

用户的基本属性 user_info 表共有 6 个字段，分别为用户 ID、性别、职业、教育程度、婚姻状态、户口类型，其中，性别字段为 0 表示性别未知。具体样例数据如下。

```
6346,1,2,4,4,2
2583,2,2,2,2,1
9530,1,2,4,4,2
```

在 finance 数据库中，通过 source 命令执行 user_info.sql 文件，创建 user_info 表并导入测试数据集，具体操作命令如下。

```
mysql>source /home/hadoop/shell/sql/user_info.sql
```

3．创建 bank_detail 表

银行流水记录 bank_detail 表共有 5 个字段，分别为用户 ID、时间戳、交易类型、交易金额、工资收入标记，其中，第 2 个字段时间戳为 0 表示时间未知；第 3 个字段交易类型有两个值，1 表示支出，0 表示收入；第 5 个字段工资收入标记为 1 时，表示工资收入。具体样例数据如下。

```
6951,5894316387,0,13.756664,0
6951,5894321388,1,13.756664,0
18418,5896951231,1,11.978812,0
```

在 finance 数据库中，通过 source 命令执行 bank_detail.sql 文件，创建 bank_detail 表并导入测试数据集，具体操作命令如下。

```
mysql>source /home/hadoop/shell/sql/bank_detail.sql
```

4．创建 bill_detail 表

信用卡账单记录 bill_detail 表共有 15 个字段，分别为用户 ID、账单时间戳、银行 ID、上期账单金额、上期还款金额、信用卡额度、本期账单余额、本期账单最低还款额、消费笔数、本期账单金额、调整金额、循环利息、可用余额、预借现金额度、还款状态。其中，第 2 个字段时间戳为 0 表示时间未知。具体样例数据如下。

```
3147,5906744363,6,18.626118,18.661937,20.664418,18.905766,17.847133,1,0.000000,
0.000000,0.000000,0.000000,19.971271,0
22717,5934018585,3,0.000000,0.000000,20.233635,18.574069,18.396785,0,0.000000,
0.000000,0.000000,0.000000,0.000000,0
```

在 finance 数据库中，通过 source 命令执行 bill_detail.sql 文件，创建 bill_detail 表并导入测试数据集，具体操作命令如下。

```
mysql>source /home/hadoop/shell/sql/bill_detail.sql
```

5．创建 loan_time 表

放款时间信息 loan_time 表共有两个字段，分别为用户 ID 和放款时间。具体样例数据如下。

```
1,5914855887
2,5914855887
3,5914855887
```

在 finance 数据库中，通过 source 命令执行 loan_time.sql 文件，创建 loan_time 表并导入测试数据集，具体操作命令如下。

```
mysql>source /home/hadoop/shell/sql/loan_time.sql
```

6．创建 overdue 表

顾客发生逾期行为记录 overdue 表共有两个字段，分别为用户 ID 和样本标签。样本标签为 1，表示逾期 30 天以上；样本标签为 0，表示逾期 10 天以内。注意，逾期 10～30 天的用户，并不在此问题考虑的范围内。具体样例数据如下。

```
1,1
2,0
3,1
```

在 finance 数据库中，通过 source 命令执行 overdue.sql 文件，创建 overdue 表并导入测试数据集，具体操作命令如下。

```
mysql>source /home/hadoop/shell/sql/overdue.sql
```

7. 创建 bank 表

银行数据字典 bank 表共有两个字段，分别为银行编号 ID 和银行名称，具体样例数据如下。

```
1,中信银行
2,兴业银行
3,光大银行
```

在 finance 数据库中，通过 source 命令执行 bank.sql 文件，创建 bank 表并导入测试数据集，具体操作命令如下。

```
mysql>source /home/hadoop/shell/sql/bank.sql
```

8. 创建 province 表

省份数据字典 province 表共有两个字段，分别为省份编号 ID 和省份名称。具体样例数据如下。

```
0,河北省
1,山东省
2,辽宁省
```

在 finance 数据库中，通过 source 命令执行 province.sql 文件，创建 province 表并导入测试数据集，具体操作命令如下。

```
mysql>source /home/hadoop/shell/sql/province.sql
```

10.5.2 Sqoop 采集 MySQL 数据库

10.5.2 Sqoop 采集 MySQL 数据库

由于数据源为 MySQL 数据库，所以可以选择使用 Sqoop 工具将 MySQL 中的数据迁移至 Hive 数据仓库。

1. 启动集群相关服务

在开始采集数据之前，首先需要启动项目规划的集群相关服务，具体启动顺序如下。

（1）启动 ZooKeeper 集群

分别进入 hadoop1、hadoop2 和 hadoop3 节点的 ZooKeeper 安装目录，使用如下命令启动 ZooKeeper 集群。

```
[hadoop@hadoop1 zookeeper]$ bin/zkServer.sh start
[hadoop@hadoop2 zookeeper]$ bin/zkServer.sh start
[hadoop@hadoop3 zookeeper]$ bin/zkServer.sh start
```

（2）启动 HDFS 集群

在 hadoop1 节点中，使用一键启动命令来启动 HDFS 集群，具体操作命令如下。

```
[hadoop@hadoop1 hadoop]$ sbin/start-dfs.sh
```

（3）启动 YARN 集群

在 hadoop1 节点中，使用一键启动命令来启动 YARN 集群，具体操作命令如下。

```
[hadoop@hadoop1 hadoop]$ sbin/start-yarn.sh
```

（4）启动 MySQL 服务

由于 Hive 的元数据存储在 MySQL 数据库中，所以需要在 hadoop1 节点使用如下命令启动

MySQL 服务。

```
[hadoop@hadoop1 hadoop]$ service mysqld start
```

（5）创建 Hive 数据库

为了便于不同业务数据的管理，需要在 Hive 中创建 finance 数据库，具体操作命令如下。

```
hive> create database if not exists finance location "/user/hive/warehouse/ finance";
```

2．MySQL 数据迁移至 Hive

集群相关服务启动之后，接下来使用 Sqoop 将 MySQL 中的数据迁移至 Hive。

（1）user_info 表迁移

在 hadoop1 节点中，使用 sqoop 命令将 user_info 表中的数据迁移至 Hive，具体操作命令如下。

```
[hadoop@hadoop1 sqoop]$ bin/sqoop import \
--connect'jdbc:mysql://hadoop1/finance?useUnicode=true&characterEncoding=utf-8' \
--username hive \
--password hive  \
--table user_info \
--fields-terminated-by ',' \
-m 3 \
--hive-import \
--hive-overwrite \
--hive-table finance.user_info;
```

（2）bank_detail 表迁移

在 hadoop1 节点中，使用 sqoop 命令将 bank_detail 表中的数据迁移至 Hive，具体操作命令如下。

```
[hadoop@hadoop1 sqoop]$ bin/sqoop import \
--connect 'jdbc:mysql://hadoop1/finance?useUnicode=true&characterEncoding=utf-8'\
--username hive \
--password hive  \
--table bank_detail \
--fields-terminated-by ',' \
-m 3 \
--hive-import \
--hive-overwrite \
--hive-table finance.bank_detail;
```

（3）bill_detail 表迁移

在 hadoop1 节点中，使用 sqoop 命令将 bill_detail 表中的数据迁移至 Hive，具体操作命令如下。

```
[hadoop@hadoop1 sqoop]$ bin/sqoop import \
--connect 'jdbc:mysql://hadoop1/finance?useUnicode=true&characterEncoding=utf-8'\
--username hive \
--password hive  \
--table bill_detail \
--fields-terminated-by ',' \
-m 3 \
--hive-import \
--hive-overwrite \
--hive-table finance.bill_detail;
```

（4）loan_time 表迁移

在 hadoop1 节点中，使用 sqoop 命令将 loan_time 表中的数据迁移至 Hive，具体操作命令如下。

```
[hadoop@hadoop1 sqoop]$ bin/sqoop import \
--connect 'jdbc:mysql://hadoop1/finance?useUnicode=true&characterEncoding=utf-8'\
--username hive \
--password hive  \
--table loan_time \
--fields-terminated-by ',' \
-m 1 \
--hive-import \
--hive-overwrite \
--hive-table finance.loan_time;
```

（5）overdue 表迁移

在 hadoop1 节点中，使用 sqoop 命令将 overdue 表中的数据迁移至 Hive，具体操作命令如下。

```
[hadoop@hadoop1 sqoop]$ bin/sqoop import \
--connect 'jdbc:mysql://hadoop1/finance?useUnicode=true&characterEncoding=utf-8'\
--username hive \
--password hive  \
--table overdue \
--fields-terminated-by ',' \
-m 1 \
--hive-import \
--hive-overwrite \
--hive-table finance.overdue;
```

（6）bank 表迁移

在 hadoop1 节点中，使用 sqoop 命令将 bank 表中的数据迁移至 Hive，具体操作命令如下。

```
[hadoop@hadoop1 sqoop]$ bin/sqoop import \
--connect 'jdbc:mysql://hadoop1/finance?useUnicode=true&characterEncoding=utf-8'\
--username hive \
--password hive  \
--table bank \
--fields-terminated-by ',' \
-m 1 \
--hive-import \
--hive-overwrite \
--hive-table finance.bank;
```

（7）province 表迁移

在 hadoop1 节点中，使用 sqoop 命令将 province 表中的数据迁移至 Hive，具体操作命令如下。

```
[hadoop@hadoop1 sqoop]$ bin/sqoop import \
--connect 'jdbc:mysql://hadoop1/finance?useUnicode=true&characterEncoding=utf-8'\
--username hive \
--password hive  \
--table province \
--fields-terminated-by ',' \
-m 1 \
```

```
    --hive-import \
    --hive-overwrite \
    --hive-table finance.province;
```

10.5.3 Hive 对金融项目进行离线分析

10.5.3.1　Hive 对金融项目进行离线分析 1

结合互联网金融项目的业务需求，使用 Hive SQL 统计分析相关业务指标。

1. 信用卡持卡用户特征分析

（1）统计 80 后、90 后等不同年龄段用户持有信用卡的用户量

首先统计出所有持有信用卡的用户并存入 middle_bill_user，具体操作命令如下。

```
    [hadoop@hadoop1 hive]$ bin/hive -e 'create table finance.middle_bill_user as
select u.* from (select  uid from finance.bill_detail group by uid) tbd inner join
finance.user_info u on tbd.uid=u.uid'
```

然后统计 80 后、90 后等不同年龄段用户持有信用卡的用户量，具体操作命令如下。

```
    [hadoop@hadoop1 hive]$ bin/hive -e "create table finance.period_credit_users
    > row format delimited fields terminated by ','
    > STORED AS TEXTFile
    > as select mbu.period,count(mbu.uid) as num from  (select u.uid,case when
u.birthday>='1990' and u.birthday<='1999' then '90 后' when u.birthday>='1980' and
u.birthday<='1989' then '80 后' when u.birthday>='1970' and u.birthday<='1979' then
'70 后' when u.birthday>='1960' and u.birthday<='1969' then '60 后' when u.birthday>=
'1950' and u.birthday<='1959' then '50 后' else '其他' end as period from finance.
middle_bill_user u) mbu group by mbu.period;"
```

（2）统计男性和女性持有信用卡的用户量

可以根据 middle_bill_user 中间表来统计男性和女性持有信用卡的用户量，具体操作命令如下。

```
    [hadoop@hadoop1 hive]$ bin/hive -e "create table finance.sex_credit_users
    > row format delimited
    > fields terminated by ','
    > STORED AS TEXTFile
    > as select sex,count(uid) as num from  finance.middle_bill_user group by sex;"
```

（3）统计不同省份持有信用卡的用户量

可以根据 middle_bill_user 中间表来统计不同省份持有信用卡的用户量，具体操作命令如下。

```
    [hadoop@hadoop1 hive]$ bin/hive -e "create table finance.province_credit_users
    > row format delimited
    > fields terminated by ','
    > STORED AS TEXTFile
    > as select province,count(uid) as num from  finance.middle_bill_user group by
province;"
```

（4）统计不同收入等级持有信用卡的用户量

通过对 bank_detail 和 middle_bill_user 表进行连接操作，统计不同收入等级持有信用卡的用户量，具体操作命令如下。

```
[hadoop@hadoop1 hive]$ bin/hive -e "create table finance.level_credit_users
> row format delimited
> fields terminated by ','
> STORED AS TEXTFile
> as select bds.salarylevel,count(bds.uid) as num from
> (select bd.uid,
> case when bd.amount>=30000 then '30000以上'
> when bd.amount>=20000 and bd.amount<30000 then '20000-30000'
> when bd.amount>=10000 and bd.amount<20000 then '10000-20000'
> when bd.amount>=5000 and bd.amount<10000 then '5000-10000'
> when bd.amount>=1000 and bd.amount<5000 then '1000-5000'
> else '1000以下' end as salarylevel
> from
> (select b.uid,sum(b.tradeacount) as amount from finance.bank_detail b LEFT JOIN
finance.middle_bill_user u on u.uid=b.uid and b.tradetype=0 group by b.uid) bd) bds
group by bds.salarylevel;"
```

2．信用卡用户消费行为分析

10.5.3.2 Hive 对金融项目进行离线分析 2

（1）统计持有不同信用卡数的用户量

基于 bill_detail 表统计持有不同信用卡数的用户量，具体操作命令如下。

```
[hadoop@hadoop1 hive]$ bin/hive -e "create table finance.
creditnum_users
> row format delimited
> fields terminated by ','
> STORED AS TEXTFile
> as select bdm.banknum,count(bdm.uid) as num from
> (select bd.uid,
> case when bd.num>=5 then '持卡5张及以上'
> when bd.num=4 then '持卡4张'
> when bd.num=3 then '持卡3张'
> when bd.num=2 then '持卡2张'
> else '持卡1张' end as banknum
> from (select uid,count(distinct bankid) as num from finance.bill_detail group
by uid) bd) bdm group by bdm.banknum;"
```

（2）统计持有不同银行的信用卡的用户量

基于 bill_detail 表统计持有不同银行的信用卡的用户量，具体操作命令如下。

```
[hadoop@hadoop1 hive]$ bin/hive -e "create table finance.bank_credit_users
> row format delimited
> fields terminated by ','
> STORED AS TEXTFile
> as select bd.bankid,count(bd.uid) as usernum from
> (select distinct uid, bankid from finance.bill_detail ) bd group by bd.bankid;"
```

（3）统计消费金额/收入金额不同占比范围的用户量

基于 bank_detail 表统计消费金额/收入金额不同占比范围的用户量，具体操作命令如下。

```
[hadoop@hadoop1 hive]$ bin/hive -e "create table finance.consume_income_users
> row format delimited
```

```
    > fields terminated by ','
    > STORED AS TEXTFile
    > as select bdtt.consumeproportion,count(bdtt.uid) as num from
    > (select bdt.uid,
    > case when  bdt.proportion>=3.0 then '300%以上'
    > when bdt.proportion>=2.0 and bdt.proportion<3.0 then '200%-300%'
    > when bdt.proportion>=1.0 and bdt.proportion<2.0 then '100%-200%'
    > when bdt.proportion>=0.5 and bdt.proportion<1.0 then '50%-100%'
    > else '50%以下' end as consumeproportion from
    > (select bd.uid,max(case when bd.tradetype=1 then bd.amount else 0 end)/max(case
when  bd.tradetype=0  then  bd.amount  else  0  end)  as   proportion  from  (select
uid,tradetype,sum(tradeacount)  as  amount  from  finance.bank_detail  group  by  uid,
tradetype) bd group by bd.uid) bdt) bdtt group by bdtt.consumeproportion;"
```

（4）统计信用卡账单不同总金额范围的用户量

基于 bill_detail 表统计信用卡不同范围账单总金额的用户量，具体操作命令如下。

```
    [hadoop@hadoop1 hive]$ bin/hive -e "create table finance.credit_amount_users
    > row format delimited
    > fields terminated by ','
    > STORED AS TEXTFile
    > as select bdt.amountlevel,count(bdt.uid) as num
    > from
    > (select bd.uid,
    > case when bd.amount>=10000 then '10000元以上'
    > when bd.amount>=8000 and bd.amount<10000 then '8000元-10000元'
    > when bd.amount>=5000 and bd.amount<8000 then '5000元-8000元'
    > when bd.amount>=3000 and bd.amount<5000 then '3000元-5000元'
    > when bd.amount>=1000 and bd.amount<3000 then '1000元-3000元'
    > else '1000元以下' end as amountlevel
    >  from   (select  uid,sum(currentBillAmount)  as  amount  from  finance.bill_detail
group by uid) bd) bdt group by bdt.amountlevel;"
```

3．信用卡管理行为分析

10.5.3.3　Hive 对金融项目进行离线分析 3

（1）统计信用卡不同总额度范围的用户量

基于 bill_detail 表统计信用卡不同范围总额度的用户量，具体操作命令如下。

```
    [hadoop@hadoop1 hive]$ bin/hive -e "create table finance.credit_
limit_users
    > row format delimited
    > fields terminated by ','
    > STORED AS TEXTFile
    > as select bdh.amountlevel,count(bdh.uid) as num
    > from
    > (select bdt.uid,
    > case when bdt.amount>=10000 then '10000以上'
    > when bdt.amount>=5000 and bdt.amount<10000 then '5000-10000'
    > when bdt.amount>=1000 and bdt.amount<5000 then '1000-5000'
    > else '1000以下' end as amountlevel
```

```
> from (select bd.uid,sum(bd.creditlimit) as amount from finance.bill_detail bd
group by uid) bdt) bdh group by bdh.amountlevel;"
```

（2）统计信用卡用户在不同时间范围内逾期还款的用户量

基于 overdue 表统计信用卡用户在不同时间范围内逾期还款的用户量，具体操作命令如下。

```
[hadoop@hadoop1 hive]$ bin/hive -e "create table finance.credit_overdue_users
> row format delimited
> fields terminated by ','
> STORED AS TEXTFile
> as select sampleLabel,count(uid) as num from finance.overdue group by sampleLabel;"
```

10.5.4　创建 MySQL 业务表

10.5.4　创建 MySQL 业务表

在 MySQL 数据库中，创建对应的表结构来存储 Hive 离线分析的结果。

1．创建 period_credit_users 表

在 MySQL 中，创建 period_credit_users 表来存储 80 后、90 后等不同年龄段用户持有信用卡的用户量，具体操作命令如下。

```
mysql> DROP TABLE IF EXISTS `period_credit_users`;
mysql> CREATE TABLE `period_credit_users` (
    ->   `rid` int(11) NOT NULL AUTO_INCREMENT,
    ->   `period` varchar(10) NOT NULL,
    ->   `num` double DEFAULT NULL,
    ->   PRIMARY KEY (`rid`)
    -> ) ENGINE=InnoDB DEFAULT CHARSET=utf8;
```

2．创建 sex_credit_users 表

在 MySQL 中，创建 sex_credit_users 表来存储男性和女性持有信用卡的用户量，具体操作命令如下。

```
mysql> DROP TABLE IF EXISTS `sex_credit_users`;
mysql> CREATE TABLE `sex_credit_users` (
    ->   `rid` int(10) NOT NULL AUTO_INCREMENT,
    ->   `sex` varchar(3) NOT NULL,
    ->   `num` double DEFAULT NULL,
    ->   PRIMARY KEY (`rid`)
    -> ) ENGINE=InnoDB DEFAULT CHARSET=utf8;
```

3．创建 province_credit_users 表

在 MySQL 中，创建 province_credit_users 表来存储不同省份持有信用卡的用户量，具体操作命令如下。

```
mysql> DROP TABLE IF EXISTS `province_credit_users`;
mysql> CREATE TABLE `province_credit_users` (
    ->   `rid` int(11) NOT NULL AUTO_INCREMENT,
    ->   `province` varchar(10) NOT NULL,
    ->   `num` double DEFAULT NULL,
    ->   PRIMARY KEY (`rid`)
    -> ) ENGINE=InnoDB DEFAULT CHARSET=utf8;
```

4．创建 level_credit_users 表

在 MySQL 中，创建 level_credit_users 表来存储不同收入等级持有信用卡的用户量，具体操作命令如下。

```
mysql> DROP TABLE IF EXISTS `level_credit_users`;
mysql> CREATE TABLE `level_credit_users` (
    ->   `rid` int(11) NOT NULL AUTO_INCREMENT,
    ->   `salarylevel` varchar(20) NOT NULL,
    ->   `num` double DEFAULT NULL,
    ->   PRIMARY KEY (`rid`)
    -> ) ENGINE=InnoDB DEFAULT CHARSET=utf8;
```

5．创建 creditnum_users 表

在 MySQL 中，创建 creditnum_users 表来存储持有不同信用卡数的用户量，具体操作命令如下。

```
mysql> DROP TABLE IF EXISTS `creditnum_users`;
mysql> CREATE TABLE `creditnum_users` (
    ->   `rid` int(11) NOT NULL AUTO_INCREMENT,
    ->   `banknum` varchar(20) NOT NULL,
    ->   `num` double DEFAULT NULL,
    ->   PRIMARY KEY (`rid`)
    -> ) ENGINE=InnoDB DEFAULT CHARSET=utf8;
```

6．创建 bank_credit_users 表

在 MySQL 中，创建 bank_credit_users 表来存储持有不同银行的信用卡的用户量，具体操作命令如下。

```
mysql> DROP TABLE IF EXISTS `bank_credit_users`;
mysql> CREATE TABLE `bank_credit_users` (
    ->   `rid` int(11) NOT NULL AUTO_INCREMENT,
    ->   `bankid` varchar(10) NOT NULL,
    ->   `num` double DEFAULT NULL,
    ->   PRIMARY KEY (`rid`)
    -> ) ENGINE=InnoDB DEFAULT CHARSET=utf8;
```

7．创建 consume_income_users 表

在 MySQL 中，创建 consume_income_users 表来存储消费金额/收入金额不同占比范围的用户量，具体操作命令如下。

```
mysql> DROP TABLE IF EXISTS `consume_income_users`;
mysql> CREATE TABLE `consume_income_users` (
    ->   `rid` int(11) NOT NULL AUTO_INCREMENT,
    ->   `consumeproportion` varchar(10) NOT NULL,
    ->   `num` double DEFAULT NULL,
    ->   PRIMARY KEY (`rid`)
    -> ) ENGINE=InnoDB DEFAULT CHARSET=utf8;
```

8．创建 credit_amount_users 表

在 MySQL 中，创建 credit_amount_users 表来存储信用卡账单不同总金额范围的用户量，具体操作命令如下。

```
mysql> DROP TABLE IF EXISTS `credit_amount_users`;
mysql> CREATE TABLE `credit_amount_users` (
    ->   `rid` int(11) NOT NULL AUTO_INCREMENT,
    ->   `amountlevel` varchar(20) NOT NULL,
    ->   `num` double DEFAULT NULL,
    ->   PRIMARY KEY (`rid`)
    -> ) ENGINE=InnoDB DEFAULT CHARSET=utf8;
```

9．创建 credit_limit_users 表

在 MySQL 中，创建 credit_limit_users 表来存储信用卡不同总额度范围的用户量，具体操作命令如下。

```
mysql> DROP TABLE IF EXISTS `credit_limit_users`;
mysql> CREATE TABLE `credit_limit_users` (
    ->   `rid` int(11) NOT NULL AUTO_INCREMENT,
    ->   `amountlevel` varchar(20) NOT NULL,
    ->   `num` double DEFAULT NULL,
    ->   PRIMARY KEY (`rid`)
    -> ) ENGINE=InnoDB DEFAULT CHARSET=utf8;
```

10．创建 credit_overdue_users 表

在 MySQL 中，创建 credit_overdue_users 表来存储信用卡用户在不同时间范围内逾期还款的用户量，具体操作命令如下。

```
mysql> DROP TABLE IF EXISTS `credit_overdue_users`;
mysql> CREATE TABLE `credit_overdue_users` (
    ->   `rid` int(11) NOT NULL AUTO_INCREMENT,
    ->   `sampleLabel` varchar(3) NOT NULL,
    ->   `num` double DEFAULT NULL,
    ->   PRIMARY KEY (`rid`)
    -> ) ENGINE=InnoDB DEFAULT CHARSET=utf8;
```

10.5.5 统计结果入库 MySQL

10.5.5 统计结果入库 MySQL

由于报表数据库为 MySQL，所以选择使用 Sqoop 工具将 Hive 中的统计结果导入 MySQL 数据库。

1．统计结果 period_credit_users 表入库 MySQL

使用 sqoop 命令将统计结果 period_credit_users 表导入 MySQL，具体操作命令如下。

```
[hadoop@hadoop1 sqoop]$ bin/sqoop export \
> --connect 'jdbc:mysql://hadoop1/finance?useUnicode=true&characterEncoding=utf-8' \
> --username hive \
> --password hive  \
> --table period_credit_users \
> --columns period,num \
```

```
> --export-dir '/user/hive/warehouse/finance/period_credit_users' \
> --fields-terminated-by ',' \
> -m 1;
```

2．统计结果 sex_credit_users 表入库 MySQL

使用 sqoop 命令将统计结果 sex_credit_users 表导入 MySQL，具体操作命令如下。

```
[hadoop@hadoop1 sqoop]$ bin/sqoop export \
> --connect 'jdbc:mysql://hadoop1/finance?useUnicode=true&characterEncoding=utf-8' \
> --username hive \
> --password hive  \
> --table sex_credit_users \
> --columns sex,num \
> --export-dir '/user/hive/warehouse/finance/sex_credit_users' \
> --fields-terminated-by ',' \
> -m 1;
```

3．统计结果 province_credit_users 表入库 MySQL

使用 sqoop 命令将统计结果 province_credit_users 表导入 MySQL，具体操作命令如下。

```
[hadoop@hadoop1 sqoop]$ bin/sqoop export \
> --connect 'jdbc:mysql://hadoop1/finance?useUnicode=true&characterEncoding=utf-8' \
> --username hive \
> --password hive  \
> --table province_credit_users \
> --columns province,num \
> --export-dir '/user/hive/warehouse/finance/province_credit_users' \
> --fields-terminated-by ',' \
> -m 1;
```

4．统计结果 level_credit_users 表入库 MySQL

使用 sqoop 命令将统计结果 level_credit_users 表导入 MySQL，具体操作命令如下。

```
[hadoop@hadoop1 sqoop]$ bin/sqoop export \
> --connect 'jdbc:mysql://hadoop1/finance?useUnicode=true&characterEncoding=utf-8' \
> --username hive \
> --password hive  \
> --table level_credit_users \
> --columns salarylevel,num \
> --export-dir '/user/hive/warehouse/finance/level_credit_users' \
> --fields-terminated-by ',' \
> -m 1;
```

5．统计结果 creditnum_users 表入库 MySQL

使用 sqoop 命令将统计结果 creditnum_users 表导入 MySQL，具体操作命令如下。

```
[hadoop@hadoop1 sqoop]$ bin/sqoop export \
> --connect 'jdbc:mysql://hadoop1/finance?useUnicode=true&characterEncoding=utf-8' \
> --username hive \
```

```
> --password hive  \
> --table creditnum_users \
> --columns banknum,num \
> --export-dir '/user/hive/warehouse/finance/creditnum_users' \
> --fields-terminated-by ',' \
> -m 1;
```

6. 统计结果 bank_credit_users 表入库 MySQL

使用 sqoop 命令将统计结果 bank_credit_users 表导入 MySQL，具体操作命令如下。

```
[hadoop@hadoop1 sqoop]$ bin/sqoop export \
> --connect 'jdbc:mysql://hadoop1/finance?useUnicode=true&characterEncoding=utf-8' \
> --username hive \
> --password hive  \
> --table bank_credit_users \
> --columns bankid,num \
> --export-dir '/user/hive/warehouse/finance/bank_credit_users' \
> --fields-terminated-by ',' \
> -m 1;
```

7. 统计结果 consume_income_users 表入库 MySQL

使用 sqoop 命令将统计结果 consume_income_users 表导入 MySQL，具体操作命令如下。

```
[hadoop@hadoop1 sqoop]$ bin/sqoop export \
> --connect 'jdbc:mysql://hadoop1/finance?useUnicode=true&characterEncoding=utf-8' \
> --username hive \
> --password hive  \
> --table consume_income_users \
> --columns consumeproportion,num  \
> --export-dir '/user/hive/warehouse/finance/consume_income_users' \
> --fields-terminated-by ',' \
> -m 1;
```

8. 统计结果 credit_amount_users 表入库 MySQL

使用 sqoop 命令将统计结果 credit_amount_users 表导入 MySQL，具体操作命令如下。

```
[hadoop@hadoop1 sqoop]$ bin/sqoop export \
> --connect 'jdbc:mysql://hadoop1/finance?useUnicode=true&characterEncoding=utf-8' \
> --username hive \
> --password hive  \
> --table credit_amount_users \
> --columns amountlevel,num \
> --export-dir '/user/hive/warehouse/finance/credit_amount_users' \
> --fields-terminated-by ',' \
> -m 1;
```

9. 统计结果 credit_limit_users 表入库 MySQL

使用 sqoop 命令将统计结果 credit_limit_users 表导入 MySQL，具体操作命令如下。

```
[hadoop@hadoop1 sqoop]$ bin/sqoop export \
> --connect 'jdbc:mysql://hadoop1/finance?useUnicode=true&characterEncoding=utf-8' \
> --username hive \
> --password hive  \
> --table credit_limit_users \
> --columns amountlevel,num \
> --export-dir '/user/hive/warehouse/finance/credit_limit_users' \
> --fields-terminated-by ',' \
> -m 1;
```

10．统计结果 credit_overdue_users 表入库 MySQL

使用 sqoop 命令将统计结果 credit_overdue_users 表导入 MySQL，具体操作命令如下。

```
[hadoop@hadoop1 sqoop]$ bin/sqoop export \
> --connect 'jdbc:mysql://hadoop1/finance?useUnicode=true&characterEncoding=utf-8' \
> --username hive \
> --password hive  \
> --table credit_overdue_users \
> --columns sampleLabel,num \
> --export-dir '/user/hive/warehouse/finance/credit_overdue_users' \
> --fields-terminated-by ',' \
> -m 1;
```

10.5.6 Davinci 数据可视化分析

10.5.6　互联网金融项目 Davinci 数据可视化分析

Hive 统计分析的结果导入 MySQL 之后，就可以使用 Davinci 连接 MySQL 对数据进行可视化分析。这里就不再赘述 Davinci 如何制作数据大屏，接下来只给出 SQL 查询语句以及最终制作的数据大屏。

1．SQL 查询语句

1）统计 80 后、90 后等不同年龄段用户持有信用卡的用户占比，具体操作命令如下。

```
    select  period,FORMAT(num/tmp.sum_num,3)  as  percent  from  period_credit_users,
(select sum(num) as sum_num from period_credit_users) as tmp;
```

2）统计男性和女性持有信用卡的用户占比，具体操作命令如下。

```
    select  sex,FORMAT(num/tmp.sum_num,3)  as  percent  from  sex_credit_users,(select
sum(num) as sum_num from sex_credit_users) as tmp;
```

3）统计不同省份持有信用卡的用户占比，具体操作命令如下。

```
    select  name,percent  from  (select  province,FORMAT(num/tmp.sum_num,3)  as  percent
from province_credit_users,(select sum(num) as sum_num from province_credit_users) as
tmp) result  join province  on province=pid;
```

4）统计不同收入等级持有信用卡的用户占比，具体操作命令如下。

```
    select salarylevel,FORMAT(num/tmp.sum_num,3) as percent from level_credit_users,
(select sum(num) as sum_num from level_credit_users) as tmp;
```

5）统计持有不同信用卡数的用户占比，具体操作命令如下。

```
    select banknum,FORMAT(num/tmp.sum_num,3) as percent from creditnum_users,(select
sum(num) as sum_num from creditnum_users) as tmp;
```

6）统计持有不同银行的信用卡的用户占比，具体操作命令如下。

```
    select  bankname,percent  from(select  bankid  as  id,FORMAT(num/tmp.sum_num,3)  as
percent from bank_credit_users,(select sum(num) as sum_num from bank_credit_users) as
tmp
    ) result  join bank  on id=bankid;
```

7）统计消费金额/收入金额不同占比范围的用户占比，具体操作命令如下。

```
    select  consumeproportion,FORMAT(num/tmp.sum_num,3)  as  percent  from  consume_
income_users,(select sum(num) as sum_num from consume_income_users) as tmp;
```

8）统计信用卡账单不同总金额范围的用户占比，具体操作命令如下。

```
    select  amountlevel,FORMAT(num/tmp.sum_num,3)  as  percent  from  credit_amount_
users,(select sum(num) as sum_num from credit_amount_users) as tmp;
```

9）统计信用卡不同总额度范围的用户占比，具体操作命令如下。

```
    select amountlevel,FORMAT(num/tmp.sum_num,3) as percent from credit_limit_users,
(select sum(num) as sum_num from credit_limit_users) as tmp;
```

10）统计信用卡用户在不同时间范围内逾期还款的用户占比，具体操作命令如下。

```
    select case when sampleLabel='0' then '逾期 10 天以内' when sampleLabel='1' then '
逾 期  30  天 以 上 '  else  ' 逾 期  10-30  天 '  end  as  sampleLabel,percent  from  (select
sampleLabel,FORMAT(num/tmp.sum_num,3)  as  percent  from  credit_overdue_users,(select
sum(num) as sum_num from credit_overdue_users) as tmp) result;
```

2. **数据大屏**

结合互联网金融项目的统计结果，使用 Davinci 制作的数据大屏如图 10-3 所示。

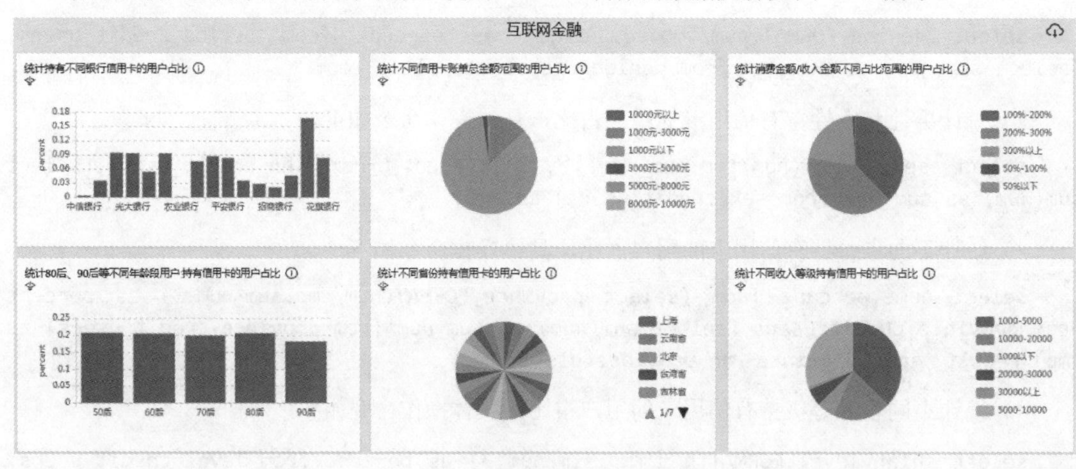

图 10-3　互联网金融项目数据大屏

10.6 本章小结

通过互联网金融项目的学习与实践，相信读者已经掌握了大数据离线计算项目的整个开发流程。在本项目中，首先通过 Sqoop 将 MySQL 业务数据导入 Hive 数据仓库，然后使用 Hive 对互联网金融项目进行离线分析，接着使用 Sqoop 将分析结果导入 MySQL 数据库，最后通过 Davinci 连接 MySQL 数据库，实现了对互联网金融项目的可视化分析。

第11章 项目实战——互联网直播项目实时分析

学习目标

- 掌握大数据实时计算项目架构设计。
- 掌握大数据实时计算项目数据流程设计。
- 掌握大数据实时计算项目开发流程。

本章以互联网直播项目为例，着重介绍大数据实时项目开发流程，从项目需求、系统架构设计、数据流程设计、系统集群规划以及项目开发步骤进行全流程介绍。希望读者通过该项目案例的学习，能够加深对实时项目所需技术组件的理解，同时提高实时项目的实战经验。

11.1 项目需求分析

某互联网直播平台有大量的网络主播，每时每刻都有很多主播开启直播，为了加强对直播内容的监管，需要对直播内容进行智能审核和人工审核。为了考查审核人员的绩效以及为运营人员提供决策支持，需要实时统计对直播内容进行审核的相关指标。互联网直播的项目需求如下。

1）统计不同省份每分钟内上架的直播量。

2）统计不同省份每分钟内下架的直播量。

3）统计不同省份每分钟内添加黑名单的直播量。

11.2 系统架构设计

一个完备的大数据实时计算平台的架构涵盖数据采集、实时处理、数据服务和数据展示等若干个重要环节，结合互联网直播项目的业务场景，绘制出的系统架构如图 11-1 所示。

系统架构从左至右，第一层是数据源，互联网直播项目的数据源为日志文件。第二层是数据采集，可以选择使用 Flume 实时采集日志文件。第三层是实时处理，数据采集至消息队列之后，可以使用 Spark Streaming、Flink Streaming 等框架来做实时计算。第四层是数据服务，实时计算结果写入数据库之后，可以编写 API 接口对外提供数据查询服务。第五层是数据展示，实时计算的统计结果可以利用移动应用、Web 应用、BI 报表进行可视化分析。

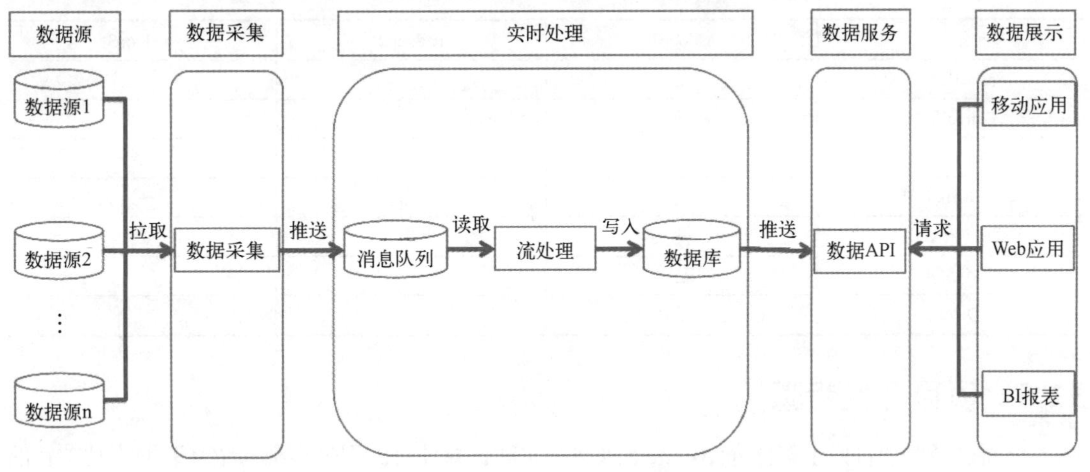

图 11-1　实时计算平台的系统架构

11.3　数据流程设计

结合系统架构设计，互联网直播项目的数据流程设计如图 11-2 所示。

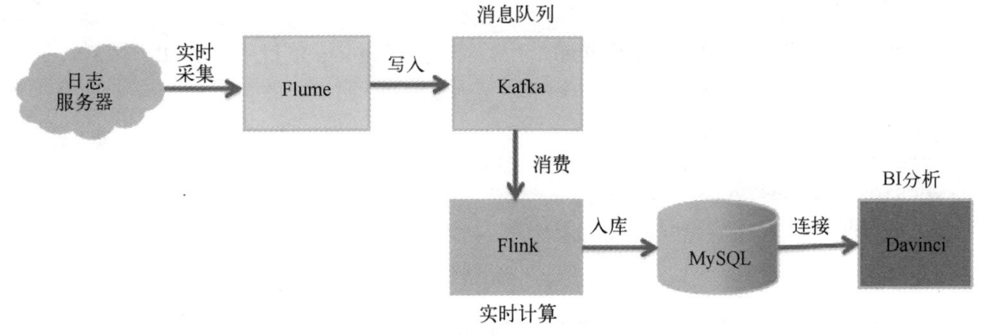

图 11-2　实时计算的数据流程设计

在实时计算的数据流程设计中，Flume 实时采集日志文件并写入 Kafka 消息队列，然后 Flink Streaming 消费 Kafka 中的数据并做实时计算，同时将统计结果写入 MySQL 数据库，最后通过 Davinci 连接 MySQL 对统计结果进行可视化分析。

11.4　系统集群规划

为了方便操作，仍然使用 hadoop1、hadoop2 和 hadoop3 这 3 个节点来构建互联网直播项目的实时计算平台。实时计算平台的集群环境在前面章节都已经安装过，接下来介绍集群节点的角色规划，集群节点与需要安装的技术组件的对应关系见表 11-1。表格中的值为“是”代表当前节点需要安装该组件，否则表示不需要安装该组件。

表 11-1　集群节点与需要安装的技术组件的对应关系

组件	hadoop1	hadoop2	hadoop3
日志服务器	是		
Flume 采集	是		
Flume 聚合		是	是
Kafka	是	是	是
Flink	是	是	是
MySQL	是		
Davinci	是		

11.5　项目开发步骤

前面已经对项目做了整体介绍，接下来按照实时计算项目流程来详细介绍互联网直播项目的开发步骤。

11.5.1　模拟实时产生数据

11.5.1.1　模拟实时产生数据 1

为了模拟实时产生数据的效果，需要在 bigdata 项目中开发应用程序，模拟实时产生直播审计日志。

1．引入项目依赖

由于模拟程序需要连接 MySQL 数据库，所以需要在 bigdata 项目中添加如下依赖。

```
<dependency>
  <groupId>mysql</groupId>
  <artifactId>mysql-connector-java</artifactId>
  <version>5.1.38</version>
</dependency>
```

2．编写模拟程序

在 bigdata 项目中，新建 LiveAuditLogProducer 类实现模拟产生数据的逻辑，其核心代码如下。

```
public class LiveAuditLogProducer {
public static void main(String[] args){
    //查询 sql
    String sql = "select * from distinctcode";
    //返回区域编码集合
    List<String> pcList = DBUtil.getProvinceCodeList(sql);
    //指定文件输出路径
    String filepath=args[0];
    //循环产生直播审计日志
    while (true){
        String message ="{\"audit_time\":\""+getCurrentTime()
                +"\",\"audit_type\":\""+getRandomAuditType()
                + "\",\"checker\":\""+getRandomChecker()
```

```
                + "\",\"province_code\":\""+getProvinceCode(pcList)
                +"\"}";
            System.out.println(message);
            writeFile(filepath,message);
            Thread.sleep(300);
    }}}
```

3．项目编译打包

在 IDEA 的 Terminal 控制台中，使用 mvn clean package 命令对 bigdata 项目进行编译打包，然后将编译好的 bigdata-1.0-SNAPSHOT-jar-with-dependencies.jar 包上传至 hadoop1 节点的/home/hadoop/shell/lib 目录下。

11.5.1.2 模拟实时产生数据 2

4．编写 shell 脚本

编写 liveAuditLog.sh 脚本执行应用程序，模拟实时产生直播审计日志，具体脚本内容如下。

```
[hadoop@hadoop1 bin]$ vi liveAuditLog.sh
#/bin/bash
if [ $# -lt 1 ]
then
  echo "Usage: ./liveAuditLog.sh outputFile"
  exit
fi
echo "start producing liveAuditLog......"
#参数是审计日志输出文件路径
java  -cp  /home/hadoop/shell/lib/bigdata-1.0-SNAPSHOT-jar-with-dependencies.jar
com.bigdata.flink.producer.LiveAuditLogProducer  $1
```

在使用脚本之前，还需要为 liveAuditLog.sh 添加可执行权限，具体操作命令如下。

```
[hadoop@hadoop1 bin]$ chmod u+x liveAuditLog.sh
```

5．执行 Shell 脚本

执行 liveAuditLog.sh 脚本实时产生直播审计日志并写入 liveaudit.log 文件中，具体操作命令如下。

```
[hadoop@hadoop1 shell]$ bin/liveAuditLog.sh /home/hadoop/data/flume/logs/liveaudit.log
```

6．数据格式说明

模拟产生的直播审计日志文件为 liveaudit.log，里面每行数据是一个 JSON 字符串，其中 audit_time 表示审计时间，audit_type 表示审计类型，checker 表示审计人员，province_code 表示直播所在的省份编号。直播审计的具体样例数据如下。

```
{"audit_time":"2022-01-19 12:31:08","audit_type":"culturaltalents_blacklist",
"checker":"checker5","province_code":"AH"}
{"audit_time":"2022-01-19  12:31:09","audit_type":"outdoors_lower_shelf","checker":
"checker7","province_code":"XZ"}
{"audit_time":"2022-01-19  12:31:09","audit_type":"outdoors_lower_shelf","checker":
"checker7","province_code":"SD"}
```

11.5.2 MySQL 建表存储统计结果

11.5.2 MySQL 建表存储统计结果

为了方便操作，需要将项目统计结果写入 Hive 的元数据库 MySQL 中。为了对不同业务数据进行区别管理，首先需要创建 live 数据库，再创建相关业务表。

1．创建数据库

使用 hive 用户登录 MySQL 并创建 live 数据库，具体操作命令如下。

```
[root@hadoop1 ~]# mysql -h hadoop1 -u hive -p
#创建数据库
mysql>CREATE DATABASE IF NOT EXISTS live DEFAULT CHARSET utf8 COLLATE utf8_
general_ci;
mysql> use live;
```

2．创建表

在 live 数据库中，通过 source 命令执行 distinctcode.sql 文件，创建 distinctcode 表并导入原始数据集，具体操作命令如下。

```
mysql>source /home/hadoop/shell/sql/distinctcode.sql
```

注意：distinctcode 表的创建及数据的导入，需要在模拟实时产生数据之前。

在 live 数据库中，通过 source 命令执行 auditcount.sql 文件创建 auditcount 表，具体操作命令如下。

```
mysql>source /home/hadoop/shell/sql/auditcount.sql
```

11.5.3 Flink Streaming 业务代码实现

依据互联网直播的项目需求，在 bigdata 项目中开发 Flink Streaming 应用程序，实时统计直播审计的业务指标，其核心代码如下。

```
public class LiveAuditReport {
//打印日志
private static Logger log = LoggerFactory.getLogger(LiveAuditReport.class);
public static void main(String[] args) throws Exception {
//获取 Flink 执行环境
StreamExecutionEnvironment env = StreamExecutionEnvironment.getExecutionEnvironment();
//设置并行度，即 Kafka 并行度
env.setParallelism(3);
//设置 Checkpoint
env.enableCheckpointing(60000);
env.getCheckpointConfig().setCheckpointingMode(CheckpointingMode.EXACTLY_ONCE);
env.getCheckpointConfig().setMinPauseBetweenCheckpoints(30000);
env.getCheckpointConfig().setCheckpointTimeout(10000);
env.getCheckpointConfig().setMaxConcurrentCheckpoints(1);
env.getCheckpointConfig().enableExternalizedCheckpoints(CheckpointConfig.External
izedCheckpointCleanup.RETAIN_ON_CANCELLATION);
//设置 StateBackend
```

```
    //senv.setStateBackend(new EmbeddedRocksDBStateBackend());
    //senv.getCheckpointConfig().setCheckpointStorage(new FileSystemCheckpointStorage
("hdfs://mycluster/flink/checkpoints"));
    //配置 Kafka
    String inputTopic =  "liveAuditLog";
    Properties prop = new Properties();
    prop.setProperty("bootstrap.servers","hadoop1:9092");
    prop.setProperty("group.id","liveAuditLog");
    //消费 Kafka 数据
    FlinkKafkaConsumer<String> myConsumer = new FlinkKafkaConsumer<String>(inputTopic,
new SimpleStringSchema(), prop);
    DataStreamSource<String> data = env.addSource(myConsumer);
    //数据解析，返回 audit_time+audit_type+province_code
    DataStream<Tuple3<Long,String,String>> parse=  data.map(new MyMapFunction());
    //过滤时间为 0 的异常数据
    DataStream<Tuple3<Long, String, String>> filter = parse.filter(new MyFilterFunction());
    //保存迟到数据
    OutputTag<Tuple3<Long,String,String>>  outputTag  =  new  OutputTag<Tuple3<Long,
String,String>>("late-data"){};
    //窗口计算
    SingleOutputStreamOperator<Tuple4<String, String, String, Long>> restult = filter
            //自定义 watermark
            .assignTimestampsAndWatermarks(
                    WatermarkStrategy
                        .<Tuple3<Long, String, String>>forBoundedOutOfOrderness(Duration.
ofMillis(10000L))
                        .withTimestampAssigner(new
SerializableTimestampAssigner<Tuple3<Long,String,String>>() {
                            @Override
                            public  long  extractTimestamp(Tuple3<Long,  String,  String>
event, long l) {
                                return event.f0;
                            }
                        })
            )
            //根据 audit_type+province_code 进行分组
            .keyBy(new KeySelector<Tuple3<Long,String,String>,Tuple2<String,String>>() {
                @Override
                public Tuple2 getKey(Tuple3<Long,String,String> value) throws Exception {
                    return new Tuple2(value.f1,value.f2);
                }
            })
            //使用时间翻滚窗口，时间窗口为 1min
            .window(TumblingEventTimeWindows.of(Time.minutes(1)))
            //乱序之后的迟到时间再设置 30s
            .allowedLateness(Time.seconds(30))
            //保存迟到超时的数据
            .sideOutputLateData(outputTag)
            //参数 1：输入 tuple3，参数 2：输出 tuple4，参数 3：分组字段 tuple，参数 4：时间窗口
            .apply(new MyWindowFunction());
```

```
    //获取迟到超时数据
    DataStream<Tuple3<Long, String, String>> sideOutput = restult.getSideOutput
(outputTag);
    String outputTopic = "lateLog";
    Properties outprop = new Properties();
    outprop.setProperty("bootstrap.servers","hadoop1:9092");
    //设置事务超时时间
    outprop.setProperty("transaction.timeout.ms",60000*15+"");
    //构造 Kafka 生产者
    FlinkKafkaProducer<String> myProducer = new FlinkKafkaProducer<String>(
            "hadoop1:9092",
            outputTopic,
            new SimpleStringSchema());
    //迟到数据打入 Kafka
    sideOutput.map(new MapFunction<Tuple3<Long, String, String>, String>() {
        @Override
        public String map(Tuple3<Long, String, String> value) throws Exception {
            //将数据转换为 String 类型
            return value.f0+","+value.f1+","+value.f2;
        }
    }).addSink(myProducer);
    //审计数据写入 MySQL
    restult.addSink(new AuditMySQLSink());
    env.execute("LiveAuditReport");
    }}
```

11.5.4 打通互联网直播项目整个流程

11.5.4 打通互联网直播项目整个流程

到目前为止，已经准备好了数据源、数据采集、数据存储、数据实时计算以及数据入库等环节。接下来对各个环节进行整合，打通互联网直播项目整个流程，实现对直播审计数据的实时分析。

1．启动 MySQL 服务

由于统计的业务指标最终需要保存到 MySQL 数据库，所以首先需要在 hadoop1 节点启动 MySQL 服务，具体操作命令如下。

```
[root@hadoop1 ~]# service mysqld start
```

2．启动 ZooKeeper 集群

分别进入 hadoop1、hadoop2 和 hadoop3 节点的 ZooKeeper 安装目录，使用如下命令启动 ZooKeeper 集群。

```
[hadoop@hadoop1 zookeeper]$ bin/zkServer.sh start
[hadoop@hadoop2 zookeeper]$ bin/zkServer.sh start
[hadoop@hadoop3 zookeeper]$ bin/zkServer.sh start
```

3．启动 Kafka 集群

分别进入 hadoop1、hadoop2 和 hadoop3 节点的 Kafka 安装目录，使用如下命令启动 Kafka 集群。

```
[hadoop@hadoop1 kafka]$ bin/kafka-server-start.sh config/server.properties
[hadoop@hadoop2 kafka]$ bin/kafka-server-start.sh config/server.properties
[hadoop@hadoop3 kafka]$ bin/kafka-server-start.sh config/server.properties
```

然后使用 kafka-topics.sh 脚本创建项目中的 Topic，具体操作命令如下。

```
[hadoop@hadoop1 kafka]$ bin/kafka-topics.sh --zookeeper localhost:2181 --create --topic liveAuditLog --replication-factor 3 --partitions 3
[hadoop@hadoop1 kafka]$ bin/kafka-topics.sh --zookeeper localhost:2181 --create --topic lateLog --replication-factor 3 --partitions 3
```

4. 启动 Flink Streaming 应用程序

为了测试方便，直接在 IDEA 工具中右键单击项目中的 LiveAuditReport 应用程序，在弹出的快捷菜单中选择“Run”选项即可在本地运行 Flink Streaming。当然在生产环境中，读者可以通过 mvn clean package 命令对 bigdata 项目进行编译打包，然后将作业提交到 Flink 集群运行。

5. 启动 Flume 聚合服务

分别在 hadoop2 和 hadoop3 节点进入 Flume 安装目录，修改 9.3.4 节创建的 avro-file-selector-kafka.properties 配置文件，将 KafkaSink 中的 topic 由 sogoulogs 修改为 liveAuditLog，最后使用如下命令启动 Flume 聚合服务。

```
[hadoop@hadoop2 flume]$ bin/flume-ng agent -n agent1 -c conf -f conf/avro-file-selector-kafka.properties -Dflume.root.logger=INFO,console
[hadoop@hadoop3 flume]$ bin/flume-ng agent -n agent1 -c conf -f conf/avro-file-selector-kafka.properties -Dflume.root.logger=INFO,console
```

6. 启动 Flume 采集服务

在 hadoop1 节点进入 Flume 安装目录，修改 9.2.4 节创建的 taildir-file-selector-avro.properties 配置文件，将监控的日志文件修改为 liveaudit.log，最后使用如下命令启动 Flume 采集服务。

```
[hadoop@hadoop1 flume]$ bin/flume-ng agent -n agent1 -c conf -f conf/taildir-file-selector-avro.properties -Dflume.root.logger=INFO,console
```

7. 模拟产生数据

在 hadoop1 节点上，执行 liveAuditLog.sh 脚本模拟实时产生直播审计日志，具体操作命令如下。

```
[hadoop@hadoop1 shell]$ bin/liveAuditLog.sh /home/hadoop/data/flume/logs/liveaudit.log
```

8. 查询统计结果

在 live 数据库中，使用 select 语句查询审计日志统计结果，具体操作命令如下。

```
mysql> select * from auditcount limit 3;
+---------------------+------------------------------+---------------+-------+
| time                | audit_type                   | province_code | count |
+---------------------+------------------------------+---------------+-------+
| 2021-10-16 09:43:56 | knowledgeteaching_blacklist | SX            |     1 |
| 2021-10-16 09:43:57 | finefood_lower_shelf         | SX            |     1 |
| 2021-10-16 09:43:57 | knowledgeteaching_blacklist | HN            |     1 |
+---------------------+------------------------------+---------------+-------+
3 rows in set (0.01 sec)
```

如果在 auditcount 表中能查询到统计结果，则说明已经打通了互联网直播项目的整个流程，完成了直播审计数据的实时分析。

11.5.5 Davinci 数据可视化分析

11.5.5 互联网直播项目 Davinci 数据可视化分析

Flink Streaming 统计结果成功写入 MySQL 数据库之后，就可以使用 Davinci 对数据进行可视化分析。这里就不再赘述 Davinci 如何制作数据大屏，接下来只给出 SQL 查询语句以及最终制作的数据大屏。

1. SQL 查询语句

1）统计全国直播审计总量，具体操作命令如下。

```
select sum(count) as '审计总量'  from auditcount;
```

2）统计每个省份直播审计总量，具体操作命令如下。

```
select c.province,sum(a.count) as '审计量' from auditcount a JOIN (select DISTINCT provinceCode,province from distinctcode) c on a.province_code=c.provinceCode group by a.province_code;
```

3）统计每个类别直播审计总量，具体操作命令如下。

```
select audit_type,sum(count) as '审计量' from auditcount GROUP BY audit_type;
```

2. 数据大屏

结合互联网直播项目的统计结果，使用 Davinci 制作的数据大屏如图 11-3 所示。

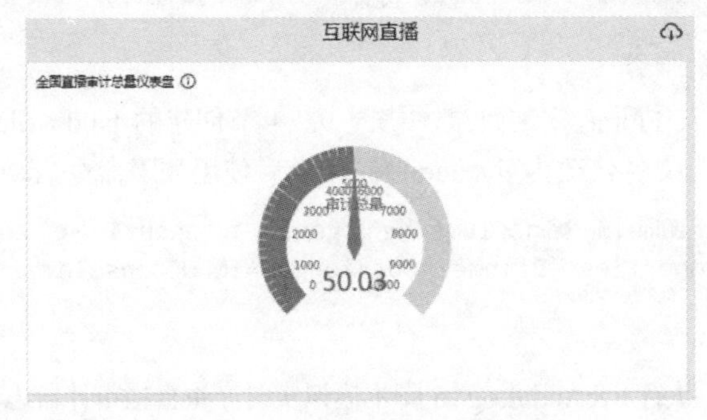

图 11-3　互联网直播项目数据大屏

11.6 本章小结

通过互联网直播项目的学习与实践，相信读者已经掌握了大数据实时计算项目的整个开发流程。在本项目中，首先通过 Flume 对直播审计日志进行实时采集并写入 Kafka，然后使用 Flink 消费 Kafka 中的数据，进行实时计算并导入 MySQL 数据库，最后通过 Davinci 连接 MySQL 数据库，实现了对互联网直播项目的可视化分析。

参 考 文 献

[1] 怀特. Hadoop 权威指南：第 3 版[M]. 华东师范大学数据科学与工程学院，译. 北京：清华大学出版社，2014.

[2] 杨俊. 实战大数据：Hadoop+Spark+Flink[M]. 北京：机械工业出版社，2021.

[3] 大讲台大数据研习社. Hadoop 大数据技术基础及应用[M]. 北京：机械工业出版社，2018.

[4] 耿立超. 大数据平台架构与原型实现：数据中台建设实战[M]. 北京：电子工业出版社，2020.

[5] 汪明. Flink 入门与实战[M]. 北京：清华大学出版社，2021.

[6] 尚贝尔，扎哈里亚. Spark 权威指南[M]. 张岩峰，王方京，陈晶晶，译. 北京：中国电力出版社，2019.